复杂多变条件下雅砻江梯级水库群精细化调度关键技术

陈云华　王旭　聂强　缪益平　闻昕　周永　王超　著

中国水利水电出版社
www.waterpub.com.cn

·北京·

内 容 提 要

本书共 8 章，第 1 章和第 2 章综述了气象水文预报及梯级水库群优化调度领域的研究进展，并介绍了雅砻江流域及工程的概况；第 3 章至第 6 章详细介绍了本书的核心技术成果，包括适应于西南复杂条件下的高精度水雨情预报技术、洪水风险评估与预警技术、梯级水库群中长期发电调度技术与水电站群短期精细化发电计划编制及适应性调整策略；第 7 章主要介绍了梯级水库群精细化调度高级应用软件；第 8 章介绍了主要创新点和主要成果。

本书可供水文水资源、水库调度、水资源规划管理等相关部门的科技工作者、管理人员以及大专院校相关专业的师生参考。

图书在版编目（CIP）数据

复杂多变条件下雅砻江梯级水库群精细化调度关键技术 / 陈云华等著. -- 北京 ：中国水利水电出版社，2021.12
    ISBN 978-7-5170-9604-7

Ⅰ．①复… Ⅱ．①陈… Ⅲ．①梯级水库－并联水库－水库调度－凉山彝族自治州 Ⅳ．①TV697.1

中国版本图书馆CIP数据核字(2021)第097407号

书　　名	**复杂多变条件下雅砻江梯级水库群精细化调度关键技术** FUZA DUOBIAN TIAOJIAN XIA YALONG JIANG TIJI SHUIKUQUN JINGXIHUA DIAODU GUANJIAN JISHU
作　　者	陈云华　王旭　聂强　缪益平　闻昕　周永　王超 著
出版发行	中国水利水电出版社 （北京市海淀区玉渊潭南路 1 号 D 座　100038） 网址：www. waterpub. com. cn E - mail：sales@waterpub. com. cn 电话：(010) 68367658（营销中心）
经　　售	北京科水图书销售中心（零售） 电话：(010) 88383994、63202643、68545874 全国各地新华书店和相关出版物销售网点
排　　版	中国水利水电出版社微机排版中心
印　　刷	天津嘉恒印务有限公司
规　　格	170mm×240mm　16 开本　16.75 印张　328 千字
版　　次	2021 年 12 月第 1 版　2021 年 12 月第 1 次印刷
定　　价	**86.00 元**

前　　言

　　近年来，气象要素的改变打破了雅砻江流域水文循环平衡，直接引起了区域水资源量的改变。同时，以极端降水为代表的极端天气事件发生的强度、频率、历时等在全球范围内均呈增加趋势，特别是极端的洪水事件，已经严重地威胁到了流域的防洪安全。如何使传统调度方式适应气候异常、电网建设、市场改革以及电站运行要求等变化的条件，在保证流域安全的前提下，充分发挥新形势下雅砻江下游水库群联合调度的综合效益是关键难题。

　　本书采用理论分析、数值模拟与优化求解相结合等研究方法，结合"十二五"期间国家科技支撑计划等国家重大科技项目需求，针对复杂变化条件下雅砻江流域水库群经济与安全运行所涉及的核心问题，以联合调度综合效益最大为核心，以高精度径流预测、洪水安全预警、年调度计划编制以及实时优化调度为研究对象，开展了系统性研究，并形成以下成果：一是建成了雅砻江流域空天地水雨情一体化自动测报体系，构建西南复杂环境下高精度降水预报模式，发展了基于数据挖掘的中长期径流预报模型以及考虑高寒融雪和梯级开发影响的短期径流预报模型，提高了西南地区多尺度高精度降雨和径流预报的精度和预见期；二是首次构建了多源地形数据融合的泄水过程数值模拟模型，研发了大河湾洪水分级率定与模拟技术，形成了基于公共安全风险评估的泄水决策技术体系，支撑了流域洪水风险评估与预警；三是提出了基于年径流丰枯转换分析的末蓄能组合期望效益量化方法，建立了基于双协同策略的梯级水库群中长期发电调度模型，提高了雅砻江梯级水库群中长期发电调度效益；四是提出了基于负荷自动分配策略的梯级水电站短期精细化发电计划编制方法，首次提出了雅砻江梯级水电站短期发电计划的适应性调整策略，支撑了雅砻江梯级水电站的实时调度运行；最后开发了雅砻江流域梯级水库群精细化调度高级应用软件，由梯级风险调度与决策支持系统、公共安全信息管理与决策支持系统以及三维可视化展示平台三个子系统组成，在雅砻江流域水库群水情预报和联合调度实际工作中得到成功应用，有效提升了流域水库群联合调度的精细化水平。

本书前言的撰稿人为陈云华、王旭；第 1 章绪论的撰稿人为陈云华、蒋云钟、聂强、缪益平、闻昕、王旭；第 2 章流域概况的撰稿人为缪益平、战永胜、田雨、王明娜；第 3 章西南复杂条件下雅砻江流域高精度水雨情预报技术的撰稿人为闻昕、廖卫红、周永、聂强；第 4 章雅砻江流域洪水风险评估与预警技术的撰稿人为聂强、田雨、王超、王家彪；第 5 章基于双协同策略的梯级水库群中长期发电调度技术的撰稿人为王旭、闻昕、王超、谭乔凤；第 6 章水电站群短期精细化发电计划编制及适应性调整策略的撰稿人为王超、缪益平、王旭、王永强；第 7 章雅砻江流域梯级水库群精细化调度高级应用软件的撰稿人为王旭、王超、缪益平；第 8 章总结的撰稿人为王旭、陈云华。另外，雷晓辉、申满斌、杨明祥、周济方、杜成波、韩乐等参与了本书的编写工作。

由于时间和作者水平有限，书中可能存在错误和不足之处，恳请读者批评指正。

作者

2021 年 2 月

目　　录

第1章 绪 论

1.1 研 究 背 景

雅砻江是金沙江第一大支流，水力资源极为丰富，具有水能资源富集、调节性能好、淹没损失少、经济指标优越等突出特点。近年来，气象要素的改变打破了雅砻江流域的水文循环平衡，特别是降水总量、强度、形态、历时的变化，融雪时间的变化，蒸发和散发的变化，直接引起了区域水资源量的改变。同时，以极端降水为代表的极端天气事件发生的强度、频率、历时等在全球范围内均呈增加趋势，特别是极端洪水事件，对流域的防洪安全构成了严峻威胁。

雅砻江下游河段规划有锦屏一级、锦屏二级、官地、二滩、桐子林五大电站，其中锦屏一级和二滩两大水库，总调节库容达 82.8 亿 m^3，两大水库建成后可使雅砻江干流下游梯级水电站群实现年调节，该河段是目前雅砻江干流水电开发的重点河段；此外，锦屏二级水电站截弯取直后，大河湾减水河段日常只有少量的生态流量流过，可能存在人畜到河道内进行活动的情况，在锦屏二级电站进行大流量泄水时造成大河湾减水段水位突然抬升，淹没两岸滩地及局部河岸，容易发生财产损失甚至人身伤亡事件。如何使传统调度方式适应气候的变化，应对其非稳态特性和不确定性风险，在保证流域安全的前提下，充分发挥新形势下雅砻江下游水库群联合调度的综合效益是关键难题。

国家十分重视雅砻江流域综合调度以及公共安全问题，本书依托"十二五"期间国家科技支撑计划等国家重大科技项目，进行雅砻江流域水库群联合预报调度与泄洪安全预警关键技术联合攻关，以流域公共安全保障为前提，以联合调度综合效益最大为核心，以高精度径流预测、洪水安全预警以及水库群风险调控为手段，建立了一套气候变化条件下水库群适应性调度技术体系，为雅砻江流域水库群经济与安全运行提供技术支撑，为正在推进"风光水多能互补调度"提供基础保障，对于推动流域径流预测、水库群联合调度、水电调控、风险预警、智能决策技术的科技进步及保障国民经济建设具有重大意义。

1.2 国内外研究现状及进展

1.2.1 气象水文预报研究现状

1.2.1.1 数值天气预报模式研究现状

数值天气预报的概念早已被提出，但真正得到快速发展却是在近二十年[1]。20 世纪 90 年代以来，数值天气预报模式在观测技术、计算技术、传输技术等的推动下，取得了巨大的进步，先后诞生了一大批模式产品，如 ETA 模式[2-3]、MM5 模式[4-6]、RAMS（regional atmospheric modeling system）[7] 等。然而，数值天气预报模式极其复杂，各类模式在发展过程中均有不同的缺陷，为了整合各方最新的研究成果，美国多所研究机构共同开发了新一代高分辨率数值天气预报模式——WRF 模式[8]。

当前，国内外针对 WRF 模式的研究日益深入，从模式模拟预报能力的检验，到不同参数化方案的对比，再到不同模式之间的对比，大量的研究为 WRF 模式的应用和改进提供了参考[9-13]。

刘宁微等用 WRF 模式与 MM5 模式分别模拟研究了 2002 年 8 月发生在辽宁的一次区域性暴雨过程，并对两个模式的模拟能力进行了检验与对比，结果显示 WRF 模式的动力框架具有一定的优越性，使得模拟结果较 MM5 模式要更为精确[14]。William et al. 利用 WRF 模式不同的内核和物理方案，在不同的初始条件下，对多场降水事件进行模拟，得到了 WRF 模式在降水模拟过程中对物理方案具有更强的敏感性的结论[15]。Mellissa 通过 WRF 模式运行大量的模拟案例，分析了各参数化方案对美国暖季降水模拟的敏感性，并最终得到了适用于该类降水的模型参数配置[16]。Hong et al. 通过三层嵌套 WRF 模式对发生在韩国的一场对流降雨进行模拟和分析，验证了 WRF 模式在该地区暴雨模拟的有效性[17]。Pennelly et al. 通过探测率（probability of detection，POD）、空报率（false alarm ratio，FAR）、百分比偏差（BIAS）和公平预报评分（equitable threat scores，ETS）等指标对 WRF 模式不同物理方案对强降水的模拟效果进行了评价，并对评价结果进行了详尽的对比和分析，得到微物理方案（microphysics parameterization schemes，MPS）和积云对流参数化方案（cumulus parameterization schemes，CPS）的组合表现最好的结论[18]。Flesch et al. 运用 WRF 模式对发生在加拿大的两场致洪暴雨进行了研究，发现 WRF 模式能够很好地对暴雨的发生、发展过程以及降水落区进行模拟，并且在此基础上分析了地形因素对 WRF 模式降水模拟的影响[19]。Madala et al. 通过 WRF 模式对三场暴雨进行模拟，依据温度、风速、降水等模式输出数据，检验了 5 种行星边界层方案和 3

种积云对流参数化方案的表现，得到了 MYJ 和 GD 的组合较其他方案组合能够更好地模拟研究区的暴雨事件的结论[20]。Isidora et al. 通过对 8 场降水事件的模拟，发现不同参数化方案具有不同的降水模拟能力，相较而言，KF 积云对流参数化方案模拟结果优于其他方案[21]。史金丽利用 WRF 模式中 7 种不同的云微物理参数化方案和 2 种积云对流参数化方案组成 14 组对比实验，运用逐 6h 的 NCEP 最终分析资料，对 2011—2012 年发生在内蒙古地区的典型降水进行模拟试验，检验各种参数化方案组合的预报能力，最终得到了 WSM5 & KF 方案和 WSM6 & BMJ 方案对典型降水模拟效果较好的结论[22]。朱庆亮以黑河流域的降水过程为研究对象，利用 WRF 模式的多种物理过程参数化方案进行敏感性实验，其研究表明不同参数化方案配合使用的模拟效果更佳[23]。钟兰頔等利用 WRF 模式中 6 种不同的积云对流参数化方案对四川地区的典型降水进行了数值实验，其研究结果表明，从整体模拟效果上来看，BMJ 参数化方案表现最好，其对强降水落区和降水强度的模拟最接近实际情况[24]。

1.2.1.2 陆气耦合模式研究现状

基于陆气耦合的径流预报以其能够明显地增长洪水预报预见期而得到了广大科研人员和管理者的重视[25-28]，从耦合方式上来分，主要包括单向耦合与双向耦合两种。单向耦合仅考虑气象因素对水文过程的影响，以气象模式的输出场作为水文模型的驱动，实现未来径流过程的预报[29]。双向耦合是将水文模型嵌入到数值天气模式（numeric weather prediction，NWP）中，并以降水、蒸散发等作为两种模型相互作用的纽带。单向耦合具有灵活性高、模型调试方便等特点，因其不考虑陆面模式对大气的反馈作用，主要用于中短期的径流预报[30]。双向耦合在径流预报中的优点和缺点都很明显，其优点主要是物理意义明确，考虑了水文气象之间的相互作用机制，缺点主要表现为灵活性不高、调试困难，且水文模型运行受制于天气模式而速度较慢。

Verbunt et al. 使用数值天气模式的预报结果驱动 PREVAH 水文模型（precipitation runoff evapotranspiration HRU model）在 Rhine 流域进行洪水预报，提高了洪水预见期，但数值天气预报的引入使洪水预报的空报率大大增加，这主要是由降水预报的误差造成的，而且这种误差在高降雨量级时更加明显[31]。Smiatek et al. 针对 Alpine 流域，将高分辨率天气数值模式与径流预报系统进行了单向耦合，由于数值模式对降水量的低估导致耦合模拟的结果并不十分理想，但通过引入集合预报等手段可以增加耦合模式径流预报技巧[32]。Zheng et al. 基于新安江模型和 TOPMODEL（topgraphy based hydrological model）与 GRAPES（global/regional assimilation and prediction enhanced system）进行耦合，并且进行了 72h 的耦合模拟，发现模拟径流过程与实测过程在峰值和曲线走势上拟合程度较高，说明了耦合模式在洪水预报中具有较大的潜力[33]。Lu et al. 建立了淮河流域水文气象耦合模式（MC2 & 新安江），用于该流域的实时洪水预报和洪水预警，验证表明耦合模式输出径流过程与实测过程吻合度较高，实用性较强，且可以取得比传统洪水预报更长的预见期[34]。Yu et al. 实现了 MM5 模式（5th generation penn state mesoscale meteorology model）与 HMS（hydrological model system）模型的单向耦合，并应用该耦合模式进行洪水预报，取得了较好的结果[35]。Anderson et al. 采用单向耦合系统，同样使用了中尺度 MM5 与水文模型 HEC - HMS（the hydrologic engineering center′s hydrologic modeling system），利用 MM5 预报的降水信息驱动水文模型（HEC - HMS）对水库入库径流进行预报，使预见期延长了近 48h，为水库的调度提供了有效的预报信息，对提高水库防洪和兴利效益起到了非常重要的作用[36]。Jasper et al. 使用了 5 个大气模型和 1 个水文模型（WaSIM - ETH）分别进行了单向耦合研究，讨论了水文气象耦合模型在洪水预报中的应用，结果显示不同的大气模型的预报结果存在较大的差异，并且在水文模型发展缓慢的情况下，耦合模型的改进主要依靠大气模型的进步来实现[37]。

近些年来，WRF 模式（weather research and forecasting model，WRF Model）成为发展最为迅速的中尺度大气模式，针对 WRF 模式的耦合应用也越来越多。郝春沣等采用单向耦合的方式，利用 WRF 模式与 WEP（water and energy transfer processes）分布式水文模型，构建了渭河流域气陆耦合模拟平台，在此基础上对渭河流域 2000 年 9 月下旬至 10 月下旬的降雨和径流过程进行耦合模拟，并与实测降雨及径流日过程进行了对比分析，取得了较好的效果[38]。高冰采用 WRF 模式和分布式水文模型 GBHM（geomorphology - based hydrological model），选择长江流域为研究区，对三峡入库洪水进行了预报实验，预报的径流过程具有一定的精度，且陆气耦合的径流预报方法对径流预见期的延长效果是明显的[39]。Tang et al. 则验证了 WRF 模式与 VIC（variable infiltration capacity）的单向耦合在蒸发、土壤含水量、径流以及基流模拟预报中的有效性[40]，结果显示 WRF 与 VIC 的单向耦合能够较好地还原月和日尺度的土壤含水量，以及月尺度的蒸散发，但日尺度以及月尺度的径流模拟则与实际情况不大相符，并指出这种误差主要来源于 WRF 的降水模拟。Monteiro et al. 将 WRF 模式输出的 5km×5km 的小时降水数据输入分布式水文模型中，预报未来 7 天的径流，并据此来优化山区小型水电站的发电计划，取得了令人满意的效果[41]。Shih et al. 为了延长洪水预报预见期，将 WRF 模式与 WASH123D（watershed systems of 1 - D stream river network，2 - D overland regime，and 3 - D subsurface media）分布式水文模型进行了单向耦合，该研究发现，经过"完美"率定的水文模型并不能很好地适应气象数据，依然会引起较大的预报误差。究其原因，一是降水预报的准确性较低，二是验证数据和预报驱动数据不一致[42]。

1.2.1.3　中长期水文预报研究现状

中长期水文预报是指通过构建数学模型，挖掘历史水文气象资料规律，并对未来的水文要素作出预测的方法，在现阶段主要以径流预报为主[43]。根据预见期的长短对中长期预报进行划分，一般中期预报预见期为 3～10 天，长期预报预见期为 15 天至 1 年。由于中长期经流预报的预见期较长，无法采用基于产汇流机制的流域水文模型进行计算，需要综合考虑影响水文过程的关键因子以及水文过程的自身规律来建立数学模型进行预报[44]。目前，中长期预报方法可以划分为传统预报方法和智能水文预报方法，其中传统预报方法包括物理成因分析方法以及数理统计方法。

1. 传统预报方法

物理成因分析方法在充分考虑水文序列演变规律与行星相对位置、地球自转速度、大气环流、太阳黑子、下垫面情况等之间关系的基础上，通过研究此类宏观因素的运动规律，分析筛选出与目标流域水文序列变化规律相关性较强的影响因子构建预报模型，并采用数学方法分析水文序列的中长期演变规律。国内外学者在这方面做了大量工作。Piechota et al. 研究了厄尔尼诺现象与澳大利亚东部河流的旱涝、洪水及流量的相关关系[45]。范新岗对降雨情况与下垫面热力场之间的关系进行了深入研究，以长江中下游为研究案例，计算分析得出夏季暴雨与下垫面地热场地热通量间的数量联系[46]。刘清仁以松花江区域为研究案例，采用统计分析方法对太阳黑子、厄尔尼诺事件等影响因子与该区域的水文特性及灾害发生规律之间的关系进行了深入研究和分析[47]。王富强等根据对历史资料的分析，得出气象因子与旱涝灾害间的关系，在此基础上引进转移概率、太阳黑子相对数、厄尔尼诺方法等三种方法，研究分析得出东北地区旱涝灾害的预报方法，并导出了相关计算公式[48]。综上，物理成因分析方法主要是采用统计方法分析大气环流、下垫面情况等宏观因子与水文序列的相关性规律，基于这些宏观因子的长期变化规律，通过规律推算实现中长期水文预报，此类方法多适用于大尺度对象，虽然原理科学、方法合理，但由于宏观数据获取难度大，宏观因子选取过程复杂，实施难度较大。

而数理统计预报方法是通过分析历史水文序列内在规律，进而得出水文要素自相关关系，从而实现中长期水文预报。由于其数据资料获取相对容易，操作简单，是解决中长期水文预报问题的传统重要手段。数理统计预报方法根据预报因子不同，可划分为单因子预报和多因子综合预报两类，主要包括平稳时间序列、趋势分析、多远回归分析、逐步回归分析等[49-50]。夏学文在湘江水位预报研究中采用了 ARMA 预报模型，并获得了比较理想的预报成果[51]。许士国等在物理成因理念的基础上建立了多元线性回归预报模型，并以洮儿河镇西站为研究案例，通过模型计算预报了其 2005 年的最大洪峰流量和峰现时间，预报结果的合格率较高[52]。针对葛洲坝月径流预报问题，孟明星等采用 AR 模型获得了较好的预报结果，并阐述了改模型在实用过程中应注意的问题[53]。纪昌明等通过耦合模糊聚类与人工神经网络技术提出了模式识别模型，并进行了应用分析，结果表明改模型能够有效提高洪水预报的精度[54]。

2. 智能水文预报方法

结合以往的预报成果可知，水文系统作为一个高度复杂的非线性系统，采用传统预测方法进行预报难以得到准确、可靠的预报结果。因此，结合水文系统的非线性特点，通过引入现代最先进的数据挖掘、统计分析、智能优化等新技术，同时耦合传统预报方法的优势，从而构建更加符合水文系统特性、预报精度更高的现代智能水文预报模型。目前，现代智能水文预报方法主要包括模糊数学方法、灰色系统方法、人工神经网络方法、支持向量机方法、小波分析方法、混沌理论方法以及相关向量机法等。陈守煜全面地分析了水文系统中的确定性、随机性与模糊性特征，在归纳分析的基础上提出了模糊水文学这一新学科[55-56]。Hsu et al. 采用线性最小二乘单纯形法来分析确定 BP 网络模型的结构及参数，并通过对比分析指出三层结构的 BP 网络即可适用于一般的水文预报需求[57]。丁晶等通过对比分析神经网络模型和传统数理统计预测模型的计算结果验证了神经网络模型预报结果的合理性与可行性[58]。针对枯水期径流预报问题，冯平等采用灰关联度分析方法建立中长期预报模型，并对预报结果进行了有益的探讨[59]。陈意平等提出了基于 GM (1, 1) 模型的中长期径流预报方法，并得到了较好的预报效果[60]。Jayawardena et al. 采用混沌性分析方法对水文时间序列的混沌特性进行了分析，并建立预报模型对降雨径流时间序列进行预测[61-62]。丁涛等将关联积分法、模糊聚类算法等方法与混沌理论结合起来，构建了月径流预测模型[63-65]。Dong et al. 以大伙房水库年径流预报为例，提出了基于粗集理论的单因子中长期径流预报模型，取得了较好的预报成果[66]。林剑艺等采用支持向量机算法构建了中长期径流预报模型，并研究了模型参数识别问题[67]。

1.2.1.4　流域水文模型研究现状

流域水文模型采用数学模型对流域发生的水文过程进行模拟，通过计算机编程求解。该模型受到了水文学家的广泛关注，成为研究水资源等地球环境问题的重要工具[68]。流域水文模型的研究经历了由 20 世纪五六十年代的"黑箱"模型，20 世纪 60 年代以来的集总式概念模型即"灰箱"模型，向 20 世纪 80 年代中期以来具有物理机制的"白箱"模型发展的过程[69]。

最早建立的是经验性简单数学模型，如单位线、经验相关和概化推理等，这些方法将流域视为一个"黑箱"系统，不考虑"黑箱"内部的水文过程；随着研究的逐步深入，人们对水文过程机理的逐步认识，基于水文循环过程的机理性模型代替了上述经验模型,并可分为概念性模型和物理性模型两种[70]。

　　概念性模型使用一系列互相联系的存储单元以及这些存储单元之间的水力联系来模拟流域上发生的水文过程,其基础是质量守恒方程和动量守恒方程。但是,模型计算时并不是严格地应用质量和动量守恒方程,而是应用了具有一定物理意义的近似方程,从而称为概念性水文模型。这类模型的参数没有明确的物理意义,需要通过对历史资料的率定来确定[71]。第一个概念性流域水文模型是20世纪60年代初期研制的斯坦福模型,该模型一出现就得到广泛应用,同时也极大地推动了概念性模型的发展,在不同国家出现了一系列的概念性模型[72]。截至2020年,概念性模型不断地发展,依然是应用较多的模型,这些模型分别适用于不同特点的流域和模拟目的,其代表性的模型有水箱模型、萨克拉门托模型、新安江模型、ARNO模型和干旱区绿洲耗散型水文模型等[73-77]。概念性模型虽然也是经验型的概括,但比"黑箱"模型前进了一大步,一般称为"灰箱"模型,但尚无法给出水文变量在流域内的分布及实际状态。

　　20世纪80年代以后,流域水文模型开始面临着许多新的挑战,包括水文循环的规律和过程如何随时间和空间尺度变化,水文过程的空间变异性等问题。传统的流域水文模型(集总式)发展缓慢,新模型的开发以及原有模型的改进一直持续到今天。流域水文模型的输入是流域上各点的降水过程,输出是流域出口断面的流量或水位过程,因此是一种输入具有分散性、输出具有集总性的模型。传统的水文模型在结构上一般并不匹配,因此人们开始开发分布式水文模型。许多比较知名的分布式水文模型应运而生,如MIKE-SHE、SWAT、TOPMODEL、TOPIKAPI、HEC-HMS等[78-82]。这些模型都是基于水文学的基本原理,差异主要反映在模型单元划分、对水文过程的描述以及模型求解方法等方面。以往的研究集中在模型结构、参数率定和数据处理方面,而今后的研究趋势在模型验证、误差传递、不确定性、风险和可靠性的分析等方面。

　　进入21世纪以来,水文模型的发展日趋复杂化、多样化和实用化。一方面与地理信息系统(GIS)、数字高程模型(DEM)和遥感(RS)、航测及雷达等遥测技术相结合,以求更加客观地表征流域下垫面和气象输入条件的时空变异性;另一方面还与地球化学、环境生态、水土保持、气象和气候等学科和领域的专业模型相耦合,以解决与流域水循环相关的各种生产实际问题。2002年国际水文科学协会启动的新国际水文十年计划"缺资料地区水文预报"(predictions in ungauged basins,PUB)是国际科学史研究院(International Association of Hydrological Sciences,IAHS)在21世纪启动的第一个重大科学计划[83]。该计划旨在以PUB这个重大的水文问题为依托,在探索解决该问题的新思路的同时,实现水文理论的重大突破,并极大地满足各国特别是发展中国家生产和社会的需要，分布式水文模型将会促进水文资料短缺地区的水文研究。

但是对于基于物理机制的分布式水文模型，也发现了不少问题：①参数的取值问题：由于流域下垫面条件的高度变异性，离散后的每个计算单元均需要一套独立参数，对整个流域来说参数的数目是巨大的，而采用优化算法对于流域出口的流量过程（模型率定的主要目标）进行率定，可能会存在多种参数组合得到同样结果的现象，即所谓的异参同效问题，使得物理性水文模型的参数确定和率定工作变得十分复杂，并导致对参数代表性的不确信[84]；②模型输入资料获取难：分布式水文模型需要流域气象和下垫面条件的详尽资料，在实际流域尤其是缺资料地区是难以获得的，目前这一问题是制约物理性水文模型的瓶颈；③计算负担过大：物理性水文模型计算量巨大，目前一般的计算机不能很好地满足其存储量及计算速度的要求，所以模型往往只能在实验性的小流域中应用；④模型理想化。上述综述的成熟通用的水文模型，不论是集总式、分布式、概念性还是物理性，都有一个共同的特点，即模型都忽略了人类对流域水文过程的调控作用，流域中的拦河水工建筑物如水库等是能对河道水文过程进行调节的[85]。一些水文模型如 SWAT 也可对水库进行计算，但对水库的处理相当简单，只是将水库作为一个能储存一部分河道水量的容器而已。因此，在进行水文模拟时，如能考虑拦河水工建筑物的调度作用，其水文模拟结果将更为合理。

1.2.2　流域公共安全研究进展

1.2.2.1　泄水水流模拟研究进展

河道泄水模拟一般都是采用非恒定水流计算方式，主要是针对动力波方程——圣维南方程组的求解与应用展开研究。在 1871 年法国人圣维南（Saint Venant）通过水槽实验建立了明渠非恒定水流计算方程组[86]。方程组在建立初期因求解困难而并未得到广泛应用[87]。相反，很多学者更关注方程组的简化运用。Lamoen 在波幅远小于水深的情况下将基本方程进行了线性化处理[88]，还有学者通过略去特征方向速度等方式对方程组进行简化[89]。陈守煜研究了不考虑运动方程中惯性项的不恒定水流瞬态解法[90]，方法仅在连续方程中考虑水流的非恒定特性。水流瞬态法其实是一种扩散波解法，而本质上马斯京根方法和扩散波求解[91]的方法也都是圣维南方程组的简化运用。此外，有的学者将运动方程替换为带有惯性项的能量方程并采用随机游动方法进行求解[92]或不考虑底坡与摩阻作用而采用特征线理论求解[93]，还有的直接根据曼宁公式或恒定状态下圣维南方程组进行水流计算[94]。

简化圣维南方程组虽然给求解带来了便利，但也限制了其应用，因此随着数学理论的发展，越来越多学者对方程组解法进行了研究。Dooge et al. 尝试给出了水流演进的解析解，但仍针对的是扩散波模型，而完整动力波模型求解则起步于数值解的应用[95]。1953 年 Stoker 采用显式差分方法首次求解了动力波方程，之后几十年里涌现了各种显式和隐式差分求解方法[96]。在差分方法中，运用广泛的有特征线差分法、Abbott 六点隐格式和 Preissmann 四点隐格式差分方法[97]，其中 Preissmann 差分格式通过时间步上的加权，既保证了水流计算的稳定性，也保证了方法的收敛性。数值方法中，除有限差分方法外，还有有限元、有限体积、边界元、格子-Boltzmann 方法以及光滑粒子方法等[98-100]，其中有限体积和有限元方法运用较广。在动力波方程运用过程中，也有学者针对不同情况提出了各自的求解方法，如溃坝洪水模拟的 Ritter 解[101]、林秉南解[102] 等。随着水动力学理论的发展以及水流数值模拟更高精度需求的提出，水流二维及三维数值模拟的研究也越来越受到关注。一方面，用于求解一维河道水流的有限差分和有限体积等方法直接拓展到了二维模型甚至三维模型，另一方面，多维模型的求解及其地形、边界处理技术也逐渐得到发展。1967 年，Leendertses 将有限差分方法成功应用于河口与海岸的平面二维、三维水力学模型中，Patankar 等还基于有限差分方法提出了 Simple 算法[103]，王船海等[104]研究了二维非恒定流计算通用数学模型，模型克服了因河道复杂边界给有限差分方法求解带来的困难。此外，李大鸣等将 Galerkin 有限元方法和有限体积方法运用于河道二维洪水演算[105-106]，槐文信在曲线坐标基础上运用有限分析方法对渭河洪泛区洪水进行了动边界数值模拟计算[107]，张莉在边界拟合坐标系统基础上采用交替方向隐格式方法模拟了天然河道二维非恒定流场[108]。另外，以不同维度模型耦合建立起的通用模型也有较多应用[109-110]，尤其在蓄滞洪区水流模拟研究中零维、一维、二维耦合模型得到广泛关注。

1.2.2.2　洪水灾害风险研究进展

早在 20 世纪五六十年代，美国、日本等发达国家就开展了洪水灾害风险研究[111]，并制作了国家级的洪水灾害风险图[112]。我国从 20 世纪 80 年代中期开始洪水灾害风险研究[113]，并对一些流域、城镇与蓄滞洪区进行洪灾风险图的绘制[114-115]。洪灾风险评价的研究成果可以用来辅助制定防洪减灾规划、发布洪水灾害预警、提高居民洪灾风险的防范意识，从而减轻洪灾损失。

1. 洪水灾害危险性评价研究进展

从系统论的观点出发，洪水灾害危险性评价主要研究洪泛区可能遭受洪水影响的频度和强度，水库下游洪泛区具有高风险性，因而需要引起特别关注。洪泛区洪灾危险性分析评价通常采用地貌学法、历史洪水法和水文水动力学法。地貌学法是将洪泛区的地形、地貌与水系特征综合起来进行分析，确定洪水灾害危险性的分布特征。Haruyama et al. 利用主成分分析法制作地貌类型图，并进行洪水灾害风险评价[116]。Oya 根据地图与航空影像绘制了湄公河的洪水灾害危险性的地图[117]。地貌学方法操作简单且费用节约，但精度不高，适用于缺乏水文资料的大范围洪泛区。黄诗峰利用基于 GIS 的流域结构特征和河网密度特征进行洪灾危险性分析，提高了洪水灾害风险评价的精度和效率[118-119]。地貌特征在一定程度上能够反映洪水危险性信息，由于洪水的危险性程度与空间分布受众多因素的影响，因此得到的洪水危险性信息不够全面。历史洪水法是通过调查分析历史上已发生大洪水的灾情数据资料，确定洪泛区的受灾范围、受灾人口、经济损失等统计指标，进行洪灾风险评价。如水利部长江水利委员会通过对 1870 年以来长江流域大洪水资料进行调查，绘制了洪水淹没范围图[120]。李柏年利用成灾面积的威布尔分布模型，并对淮河流域整体的洪灾风险建立线性回归模型进行综合评价[121]。历史洪水法无须详细地理信息且计算简单，但存在一定局限性：①获取到的历史灾情数据比较零散，无法满足洪灾风险分析对大样本数据的要求；②历史灾情数据统计空间尺度较大，难以反映小流域洪灾风险空间分布规律；③历史洪水的洪痕调查只能反映最高洪水位，不能描述一场洪水全过程，精度有限；④根据历史灾情并不能完全预测未来洪灾风险。

随着计算机技术的发展，水文水动力学法得到很广泛的应用，因其评价精度最高，优势更加突出。而将水动力学法与 GIS 相结合进行洪水灾害危险性分析更是今后发展的趋势。水文水动力学法根据不同频率的降雨过程，通过一、二维洪水演进模型求解基本方程，模拟预测相应的洪水强度指标。Biswajit et al. 利用水力学方法构建降水时空分布模型分析预测洪水危险性[122]。Jason 采用水力学模型与遥感、GIS、和实时洪水信息系统结合的决策支持系统，进行不确定条件下的洪灾风险管理[123]。邢大韦等利用二维水力学非恒定流模型模拟渭河下游的洪水演进过程，并根据下游洪泛区的洪水淹没水深及受灾程度划分出风险区[124]；另外，李义天等[125]对天津七里海蓄滞洪区、谭维炎等[126]对洞庭湖洪泛区、欧阳晓红[127]对永定河泛区分别进行了洪水演进模拟和洪灾风险分析。水文水动力学方法通过计算得到特定频率洪水在某种工况下的淹没指标数值，获取丰富全面的洪灾风险信息，满足洪水危险性的时空动态表现。其局限性主要为：①此方法只适用于已知或假定洪水频率和洪水量情况下的洪水危险性分析；②对模型的数据输入要求比较高，实际工作中很难获取计算需要的流域地形、地貌、植被、河道纵横断面、糙率等资料的详细信息。

2. 洪水灾害易损性评价研究进展

洪灾易损性是指某一区域内的各类承灾体在遭受不同强度洪水后可能造成的损失程度。洪水灾害易损性一般从社会、经济和生态等几个方面进行分析[128]。姜彤等提出了由财产和社会特性、基础设施特性、经济特性、洪水特性以及洪灾预警特性等多个要素组成的洪灾易损性概念模型[129-130]。蒋勇军等选取灾害密度、生命易损模数、经济损失模数等易损性评价指标，并结合 GIS 技术对重庆市的洪灾易损性进行了综合评估[131]。樊运晓选取年末居住总户数、人口密度、固有基础财富、GDP、耕地面积密度、生命线工程等因子构建评价指标体系，建立灰色聚类评价法和物元分析评价法相结合的综合评价模型计算综合易损度[132]。由于洪水灾害易损性评价选用的社会经济统计指标以行政单元为基础，无法体现单元内部社会经济信息的空间分布差异性，部分学者将社会经济数据进行空间化处理，与洪灾自然属性数据进行匹配，实现洪灾风险评价的格网化，更好地反映其空间分布规律[133]。

1.2.3 梯级水库群优化调度研究进展

1.2.3.1 梯级水库群优化调度方法研究现状

1. 确定优化方法

美国的 Little[134]于 1955 年研究水库优化调度问题，并在此基础上提出水库系统的随机动态规划调度模型，开启了用系统科学的方法进行水库优化调度研究的先例，随后先后有多种的水库（群）优化调度方法被提出并逐步应用于调度实践，主要包括线性规划方法、非线性规划方法、动态规划方法以及启发式优化方法等。

线性规划（linear programming，LP）被认为是在水资源规划与管理领域应用最广泛的优化技术[135]。Loucks et al. 综述了 20 世纪 80 年代之前线性规划用于解决水库优化调度问题的相关实例[136]。水库群调度的线性规划模型按照是否考虑入库径流的随机性特征，分为确定性线性规划模型和随机性线性规划模型。Becker et al.[137]、Hiew et al.[138] 分别采用线性规划与动态规划结合的方法和单纯线性规划方法，建立了确定性的水库群线性规划调度模型。Loucks[139]、Houck et al.[140]假定入库径流系列具有离散的马尔科夫结构，建立了水库群随机线性规划调度模型。为了将非线性优化问题线性化，Crawley et al. 应用分段线性规划模型分析了澳大利亚 Adelaide 地区的水库群调度问题[141]。鉴于线性规划方法只能处理线性目标函数和约束条件的特点，其应用范围受到了很大限制。

而相比之下，在处理目标函数不可分以及非线性约束问题等问题时，非线性规划方法更为适用、有效[142]。例如，Peng et al. 通过径流时间系列模型生成许多合成来水序列，并对每个确定的来水序列用梯度法求解，从中获取运行规则[143]。Tu et al. 采用 NLP 优化确定台湾水库群的对冲规则（Hedging Rule）[144]。在多种水源分配情况下，为更好地分析得出水库最优引水量，李寿声等结合部分地区水库调度情况构建了一个非线性规划和多维动态规划模型[145]。为更好地解决综合利用水库的优化调度问题，樊尔兰等构建了动态确定性多目标非线性数学模型，同时引入逐步优化法利用逐次逼近方式求解最优解集[146]。由于非线性规划方法并没有通用的程序和求解方法，因此，在实际应用过程中时常需要与其他优化方法相结合。

作为水库优化调度中最基本的优化方法之一，动态规划法（DP）的应用相比之下最为广泛。水库群系统具有高度的非线性和典型的随机性，而动态规划通过把复杂的初始问题划分为若干个阶段的子问题，逐段求解，从而突破了线性、凸性甚至连续性的限制，因此在水库群优化调度中动态规划法可以较好地反映径流实际情况，对目标函数和约束条件设置也没有过于严苛的要求。国外学者在动态规划法应用于水库优化调度模型求解方面开展了大量工作，Young首次采用 DP 模型求解水库优化调度问题[147]；随后，Hall et al. 在对美国加利福尼亚州的 Shasta 水库的优化计算中引入了 Young 的模型，并在此基础上对时段费用函数表达式进行了改进，提高了优化效果[148]；而 Rossman 则将Lagrange 乘子理论用于解决有随机约束的动态规划问题[149]。相应地，国内学者也开展了大量深入的研究工作，在求解精度、效率上均取得了较好的成果。针对洪水期梯级水库群实时调度问题，梅亚东通过引入河道洪水演进方程构建了有后效性动态规划问题，并提出了求解模型的多维动态规划近似解法以及有后效性动态规划逐次逼近算法，结果分析表明两种求解算法能够有效地提高模型的计算效率及求解精度[150-151]。在证明水库系统方程组具有可逆性的基础上，纪昌明等使用罚函数法结合离散微分动态规划算法求解梯级水库群优化调度问题[152]。秦旭宝等在水库防洪调度研究中引入了逐步优化算法，并利用分段试算法给出 POA 优化模型的初始解，结果分析表明该方法能够有效地增强水库防洪减灾的能力，提高水库综合利用的效益[153]。为有效求解水库多目标优化调度问题，结合约束法和决策偏好等方法，陈洋波等将时段最小出力最大的目标函数转变成一个约束条件，进而提出了基于动态规划方法的交互式多目标优化方法，并以发电量以及保证出力为优化目标进行了应用研究[154]。

启发式优化方法是近代发展起来的一种新式算法，与传统优化算法相比，这类算法可避免出现不能收敛或陷入局部最优的问题，从而得到全局最优解Chandramouli et al. 将人工神经网络模型与专家系统相结合，建立改进的决策支持模型进行水库优化调度[155]。Kumar 将蚁群算法引入多目标水库的优化调度中，进行了不同长度时段的优化调度计算分析[156]；此外，Kumar 改进了粒子群算法，计算结果较优。谢维等针对水库防洪调度中存在的问题提出了文化粒子群算法，结果分析表明该算法能够有效地解决 PSO 算法容易陷入局部最优解的问题，从而极大地提高计算效率[157]。王森等针对梯级水库群发电调度问题，通过引入混沌思想提出了一种自适应混合粒子群进化算法（AHPSO），并以发电量最大为目标构建了梯级水库群优化调度模型，最后以澜沧江下游梯级水电站群为研究对象开展了应用研究，结果分析表明，相比其他算法该算法在计算效率及优化效果等方面均有明显提高[158]。为妥善处理漆河下游水库群联合调度问题中复杂约束条件以及遗传算法容易陷入局部最优的问题，万芳等设计了惩罚因子评价机制以及双种群进化的方式，从而提出了一种改进的协同进化遗传算法，并以滦河下游六库联合供水调度为研究对象进行了案例分析，计算结果合理可靠，计算效率也得到明显提高[159]。李英海等在蛙跳算法的计算框架中引入差分进化算法，提出一种新的针对梯级水电站优化调度问题的混合差分进化算法，通过与传统动态规划法的对比分析，验证了该方法的有效性以及结果的合理性[160]。

在以上几类方法之外，还有一类比较重要的研究方向——并行优化技术。近年来，随着多核技术以及并行算法的快速发展，并行计算技术也被广泛应用水库优化调度研究。Escudero et al. 采用并行建模技术针对来水不确定情况下水库发电问题进行了方案计算与结果分析[161]。解建仓等提出了可用于普通计算机网络环境的 BP 神经网络并行计算模型[162]。毛睿等针对水库群优化调度问题，首次提出了基于并行技术的解决大规模复杂优化问题的高性能优化算法，并在淮河库群优化调度系统中进行了应用[163]。陈立华等实现了粒子群算法和遗传算法的并行化开发，并在梯级水库群联合优化调度中进行了应用，取得了良好的效果[164-165]。程春田等建立了梯级水库群长期发电量最大模型，并针对不同规模引入并行离散微分动态规划法进行求解[166]。万新宇等针对水布垭水库发电调度问题，采用并行动态规划模型进行优化求解，极大地减少了模型计算时间[167]。李想等以三峡-葛洲坝梯级水库调度为研究案例，提出了引入迁移算子的并行遗传算法，该算法有效地提高了梯级水库群优化调度模型的计算效率[168]。虽然在水库调度方面，并行计算技术应用研究还处于初级阶段，距离系统化应用还有一定距离，但随着计算机技术的进步以及计算机并行环境的日趋成熟，并行计算技术将给大规模梯级水库群联合优化调度问题的求解提供更加强大的工具，必将成为未来的研究热点。

2. 随机优化方法

上述水库优化调度方法研究主要集中在确定性调度方面，即在假设来水过程已知的情况下，通过确定性优化方法获取水库调度的最优过程。然而，实际水库调度中面临的一个重要问题就是来水过程是未知的，而水文预报则存在较大的不确定性。因此，考虑不确定性的水库调度理论方法一直以来是该领域研究的热点问题，根据入库径流过程描述的特点可分为显随机优化和隐随机优化两类，其中隐随机优化方法根据优化对象的不同可分为传统隐随机优化方法与基于模拟的优化方法。这三种方法的基本理论框架如图 1.2.1 所示。

隐随机优化（传统隐式随机优化方法与基于模拟的优化方法）主要利用各种高效的优化算法对大样本数据进行数据挖掘，从而获得有效的知识规则，为

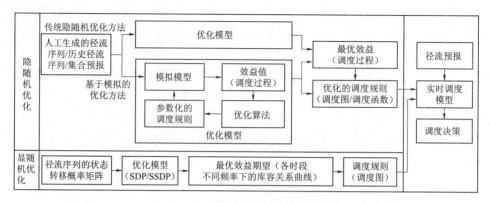

图 1.2.1　调度规则的优化方法流程图

决策提供有效支撑。由图 1.2.1 可以发现隐随机优化的根本特点是以长系列的连续样本数据为输入条件，通过优化模型优化求解，最终得到优化的调度效益（调度过程）及相应的调度规则。假设样本的规模足够大、分布足够均匀，那么这类方法得到的优化调度规则就隐含了大样本径流序列的变化特性，能在很大程度上降低预报不确定性对水库调度的影响。但是，传统隐随机优化方法对数据系列的长度要求较高，需要较长数据系列才能得到比较好的函数关系式，对模型优化结果进行回归分析获得调度规则的二阶段优化形式存在更大的不确定性，理论上难以达到最优解。

　　而显随机优化方法主要是基于马尔科夫随机径流描述以及确定性径流预报，需要以径流样本序列分布的状态转移矩阵为输入，通过优化算法使得调度效益的期望达到最优，而计算过程中不同时段不同频率下初末库容的最优关系曲线作为调度规则用于指导实时调度。但是，显随机优化方法中状态转移矩阵计算需要结合流域特征选择合理的径流概率分布以及适当的水文状态变量才能取得较好的优化效果。其中，随机动态规划法的使用受到径流系列样本规模的限制，在样本较少的情况下得到的状态转移矩阵是不具代表性的。实际调度中，需要进行时段重优化，操作不够简便，不便在实际应用中推广。

1.2.3.2　梯级水库群调度规则优化研究现状

　　事实上，无论采用隐随机优化还是显随机优化，水库群优化调度的最终目标都是获得最优调度规则。水库调度规则是根据水电站已有的长系列来水、库容及出流过程等历史资料，通过深入对比分析总结出来的具有规律性的水库调度特征数据，其特点是不连续性。通过水库调度规则可有效控制水库实时调度，尽量减少来水预报不确定性对水库调度合理性的影响，确保水库的高效、合理运行，发挥最大效益。从表现形式上来看，水库调度规则主要表现为调度函数和调度图。

1. 调度图

调度图可用于指导、控制水库按规则合理运行，其体现形式为控制曲线图，横坐标是时间（月、旬），纵坐标是水库水位或蓄水量，曲线图中用蓄水量和下泄水量的指示线将水库的兴利库容划分出不同的调度区。

在单库调度图优化方面，Chen[169]、Oliveira et al.[170]针对综合利用水库的调度图优化问题，构建了基于遗传算法的水库调度图优化模型，取得了较好的优化效果。Chang et al. 在水库洪水管理研究中引入基于实数型编码的基因算法，对洪水控制规则进行了优化[171]。Ilich et al. 通过引入人工神经网络算法构建了水库优化模型，实现了对单一水库调度规则的优化[172]。Chang et al. 以Shih - Men 水库为研究对象，构建了基于多目标遗传算法的调度图优化模型，并对比分析了二进制和实数两种编码模式对优化结果的影响，结果分析表明实数型编码模式具有更优秀计算效率和精度[173]。Chen et al. 引入多目标遗传算法对台湾地区一座水库的调度曲线进行了优化[174]。Kim et al. 以径流预报模型结果为输入，建立了基于多目标遗传算法的水库调度规则优化模型对单一水库的调度规则进行了优化[175]。除调度图优化算法方面的研究之外，部分学者也开始尝试从突破传统调度图形式的方面着手来获取更加优化的调度规则。Consoli et al. 针对灌溉为主的水库设计了调度图和调度函数相结合的调度规则，并采用多目标优化技术对调度规则进行了优化[176]。张铭等构建了基于动态规划法的调度图优化模型，采用迭代的方式实现了单库调度图的优化，并通过比较分析验证了模型与算法的合理性[177]；尹正杰等以基本调度线为变量，建立了基于多目标遗传算法的调度图优化模型，并以保证率和缺水量为目标进行了实例研究，结果分析表明多目标优化模型得到的调度图较仅考虑保证率的传统方法制定的调度图更加合理[178]。邵琳等提出了混合模拟退火遗传算法，并应用单库调度优化研究中，取得了良好的优化效果[179]；王旭等综述了调度图优化问题的研究现状、存在问题以及发展方向[180]，然后针其中最关键的可行空间搜索困难的问题，提出了基于可行空间搜索的改进多目标遗传算法以及调度图优化模型，并以寺坪水库调度图优化为例进行了应用研究，结果分析表明，与设计调度图相比优化调度图的发电效益及保证率均得到了明显提高[181]。

水库群调度图的优化与单一水库调度图优化的思路基本一致，以水库群整体效益最大为目标，对所有水库进行统一优化，从而得到各个水库的优化调度图。Tu et al. 探讨了初始水位对多目标水库群规则的影响，并采用混合整数线性规划方法对梯级水库的一组调度曲线进行了优化[182]；Arquiola 采用启发式网络流算法，构建以最小必备容量为单目标的优化模型对多库调度曲线进行了优化，并在西班牙东部的 Mijares 流域进行了应用[183]；Tu et al. 以多库系统为基础构建混合整数非线性规划模型，在水资源优化配置为目标对各水库调度线进行了优化。国内学者对水库群调度图的研究起步较早[184]。李智录等采用逐步计算法编制水库群系统的调度图,并在安徽省济河灌区等区域的水库群常规调度图制定中进行了应用[185]。黄强等[186]、张双虎等[187]分别采用差分演化算法和遗传算法构建以梯级发电量最大为目标的梯级水库群调度图优化模型,在以乌江渡水库群优化调度为研究对象案例中,实现了对梯级总调度图及各水库调度图的同时优化;刘心愿等以清江流域梯级水库联合调度为研究对象,构建了基于多目标遗传算法 NSGA-Ⅱ的梯级水库群调度图优化模型,实现了清江流域梯级水库群调度图的优化求解[188];邵琳等在 3 级梯级水库调度图优化研究中,建立了基于混合模拟退火遗传算法调度图优化模型,结果分析表明该模型能够有效地提高梯级水库群调度图优化的计算效率[189];王旭对多目标遗传算法进行了改进,并应用于汉江梯级水库群调度规则优化,取得了较好的优化效果[190]。

2. 调度函数

目前,国内外关于水库(群)调度函数的研究大概分为以下几类:

(1)基于回归分析的水库调度函数。首先采用隐随机优化方法确定水库(群)的最优运行过程,然后通过回归分析方法确定一年内各调度时段的调度函数,最后通过模拟方法对已确定的调度函数进行检验和修正[191-192],如卢华友等将动态系统多层递阶预测与回归分析有机结合在一起,从而确定了包括水库决策变量及其影响因素的动态调度函数[193]。

(2)基于人工智能技术的水库(群)调度函数。人工智能技术对于建立非线性、多变量的复杂水库(群)调度函数具有较好的适用性,它丰富了调度函数的表述方式和确定方法体系。目前,人工神经网络技术、支持向量机和模糊系统是建立水库(群)调度函数中采用较多的人工智能技术。

1)人工神经网络技术应用仿生学知识模拟大脑神经突触连接结构以及运行机制进行信息处理,具有自学习、自组织、容错性较好和非线性逼近能力。胡铁松等[194]、赵基花等[195-196]和 Wang et al.[197]分别采用不同类型的人工神经网络方法(BP 网络或径向基网络等)求解水库(群)调度函数,通过与其他方法的对比分析,发现人工神经网络具有非线性映射能力,该特点使得其能够很好地反映出水库调度中大量自变量和因变量间的复杂关系,相应地,模拟精度和可行性均较好。

2)支持向量机从观测数据等已掌握的历史资料出发寻找规律,从而实现对未来数据的预测或是对无法观测数据的预测。Karamouz et al. 针对水库调度函数的复杂性和非线性,采用支持向量机技术建立水库优化调度函数,证明了该方法的有效性[197]。

3)模糊系统将知识以规则的形式进行存储,采用规则描述对象的特性,随后通过模糊逻辑推理方法求解不确定性问题。Mehta et al. 采用模糊技术提取水库调度规则，比较了三种不同模糊规则的效率[198]。

（3）与其他调度规则形式结合的水库（群）调度函数。鉴于我国水库群运行管理现状以及水库（群）运行调度中应用确定性优化调度方法时存在的来水不确定问题，裘杏莲等在充分考虑系统特点的基础上提出了时、空分区控制规则，将其与调度函数相结合后构建了一种优化调度模式，从而实现了实用性和有效性的大幅提升[199]。

（4）分段调度函数。雷晓云等提出了确定水库群多级保证率优化调度函数的原理与方法，并以新疆玛纳斯河流域四座水库联调为研究案例，基于保证率构建了分段调度函数，并通过函数的模拟运行证明该方法是科学、合理、可行的[200]。

1.2.3.3 梯级水库群风险调度研究现状

20世纪七八十年代，水库调度中提出了风险的概念和分析方法，近几十年来，在水库调度风险分析理论方法方面的研究得到了快速发展，并取得了丰硕的研究成果。

水库风险调度研究的首要工作是分析并及识别关键的风险因子，它对接下来进行的风险估计与决策的合理性和实用性具有重要意义。国外在水库风险调度风险研究中所考虑的风险因子主要有水文风险因子、水力风险因子以及工程结构风险因子等[201-202]，其中反映径流不确定性的水文风险因子相关的研究起步最早且成果较多[203]。水文风险因子相关的研究方法通常是假定水力、工程等其他因子为确定值，然后采用随机模拟的方法，对径流不确定性所带来的风险进行分析[204-205]。早在20世纪80年代，我国学者就开展了综合利用水库防洪与兴利调度风险分析的研究工作。胡振鹏等通过建立考虑洪水及径流不确定性的入库径流的模拟模型，采用风险分析技术对丹江口水库讯限水位的确定进行了研究[206]。到了90年代中期，风险管理的概念以及在水库调度中的应用研究得到了广大学者及决策者的认可与重视，水库风险调度研究中考虑得风险因素逐步增多[207]，也逐渐吸收了一些新的理论与技术方法[208]。其中，比较有代表性的研究成果是在水库泄洪风险分析中引入随机微分方程理论[209]。该方法认为水文、水力、工程结构等风险因子的不确定性综合导致了库水位及泄洪过程的不确定性，基于此以库水位为变量建立随机微分方程，并采用数值分析方法对随机微分方程进行求解，从而得到各时段库水位变量的概率分布函数，来对水库泄洪风险进行评估。在同一时期，水库汛限水位动态控制的风险分析研究也取得了一系列成果，从而在技术层面上有效地提高了水库的兴利效益[210-212]。王本德等采用蒙特卡罗和观频率假定法来量化分析24h降雨预报误差，并在此基础上计算了水库防洪调度风险率[213]。谢崇宝等综合考虑水文、水力等风险因子，利用蒙特卡罗估计方法对考虑单一因子以及多因子的水库风险调度问题进行了计算，并通过对比分析说明基于多因子的水库风险调度结果更加具有决策指导意义[214]。进入 21 世纪，水库风险调度考虑的风险因子范围得到了拓展，在水文、水力、电力、工程、人为等因子基础上中进一步囊括了气候变化[215]与时间[216-217]等因子。而随着风险因子的增多，水库风险调度研究工作难度越来越大，因此需要结合具体水库调度问题，采用风险因子辨识方法选取对水库调度产生重要影响的部分风险因子，主要包括专家分析法[218]、层次分析法[219-220]、灰色优势关联分析法[221]以及多元相关分析法[222]等。刘红岭在 2009 年针对径流和电价风险因子，研究了市场环境下水库调度收益与风险的均衡优化问题[223]。

风险估计是水库风险调度的又一重要工作，确切地说，在风险因子识别基础上进行风险估计从而实现对水库调度中存在的风险进行量化与评估是水库风险调度的最终目的。20 世纪 70 代初期，国外就开始了防洪以及大坝安全风险分析的研究工作。美国、加拿大、澳大利亚、荷兰等国家在防洪风险估计以及大坝安全评估和方面开展了大量研究工作，提出了多种风险估计的理论和方法，取得了一系列丰富的科研成果[224-229]。20 世纪 90 年代，我国学者在大坝安全以及防洪调度中引入风险理论，在大坝的安全标准[230-231]、水库防洪调度[232-233]、洪水风险图制作[234-235]等方面开展了大量风险分析研究工作，但在水库兴利风险调度方面的成果比较少[236-237]，这种局面一直到 21 世纪初期才有所改善[238-239]。风险的概念于 20 世纪 50 年代提出，截至 2020 年，风险估计方法主要包括了均值一次两阶矩方法、改进一次两阶矩方法、直接积分法、蒙特卡罗方法等[240-243]。虽然风险估计方法众多，但在处理水库群风险调度这一复杂问题时仍存在很多不足。例如，直接积分法只有在风险估计变量的概率分布形式已知的情况下才能使用；蒙特卡罗方法需要的计算量较大，尤其是在处理小概率事件时需要进行大量的模拟计算。水库风险调度研究中包含了不同类型和不同方面的风险估计，水库调度新需求的不断提出以及不同风险因子之间的复杂联系增大了水库调度系统风险估计的难度，因此在未来的研究中需要结合数学、统计学等方面的最新成果发展新的风险估计方法，更重要的一点是要结合实际问题实现对现有技术方法的灵活运用，真正做到将科学技术转化为生产力。

1.2.4 梯级水电站短期发电计划研究进展

日发电计划编制与厂内经济运行是水电站短期优化调度的重要组成部分，涉及电站水调部门、电调部门以及电网调度处等多部门，在复杂的联系下，如何充分发挥各电站的水力、电力调节作用，协调水量调度与电量调度部门，合理分配中长期调度对短期调度的能量输入，实现水电站发电计划编制与厂内经济运行的有机结合，提高电站的水能利用率和发电效益，是流域梯级电站群短期优化运行亟须解决的关键工程问题。

1.2.4.1 水电站日发电计划编制

近年来，针对水电站日发电最优计划编制问题，已有研究建立了在满足系统安全运行约束条件下水电站发电量最大的数学模型，采用动态规划、POA、智能优化等求解技术对模型进行求解，并开发相应的优化软件为电网调度决策提供依据。于尔铿等运用网络流规划法解决水电站和抽水蓄能电站的日发电计划，同时满足电力系统各项约束条件[244]。王雁凌等根据我国电力市场现状提出优化排序法进行日发电计划编制，并动态调整计算过程的负荷平衡、旋转备用与日发电量权值等，获得较高的求解精度[245]。蔡建章等以云南电网为背景，通过改进月合约中超合同和以水补火电价的策略，进行过渡期日发电计划编制，实现竞价上网[246]。杨俊杰等提出了基于智能变异算子和约束修复算子的启发式遗传算法，并将其应用于电力系统日发电计划编制中，求解速度有显著提高[247]。蒋东荣等综合考虑各发电公司的申报上网电价与原有购售电合约，提出电力市场环境下电网日发电计划的电量经济分配策略，但对全停机组和半停机组的调整仍存在不确定性，需进一步改进[248]。黄春雷等分别以水电站群调峰电量和发电量最大为目标，建立基于典型负荷的水电站群日计划模型，将该模型用于四川电网水电站群，计算结果表明减少了电总弃水量，且显著提高梯级电站群的发电量和调峰电量[249]。之后又在分析日发电计划的随机性、确定性和稳定性等特征的基础上，提出一种基于径流随机特性的水电站逐日电量计划制订方法，有效提高了水能利用率[250]。梁志飞等针对传统日发电计划功能单一且难以实现准确的安全校核与网损管理这一缺陷，建立了协调经济与安全目标的日发电计划模型，并提出了交直流混合迭代优化算法和交流潮流分析与有功优化的一体化决策方法[251]；姚跃庭等[252]、蔡治国等[253]针对葛洲坝水电站日发电计划编制问题，分析总结葛洲坝水电站多年调度经验，阐明了机组出力多重影响因子的耦合关系，建立了葛洲坝电站日发电计划编制模型，对每台机组进行出力仿真，实现了发电量引用流量的最优分配。

1.2.4.2 水电站厂内经济运行

水电站厂内经济运行以电网审批下达的次日发电负荷曲线为输入，以水电站逐时段的负荷及运行状态为输出，以电站耗水量最小（此处主要研究具有调节性能水库的电站）为目标，制定水电站次日最优运行方式，以提高水电站发电效益，充分利用水能资源。由于实施水电站厂内经济运行能够增加水电站经济效益 1%～3%，对水电站厂内经济运行的研究越来越受到发电企业和学术界的重视，成为研究热点。20 纪 80 年代张勇传以湖南柘溪、凤滩电站为研究对象，结合电站自身运行特性，开展了水电站厂内经济运行的研究与应用，从而提高了水库运行效益；文庭秋介绍了美国 DYNABYTE 微型计算机和国产的生产通道组成的微型计算机系统，将该系统应用于水电站厂内经济运行，提高了水电站经济效益[254];肖翘云等在西津水电站开展了厂内经济运行的应用研究，采用机组间最优负荷分配方案，提高了经济效益，发电效益显著增加[255]。在水电站厂内经济运行的数学模型描述方面，90年代末期，梅亚东等[256]考虑机组空载和强行开机约束等因素，建立了含有0-1变量的水电站厂内经济运行模型，并指出在厂内经济运行过程中，开机台数的变化导致引用流量变化较大，机组组合方案的影响次之，机组间的负荷分配影响最小；同期，马跃先与河南省水电公司、昭平台水库和青天河水库等单位合作，针对孤网中的小型水电站，提出定负荷或定流量的厂内经济运行方式，开发小型水电站厂内经济运行软件，并在一些小型电站投入使用，获得了良好的效果[257]；2003年，路志宏等[258]、徐晨光等[259]分别研究了基于开关控制策略的厂内经济运行模型和中小型水电站厂内经济运行准实时系统的设计与实现方法，有效划分了水力发电机组的安全运行区和非安全运行区，根据电网负荷和水电站水头的实时变化情况进行优化计算，实现了水电站厂内经济运行；张祖鹏等根据葛洲坝水电站大江、二江尾水位流量曲线不同特征，建立了以入库流量、坝前水位和计算时段为参数的二层厂内经济运行模型，阐明了不同入库流量下大江、二江电站间的最优负荷分配规律[260]。

水库水电站厂内经济运行数学模型多以一定时段内耗水量最小为目标，主要求解方法有动态规划[261-264]、等微增率[265-266]、POA[267]、非线性规划[268]及现代智能优化算法等[269-278]，水电站实际运行过程中以动态规划和等微增率最为常见。动态规划法应用于研究水电系统的实时监控和优化调度问题，能够很好地适用于机组台数较少的电站。王定一在确定水电站最优运行机组组合时采用分阶段优化的动态规划，在确定机组间负荷分配时采用等微增率法，在葛洲坝二江电厂得以应用[279]；田峰巍等将大系统优化理论应用于水电站厂内经济运行中，与等微增率和动态规划法比较，在求解大型多机组电站时计算时间更短，求解精度更高[265]；万俊首次提出用POA算法求解水电站厂内经济运行机组间的有功功率最优负荷分配[267]。在最近二十年里，现代智能算法也应用于水电站的经济运行中。袁晓晖等将采用实数编码技术和拟梯度遗传变异算子应用于厂内经济运行，获得较好的效果[276]；姜铁兵等运用基因遗传算法求解水电站厂内经济运行问题，获得较好的时效性[269]；申建建等提出改进蜜蜂进化算法，以乌江渡水电站为实例，进行厂内经济运行应用表明该方法可行且有效[272]；蒋传文等依据混沌运动的遍历性、随机性、规律性等特点，提出一种收敛速度较快的混沌优化方法求解水电站厂内经济运行问题[280]。

水电站的厂内经济运行理论和技术上都比较成熟，工程效益相当显著。但在日发电计划编制与厂内经济运行相匹配等方面的还鲜有研究，在电网巨型水电站的实际运行过程中，仍存在一系列亟待解决的科学问题和技术难题。我国在水电站发电计划编制和厂内经济运行领域研究较多，却多集中在单一功能的优化设计，未充分考虑日发电计划编制与厂内经济运行相互间的影响，具有一定的局限性。现有研究工作主要集中在分别对日最优发电计划编制与厂内经济运行进行的孤立研究，存在发电计划编制和场内经济运行脱节。水调部门按平均出力估算下泄流量，导致在枯水期实际发电运行担任基荷时，电调部门进行厂内经济运行后基荷流量较小，可能无法满足最小流量要求，电站下泄流量与出力没有有机统一，存在发电计划编制与发电任务执行的脱节。同时，发电计划编制是以发电量最大为优化目标进行机组出力过程预报，厂内经济运行则是以耗水量最小为目标执行电网下达的发电任务，忽略了二者优化目标存在的较大差异。在水电站实时运行过程中，为了同时满足电站最小下泄流量和电网负荷要求，电调需要与水调部门反复沟通和调整，并上报电网复核下达指令，过程极为烦琐，极大地增加了调度人员的工作强度。目前的研究工作大多忽略了厂内经济运行对日发电计划结果的实时正向修正影响，缺乏对日发电计划与厂内经济运行互为指导作用的综合分析及研究。因此，亟须开展精细化的发电计划编制研究，充分发挥水电能源在智能电网中的调峰、调频、调相、事故备用和补偿调节等功能，为提高电站安全经济运行水平提供理论依据与技术支撑。

1.3　主要研究内容

本书涉及水文学、水资源学、运筹学、水力学、信息化等多个学科，采用"产-学-研-用-管"相结合的攻关方式，实现了科学研究与工程运行调度管理实际情况的紧密结合。研究框架如图 1.3.1 所示。

（1）雅砻江流域由于受高空西风大气环流及西南季风的影响，又因地形高差与南北纬度变化大，气候和气象条件十分复杂，在平面变化和垂直变化都具有鲜明的特点，水雨情预报始终存在预报精度不高和预见期不足的问题。

（2）大河湾地处高山峡谷区，河道水浅且河岸陡直，河道地形资料对数值模拟精度影响较大。同时锦屏二级泄水闸泄水过程流量量级差异较大，不同流量淹没水深不同，导致河滩与河槽糙率存在较大差异，影响模拟效果。

（3）而随着调度期的延长，调度决策过程中的可靠信息量减少，径流不确定性、设备检修等突发事件可能性以及主观因素不确定性均逐渐增大，使得中长期调度计划编制与执行过程中的风险逐步累积。因此年调度计划的编制与执行面临的风险问题最为突出。

（4）雅砻江流域梯级水电站短期调度需面向复杂的电力外送需求，且还要应对未来负荷频繁变化，如何编制满足多电网调峰需求的短期发电计划，提出适应电网负荷变化的适应性调整策略是雅砻江梯级短期调度的关键所在。

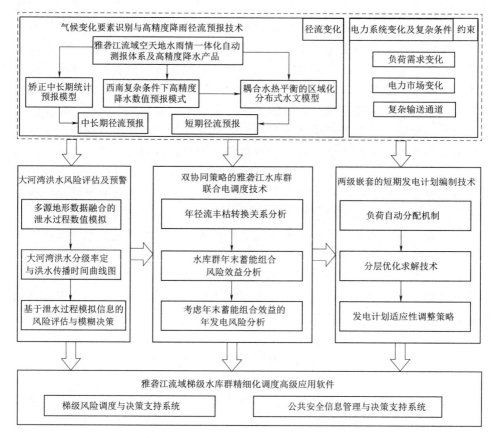

图 1.3.1　研究框架

本书针对气候异常、电网建设、市场改革以及电站运行要求等变化条件下雅砻江流域水库群经济与安全运行所涉及的科学问题与关键技术，建立了以"径流预报-洪水预警-水库调度-实时调控-系统平台"为主线的雅砻江流域水库群精细化联合调度成套技术体系，建成了雅砻江流域空天地水雨情一体化自动测报体系，形成了高精度径流预报技术、洪水风险评估与预警技术、水库群联合调度风险管控技术和多级嵌套的实时厂内经济运行等先进技术成果，开发了高精度气象水文预测、洪水精细化模拟、洪水风险评估及预警、基于双协同策略的中长期发电调度以及基于负荷分配的短期发电计划编制等模型的"模型群"，构建了包括雅砻江流域梯级水电站水库调度规程、水电站水库实时调度方案等"方案集"。同时，依托雅砻江流域水调自动化系统以及雅砻江流域三维可视化展示与会商平台，集成项目研究成果，开发了雅砻江流域梯级水库群精细化调度高级应用软件。

第2章 流 域 概 况

2.1 自 然 地 理

雅砻江发源于青海省玉树市境内的巴颜喀拉山南麓,自西北向东南流,在呷依寺附近进入四川省,至两河口与左岸鲜水河汇合后转向南流,经雅江至洼里上游约 8km 处右岸有小金河汇入,其后折向东北方向,绕锦屏山形成长约 150km 的著名雅砻江大河湾,湾道颈部最短距离仅 16km,落差高达 310m,巴折以下继续南流,至小得石下游约 3km 处左岸有安宁河加入,再向南流,于攀枝花市下游的倮果汇入金沙江。干流河道全长 1571km,流域面积 13.6 万 km²,天然落差约 3830m。河口多年平均流量 1910m³/s,年径流量近 600 亿 m³,占长江上游总水量的 13.3%。

雅砻江流域位于青藏高原东部,地理位置介于东经 96°52′～102°48′、北纬 26°32′～33°58′,大致呈南北向条带状,平均长度约 950km,平均宽度约 137km。河系为羽状发育,流域东、北、西三面大部分为海拔 4000m 以上的高山包围。巴颜喀拉山似一座屏障横亘于流域北部,西以雀儿山、沙鲁里山与金沙江上游分水,东以大雪山与大渡河为邻,南界分水岭高程约 2000m。甘孜以下河道下切十分强烈,沿河岭谷高差悬殊,相对高差一般为 500～1500m。河源至河口海拔自 5400m 降至 980m,落差达 4420m。其中呷衣寺至河口河长约 1368km,落差达 3180m,平均比降为 2.32‰。

雅砻江流域南北跨越七个多纬度,域内地形地势变化悬殊,致使自然景观在南北及垂直两个方向上具有明显的差异。甘孜、道孚一线以北地区,地势高亢,山顶多呈波状起伏的浅丘,河谷宽坦,水流平缓,呈现一片丘状高原景象,区内土壤为高原草甸土和草原化草甸土,草甸为本区植被的基本类型。甘孜、道孚一线以南至大河湾之间主要为高山峡谷森林区。区内海拔 4000m 以上地带,即濯桑、生古桥一线以北地区,山岭如波状起伏的浅丘,仍是高原景观,分布着森林草原土壤,植被也以高原草甸为主;濯桑、生古桥一线以南地区,山岭多呈锯齿状和鱼脊状,角峰林立、山体巍峨,顶部多有冰斗。海拔 4000m 以下地带,大部为森林土壤类型,森林茂密,为本流域林业资源集中地区。该河段河谷异常深狭,呈窄 V 形及 U 形,谷地宽仅 50～100m,谷坡陡峻,一般为 40°～70°。部分河段由于两岸岩层破碎、堆积层厚,而易于垮塌,历史上发生过因垮山、堵江及溃决所造成的洪水事件。大河湾以南至河口地区，河谷地形复杂，具有宽谷盆地与山地峡谷错落分布的特点。宽谷盆地处于几条支流上，分布有褐红土类，农业发达，盐源盆地内有喀斯特地貌存在。干流仍属高山峡谷，自然景观略似中段山地，但河谷较开阔。雅砻江流域森林覆盖率为 7% 左右，森林资源丰富，是四川省主要的木材生产基地之一。过去木材集运采取水运方式，在采伐和集运过程中，局部地区的植被遭到破坏，引起水土流失。雅砻江流域地广人稀，大河湾以北多为藏族居住地区，以牧业为主；以南为汉、彝族为主的多民族地区，他们主要从事农业，农业较发达地区集中于几条支流的河谷盆地上。

2.2 工 程 概 况

雅砻江水力资源极为丰富，干流共规划了 22 级水电站，总装机容量约 3000 万 kW，年发电量约 1500 亿 kW·h，具有水能资源富集、调节性能好、淹没损失少、经济指标优越等突出特点。中下游河段被列为国家水电基地，其规模在全国十三大水电基地中居第 3 位。国家发展和改革委员会 2003 年 10 月发文明确"由二滩水电开发有限责任公司负责实施雅砻江水能资源的开发""全面负责雅砻江流域梯级水电站的建设和管理"。根据国家能源局的要求，经国家工商行政管理总局核准，从 2012 年 11 月 8 日起二滩水电开发有限责任公司更名为雅砻江流域水电开发有限公司（以下简称"雅砻江公司"）。

目前，雅砻江干流下游水能资源开发已经全面完成，并实现了水库群集中联合调度。雅砻江干流下游从上到下锦屏一级、锦屏二级、官地、二滩、桐子林 5 座梯级电站装机规模达到 1470 万 kW，并具备在成都雅砻江公司集控中心对其进行远程集中控制的软硬件条件。这 5 座电站电力调度关系较为复杂，其中锦屏一级、锦屏二级、官地水电站由国家电力调度控制中心直调，二滩水电站由国家电网公司西南分部调控中心直调，桐子林水电站由四川电力调度控制中心调度。5 座电站电力主要送往川渝地区及华东地区。5 座电站水库调节能力如下：锦屏一级水库为年调节，二滩水库为季调节，锦屏二级水库、官地水库、桐子林水库均为日调节。其中，锦屏一级和二滩两大水库，总调节库容达 82.8 亿 m³，两大水库可使雅砻江干流下游梯级水电站群实现年调节。

雅砻江中游梯级水电站开发正全面开展，两河口和杨房沟水电站计划 2021 年投产发电。雅砻江中上游干流上的其他水电工程项目正根据雅砻江公司总体工作部署开展相应的前期工作。

1. 锦屏一级水电站

锦屏一级水电站位于四川省凉山彝族自治州盐源县和木里县境内，是雅砻江水能资源最富集的下游河段五级水电开发中的第一级,其下游梯级为锦屏二级、官地、二滩和桐子林水电站。坝址区位于木里、盐源两县毗邻处的普斯罗沟峡谷段,坝址以上流域面积 10.26 万 km²。锦屏一级水电站以发电为主,兼有防洪、拦沙等作用。水库正常蓄水位 1880m(对应库容 77.6 亿 m³),死水位 1800m,调节库容 49.1 亿 m³,为年调节水库。电站装机容量 360 万 kW,装机年利用小时数 4616h,多年平均发电量 166.20 亿 kW·h。

锦屏一级水电站为 Ⅰ 等工程,枢纽主要建筑物由混凝土双曲拱坝、坝后水垫塘及二道坝;右岸泄洪洞;右岸岸塔式进水口、引水系统、地下厂房及开关站等组成。大坝坝顶高程 1885m,建基高程 1580m,最大坝高 305m;坝体上设置 4 个泄洪表孔、5 个泄洪中孔。发电厂房采用地下厂房布置方案,安装 6 台 60 万 kW 水轮发电机组。

锦屏一级水电站 2013 年 8 月首台机组投产发电,2014 年 7 月 6 台机组全部投产发电。

2. 锦屏二级水电站

锦屏二级水电站位于雅砻江下游锦屏大河湾,利用大河湾的天然落差截弯取直、引水发电,闸址猫猫滩位于雅砻江大河湾西侧景峰桥下游 3.7km 处。雅砻江小金河口至巴折,河段长约 150km,河流环绕锦屏山,形成一个南北长条形天然弯道,通称锦屏大河湾。此河段河床坡降大,水流湍急,河谷呈 V 形,漫滩、心滩少见,沿岸阶地零星发育。沿岸一级支沟大多与雅砻江近于直交,且沟谷密度大,切割较深,多属常年有水或间歇性干谷。水库正常蓄水位 1646m(对应库容 1930 万 m³),死水位 1640m,调节库容 496 万 m³,为日调节水库。电站装机容量 480 万 kW,装机年利用小时数 5048h,多年平均发电量 242.30 亿 kW·h。

锦屏二级水电站主要由 34m 高闸坝、长引水隧洞和地下式厂房等建筑物组成,装机容量为 4800MW(8 台×600MW)。主要建筑物包括首部低闸、引水发电系统、尾部地下厂房等永久性建筑物。首部枢纽位于雅砻江大河湾西侧景峰桥至猫猫滩河段上。电站进水口位于景峰桥下游右岸 550~800m 处,闸址位于猫猫滩,两者相距 2.9km。拦河闸主要由泄洪闸和两岸重力式挡水坝段组成,全长 165m,泄洪闸段长 100m,最大闸高 34m。引水系统采用四洞八机布置,其中引水隧洞平均长 16.7km,隧洞的开挖洞径为 12.4~13.0m,上游调压室的开挖直径 28m。地下厂房洞室主要有主副厂房、主变洞、母线洞、交通洞、出线洞、安全兼通风洞等。

锦屏二级水电站 2012 年 12 月首台机组投产发电,2014 年 11 月 8 台机组全部投产发电。

3. 官地水电站

官地水电站位于雅砻江干流下游、四川省凉山彝族自治州西昌市和盐源县交界的打罗村境内，系雅砻江卡拉至江口河段水电规划第二阶段战略开发的第一个投产电站。上游与锦屏二级水电站尾水衔接，库区长约 58km，下游接二滩水电站，与二滩水电站相距约 145km。坝址距西昌市的直线距离约 30km，公路里程约 80km。电站主要任务是发电，水库正常蓄水位 1330.00m，死水位/排沙运用水位 1328.00m，最低运行水位 1321.00m，总库容 7.6 亿 m³，水库回水长 58km，属日调节水库。电站枢纽主要由拦河碾压混凝土重力坝、泄洪消能建筑物、引水发电建筑物等组成，最大坝高 168.00m，最大坝底宽度 153.20m，水垫塘长 145m，电站装机容量 2400MW，多年平均发电量为 110.16 亿 kW·h，远期为 117.67 亿 kW·h。

碾压混凝土重力坝坝顶高程 1334.00m，最大坝高 168.00m，坝顶长度 516.00m，共分 24 个坝段。溢流坝段布置 5 孔溢流表孔，每孔净宽 15.00m，溢流堰顶高程 1311.00m；在左岸 10 号挡水坝段和右岸 15 号挡水坝段各设有放空中孔，孔口底高程 1240.00m，孔口尺寸 5.00m×8.00m；溢流坝段下游接水垫塘，水垫塘底高程为 1188.00m，池长 145.00m，宽 95.00m。

官地水电站 2012 年 3 月首台机组投产发电，2013 年 3 月 4 台机组全部投产发电。

4. 二滩水电站

二滩水电站是雅砻江梯级开发的第一座水电站，位于四川省西南部攀枝花市境内的雅砻江下游，距雅砻江与金沙江的交汇口 33km，距下游攀枝花市约 46km，距成都市约 727km，距昆明市 373km，成昆铁路桐子林车站位于电站下游 17km。

二滩水电站大坝坝址以上控制流域面积 116400km²，占雅砻江流域面积的 85.6%。多年平均流量为 1670m³/s，设计（千年一遇）流量为 19700m³/s；水库正常蓄水位 1200m，死水位 1155m，总库容 58 亿 m³，调节库容 33.7 亿 m³，属季调节水库；电站装机 6×550MW，年利用小时为 5400h，保证出力 1000MW，多年平均发电量 168.84 亿 kW·h。

枢纽主要建筑物有拦河坝、泄洪建筑物、引水建筑物、地下厂房等。拦河坝为混凝土双曲拱坝，最大坝高 240m，坝顶高程 1205m，坝顶全长 774.69m，坝顶宽 11m，坝底最大宽度 55.7m，为我国 20 世纪建成的第一高拱坝。坝体设 7 个泄洪表孔、6 个泄洪中孔和 4 个底孔，右岸布置两条高 13.5m、宽 13m 的泄洪洞。左岸布置大跨度地下厂房，长 280m、宽 25.5m、高 65m。

二滩水电站 1998 年 8 月第一台机组发电，1999 年 12 月 6 台机组全部投产发电。

5. 桐子林水电站

桐子林水电站位于四川省攀枝花市盐边县境内的雅砻江干流上，是雅砻江干流下游最末一级梯级电站，电站坝址位于二滩水电站下游约 18km 处，上距安宁河口约 2.5km，控制集水面积 127624km²。

桐子林水电站坝址河段顺直、河谷开阔，为一不对称的 U 形谷，枯水位 986～987m 时，水面宽 80～100m，正常高蓄水位 1015m 时，谷宽约 373m。右岸有一宽 100m、长约 350m 的漫滩分布。水库正常蓄水位为 1015.00m，死水位为 1012.00m，排沙运用水位 1012.00m，远期为 1010.00m，总库容 9120 万 m³，水库具有日调节性能。水库涉及盐边和米易两县，干流与二滩尾水衔接，一级支流（安宁河）回水至湾滩水电站，长度约 7km。电站装机容量 60 万 kW，装机年利用小时数 4958h，多年平均发电量 29.75 亿 kW·h。

桐子林水电站枢纽建筑物由重力式挡水坝段、河床式电站厂房坝段、泄洪闸（7 孔）坝段等建筑物组成，坝顶总长 439.73m，最大坝高 69.5m，坝顶高程 1020.00m。泄洪闸坝段长 164.60m，主要由河床 4 孔泄洪闸坝段和右岸导流明渠内 3 孔泄洪闸坝段组成；孔口尺寸为 16.0m×21.0m（宽×高）。主厂房由主机间和安装间组成，主机间长 149.40m，安装间长 66.00m，内部净宽度 27.50m。主机间内共装 4 台轴流转桨（ZZ500-LH-1040 型）水轮发电机组，单机容量 15 万 kW。

桐子林水电站 2015 年 10 月第一台机组发电，2016 年 3 月 4 台机组全部投产发电。

第3章 西南复杂条件下雅砻江流域高精度水雨情预报技术

雅砻江流域受高空西风大气环流及西南季风的影响，加之地形高差与南北纬度变化大，气候和气象条件在平面和垂直维度上均呈现出非常复杂的变化特征，致使水雨情预报始终存在精度不高和预见期不足等问题，制约了流域水库群的精细化和科学化联合调度。为此，本书建立了覆盖全流域的空天地水雨情一体化自动测报体系，构建西南复杂环境下月-旬-日降水数值预报模式，发展基于多因素立体搜索算法的中长期径流预报模型，以及考虑高寒缺资料和梯级开发影响的短期径流预报模型，形成了全流域多尺度高精度水雨情预报方案。

3.1 流域空天地水雨情自动测报体系及高精度降水产品

3.1.1 流域空天地水雨情自动测报体系

受气候、地形等因素影响，雅砻江流域水雨情监测始终存在覆盖面不全、信息量不足等问题，是制约流域水雨情精准预报的关键短板。本书依托气象雷达、地面气象观测站、水情自动测报站等设施，引入气象卫星等新技术，形成了覆盖雅砻江全流域的空天地水雨情一体化测报体系。利用风云 FY2E 等第三代气象卫星覆盖上中游高寒地区，通过红外云图等产品判断主要天气系统的发展形势及可能影响的范围；在全流域共建设地面气象观测站 328 个，开展最小时间尺度为 5min 的降水等要素监测；在甘孜、西昌和攀枝花 3 个关键片区，建设多普勒雷达 3 个，开展流域的短时临近预报；流域中下游（甘孜至桐子林水文站之间）建设水情遥测站 149 个，控制集水面积达 10.3 万 km^2。

（1）气象卫星。目前的气象卫星资料是气象部门通过官方渠道获取的，在海洋、沙漠、高原等缺少气象观测台站的地区，气象卫星所提供的云图资料弥补了常规观测资料的不足。目前应用的气象卫星和对应的云图产品如下：

1）风云 FY2E/风云 FY2F/风云 FY2G 第三代气象卫星的红外云图、水汽云图和可见光云图产品。

2）风云 FY4 的红外云图、水汽云图、可见光云图和闪电仪产品。

通过对气象卫星云图的分析，可以根据当前云系的发展情况，预测云系未来的发展强度及移动方向，并可判断主要天气系统的发展形势及可能影响的范围。

（2）气象雷达。覆盖雅砻江流域的单站雷达有 3 个，分别是甘孜多普勒雷达、西昌多普勒雷达和攀枝花多普勒雷达，具体参数见表 3.1.1。

表 3.1.1　　　　　　　　　　雅砻江流域单站雷达参数统计表

项　目	甘孜雷达	西昌雷达	攀枝花雷达
频段	C 波段	C 波段	S 波段
最大探测距离/km	360	230	300
有效探测距离/km	200	150	150
有效监测范围	干流新龙及以南、孟底沟以北（不含孟底沟）	干流洼里及其下游、二滩以北（不含二滩），安宁河流域冕宁—米易	干流麦地沟—桐子林，安宁河流域德昌—桐子林

通过对气象雷达资料的具体分析，可根据雷达回波的发展强弱和移动方向，开展流域的短时临近预报，还可用作降水的跟踪监测。

（3）地面气象观测站。地面气象观测站是气象部门监测降水的基本手段，可以进行最小时间尺度为 5min 的降水监测，气象部门在雅砻江流域建立的地面气象观测站共 328 个，具体见表 3.1.2。

表 3.1.2　　　　　气象部门在雅砻江流域建立的地面气象观测站统计表

地区	国家气象观测站	区域气象观测站	合计
甘孜州	8 个（石渠县、甘孜县、新龙县、炉霍县、道孚县、理塘县、雅江县、九龙县）	133 个（石渠县 6 个、甘孜县 18 个、新龙县 16 个、炉霍县 13 个、道孚县 18 个、理塘县 12 个、雅江县 22 个、九龙县 28 个）	141
凉山州	5 个（西昌市、德昌县、木里县、盐源县、冕宁县）	126 个（西昌市 51 个、德昌县 9 个、木里县 23 个、盐源县 23 个、冕宁县 20 个）	131
攀枝花市	3 个（米易县、盐边县、攀枝花市区）	53 个（米易县 29 个、盐边县 19 个、攀枝花市区 5 个）	56
合计	16	312	328

（4）水情测站。雅砻江流域以 1947 年在干流设立的雅江水文站为最早，其他各站均在 1950 年后相继设立。水文测站除水文系统设立的国家基本站网外，还有为工程设计收集资料所设专用站，以及为水情测报服务所设站点，各类站点领导机关有所不同，初步形成了雅砻江流域干、支流的水文控制站网。干流上的水文站主要有温波、甘孜、新龙、雅江、吉居、麦地龙、锦屏（三滩）、泸宁、打罗、小得石、桐子林等站，支流水文站主要有道孚、列瓦、湾滩等站；流域内雨量站主要有煌猷、普威、麦地沟、共和、国胜、温泉、阿比里、冷水

箐等站，主要包括水文系统设立的雨量站和二滩、锦屏水电站水情自动测报系统所设的遥测雨量站，基本集中在中下游，流域上游雨量站点稀少，一般仅县级气象台（站）有雨量观测项目。

总体来看，雅砻江流域由于受自然地理条件限制、交通、经济不发达等因素影响，水文站网相对较少。流域内主要的水文测站情况见表 3.1.3。

表 3.1.3　　　　　　　　雅砻江流域主要水文测站一览表

序号	站名	类别	河名	地　点
1	温波	水文	雅砻江	石渠县东区温波乡
2	甘孜	水文	雅砻江	甘孜县甘孜镇雅桥村
3	新龙	水文	雅砻江	新龙县茹龙镇
4	雅江	水文	雅砻江	雅江县城
5	吉居	水文	雅砻江	四川省甘孜州康定市宜代乡冷古村
6	麦地龙	水文	雅砻江	木里县麦地龙乡三村
7	锦屏	水文	雅砻江	四川省木里县二区大沱
8	泸宁	水文	雅砻江	四川省冕宁县棉沙湾乡
9	打罗	水文	雅砻江	四川省西昌市巴汝乡
10	小得石	水文	雅砻江	四川省米易县得石镇
11	桐子林	水文	雅砻江	四川省盐边县金河乡田村
12	东谷	水文	鲜水河	甘孜县东谷区四通达乡
13	泥柯	水文	鲜水河	甘孜县泥柯乡
14	朱巴	水文	鲜水河	炉霍县泥拜乡朱巴村
15	道孚	水文	鲜水河	道孚县麻孜乡菜子坡村
16	生古桥	水位	力丘河	康定市沙德乡
17	濯桑	水文	理塘河	理塘县濯桑乡
18	四合	水文	理塘河	四川省木里县固增乡下古拉村
19	呷姑	水文	理塘河	四川省木里县后所乡呷姑村
20	列瓦	水文	小金河	四川省木里县列瓦乡凹下村
21	盖租	水文	永宁河	四川省盐源县盖租乡
22	巴基	水文	巴基河	云南省宁蒗县城红旗乡石垭口村
23	甲米	水文	甲米河	四川省盐源县盐塘乡地来角村
24	沙拉地	水文	卧罗河	四川省盐源县沙拉地
25	乌拉溪	水文	九龙河	四川省九龙县沙坪镇沙坪中学
26	树河	水文	树瓦河	四川省盐源县树河镇甘塘乡顺河村
27	孙水关	水文	孙水河	四川省冕宁县泸沽镇

序号	站名	类别	河名	地　　点
28	泸沽	水文	安宁河	四川省冕宁县泸沽镇
29	米易	水文	安宁河	四川省米易县攀莲镇
30	湾滩	水文	安宁河	四川省盐边县安宁乡大坪地村

　　近年来，随着雅砻江流域的开发和建设，为进一步掌握雅砻江流域降雨和来水信息，为梯级电站防洪度汛和发电运行提供保障，2009 年 9 月雅砻江公司开展了流域水情自动测报系统建设，系统覆盖范围为甘孜以下流域，面积 10.3万 km^2，主要包括鲜水河、庆大河、力丘河、小金河、九龙河、安宁河。遥测站点 149 个，其中包括水文（位）站 49 个、雨量站 85 个、自动气象站 15 个。系统具有雨量监测功能的遥测站点共计 131 个，主要分布在流域中下游，其中雅江以上 29 个，雅江—麦地龙 15 个，麦地龙—锦屏一级 37 个，锦屏一级—官地 18 个，官地—二滩 12 个，安宁河 20 个。雅砻江流域现有水情自动测报系统站点见表 3.1.4。

表 3.1.4　　　　雅砻江流域现有水情自动测报系统站点一览表

站点	测站名称	测站类型	所属河流	所　在　位　置
1	甘孜	水位、雨量站	雅砻江	甘孜县甘孜镇雅桥村甘孜水文站
2	新龙	水位、雨量站	雅砻江	新龙县茹龙镇新龙水文站
3	共科	水位、雨量站	雅砻江	共科水文站内
4	泥柯	水位、雨量站	鲜水河	泥柯水文站内
5	东谷	水位、雨量站	鲜水河	东谷水文站
6	炉霍	水位、雨量站	鲜水河	炉霍县水文站
7	道孚	水位、雨量站	鲜水河	道孚县水文站
8	扎巴	水位、雨量站	庆大河	扎巴水文站内
9	甲根坝	水位、雨量站	力丘河	甲根坝水文站
10	两河口导进口	水位、雨量站	雅砻江	雅江县两河口电站内导进口
11	两河口导出口	水位站	雅砻江	雅江县两河口电站内导出口
12	两河口坝前	水位站	雅砻江	两河口大坝左岸
13	庆大河	水位站	庆大河	庆大河导流洞进口
14	雅江	水位、雨量站	雅砻江	雅江县水文站
15	大盖	雨量站	雅砻江	新龙县上占区大盖乡所拉家中的院内
16	皮察	雨量站	通宵河	新龙县皮察乡足然村乡中心小学后不民宅内
17	觉悟	雨量站	热依曲	理塘县觉悟村进村桥左面

站点	测站名称	测站类型	所属河流	所 在 位 置
18	君坝	雨量站	雅砻江	理塘县君坝乡恶和村君坝乡民宅院内
19	孜拖西	雨量站	雅砻江	新龙县孜拖西乡然翁村
20	呷柯	雨量站	雅砻江	理塘县呷柯乡场
21	曲人	雨量站	雅砻江	雅江县普巴绒乡曲入村民宅内
22	普巴绒	雨量站	雅砻江	雅江县普巴绒乡甲德村乡政府对面的院内
23	给地	雨量站	雅砻江	理塘县给地乡
24	拉日马	雨量站	鲜水河	新龙县拉日马乡大佛像后不远民宅院内
25	亚卓	雨量站	鲜水河	道孚县亚卓乡莫洛村宋友华家中的院内
26	甲斯孔	雨量站	鲜水河	道孚县甲斯孔乡卡美村甲斯孔小学旁
27	瓦日	雨量站	鲜水河	道孚县瓦日乡列瓦村小学后边的民宅院内
28	仲尼	雨量站	鲜水河	道孚县仲尼乡小学前面
29	八美	雨量站	庆大河	道孚县八美镇雀儿村
30	龙灯	雨量站	庆大河	道孚县龙灯乡一村龙灯乡政府 300m 处
31	八角楼	雨量站	王呷河	雅江县八角楼乡八角楼村政府对面民宅院内
32	苦则	雨量站	吉珠河	雅江县西俄罗乡苦则村
33	柯拉	雨量站	霍曲	雅江县柯拉乡解放村
34	德差	雨量站	霍曲	雅江县德差乡政府旁
35	新都桥	雨量站	力丘河	康定县新都桥
36	吉居	水位、雨量站	雅砻江	雅江县宜代乡冷古村
37	麦地龙	水位、雨量站	雅砻江	木里县麦地龙乡三村麦地龙水文站观测场内
38	锦屏	水位、雨量站	雅砻江	锦屏水文站
39	泸宁	水位、雨量站	雅砻江	冕宁县棉沙湾乡
40	乌拉溪	雨量站	九龙河	九龙县沙坪镇沙坪中学旁边
41	生古桥	雨量站	力丘河	雅江县沙德镇生古桥村后的民宅院内
42	恶古	雨量站	雅砻江	雅江县恶古乡恶古村小学旁边的民宅内
43	色乌绒	雨量站	力丘河	康定县贡嘎山乡色乌绒一村省道旁的民宅院内
44	普沙绒	雨量站	力丘河	雅江县普沙绒镇宜代村进宜代村
45	孟地沟	雨量站	雅砻江	九龙县孟地沟乡
46	下田镇	雨量站	雅砻江	凉山州木里县卡拉乡下田镇
47	九龙	雨量站	九龙河	九龙县呷尔镇呷尔村居民楼顶
48	踏卡	雨量站	踏卡河	九龙县踏卡乡超市房顶上
49	张家	雨量站	雅砻江	冕宁县和爱乡张家河坝河坝旅馆

续表

站点	测站名称	测站类型	所属河流	所 在 位 置
50	子耳	雨量站	子耳河	甘孜州子耳乡庙子村
51	健美	雨量站	雅砻江	冕宁市健美乡洛居村医院旁
52	麦地	雨量站	雅砻江	冕宁县麦地乡黄泥村5组
53	大桥	雨量站	雅砻江	西昌市巴汝乡大桥村
54	金河	雨量站	雅砻江	盐源县金河乡温泉村民宅院内
55	煌猷	雨量站	雅砻江	德昌县马安乡三岔湾原
56	麦地沟	雨量站	树瓦河	盐源县麦地乡民宅院内
57	两河口气象	气象站	雅砻江	雅江县两河口电站内气象站房
58	锦屏二气象	气象站	雅砻江	冕宁县联合乡大水沟供水项目部
59	杨房沟气象站	气象站	雅砻江	冕宁县杨房沟施工区小房顶
60	杨房沟导进口	水位、雨量站	雅砻江	冕宁县杨房沟施工区导进口
61	杨房沟导出口	水位、雨量站	雅砻江	冕宁县杨房沟施工区导出口
62	锦屏一左岸1885	气象站	雅砻江	锦西电站内左岸1885m
63	大沱	气象站	雅砻江	冕宁县大沱村
64	泸宁	气象站	雅砻江	冕宁县棉沙湾乡
65	锦东进水口雷达	水位、雨量站	雅砻江	锦东进水口
66	锦东进水口浮子	水位站	雅砻江	锦东进水口
67	锦东闸上雷达	水位、雨量站	雅砻江	锦东电站坝前左岸150m
68	锦东闸上浮子	水位站	雅砻江	锦东电站坝前左岸150m
69	锦东闸下雷达	水位、雨量站	雅砻江	锦东电站坝后左岸50m
70	锦东发电尾水	水位、雨量站	雅砻江	锦东发电尾水出口
71	锦西库水位激光	水位、雨量站	雅砻江	锦西大坝上站房内
72	锦西坝前浮子	水位站	雅砻江	锦西电站内码头测井内
73	锦西坝前气泡	水位站	雅砻江	锦西电站内码头测井内
74	锦西尾水雷达1	水位站	雅砻江	锦西电站1号尾水处
75	锦西尾水雷达2	水位站	雅砻江	锦西电站2号尾水处
76	矮子沟	雨量站	雅砻江	冕宁县矮子沟村
77	印把子沟	雨量站	雅砻江	冕宁县印巴子沟村
78	转地沟	雨量站	雅砻江	冕宁县转地沟村
79	腊卧沟	雨量站	雅砻江	冕宁县内腊卧沟村
80	察地沟	雨量站	雅砻江	冕宁县察地沟村
81	洪水沟大桥	雨量站	雅砻江	冕宁县洪水沟大桥村

站点	测站名称	测站类型	所属河流	所 在 位 置
82	四号营地	气象站	雅砻江	锦屏电站内 4 号施工营地办公楼顶
83	官地气象	气象站（无雨量监测功能）	雅砻江	官地电站内水位测井站房
84	官地坝前气泡	水位站	雅砻江	官地电站内测井房
85	官地坝前浮子	水位、雨量站	雅砻江	官地电站内测井房
86	官地尾水	水位站	雅砻江	官地电站内尾水平台
87	打罗	水位、雨量站	雅砻江	打罗水文站
88	濯桑	水位、雨量站	理塘河	理塘县濯桑水文站
89	四合	水位、雨量站	理塘河	木里县固增乡下古拉村四合水文站
90	呷姑	水位、雨量站	理塘河	木里县后所乡呷姑村呷姑水文站
91	盖租	水位、雨量站	永宁河	盐源县盖租乡盖租水文站
92	巴基	水位、雨量站	巴基河	宁蒗县巴基水文站
93	甲米	水位、雨量站	甲米河	盐源县盐塘乡地来角村
94	查布朗	雨量站	理塘河	木里县查布朗镇民居二楼房顶
95	913 林场	雨量站	雅砻江	木里县 913 林场内
96	912 林场	雨量站	雅砻江	木里县卡拉乡 912 林场
97	博科	雨量站	理塘河	木里县博科乡民宅院内
98	宣洼	雨量站	理塘河	木里县克尔乡宣洼村宣洼组 48 号
99	黄泥巴	雨量站	理塘河	木里县李子坪乡黄泥巴村民宅院内
100	前所	雨量站	永宁河	盐源县前所乡民宅院内
101	永宁	雨量站	永宁河	丽江市宁蒗县永宁乡永宁路 9 号民宅院内
102	左所	雨量站	永宁河	盐源县泸沽湖镇泸沽湖景区民宅院内
103	长柏	雨量站	永宁河	盐源县长柏乡黑地村民宅二楼房顶
104	大草	雨量站	甲米河	盐源县大草乡大草坝村大草村委院内
105	宁蒗	雨量站	巴基河	云南省丽江市宁蒗县大兴镇民宅二楼房顶
106	乌木	雨量站	甲米河	盐源县乌木乡村民宅院内
107	岔丘	雨量站	甲米河	盐源县黄草镇王家坝村民宅院内
108	者布凹	雨量站	甲米河	盐源县梅雨镇新龙乡民宅院内
109	卫城	雨量站	甲米河	盐源县卫城镇民宅院内
110	棉桠	雨量站	甲米河	盐源县棉桠镇棉桠村民宅院内
111	下麦地	雨量站	卧罗河	木里县下麦地乡上麦地村民宅院内
112	元宝	雨量站	甲米河	盐源县白乌村民宅院内

站点	测站名称	测站类型	所属河流	所 在 位 置
113	岳家铺子	雨量站	黑水河	盐源县平川镇灰折村5组
114	巴折	雨量站	黑水河	盐源县巴折乡篾丝罗村1组
115	洼里	雨量站	雅砻江	盐源县洼里乡一村
116	孙水关	水位、雨量站	孙水河	泸沽镇孙水关水文站
117	泸沽	水位、雨量站	安宁河	泸沽镇泸沽水文站
118	黄水河道	水位、雨量站	安宁河	西昌市阿七乡黄水村
119	罗乜	水位、雨量站	安宁河	德昌县锦川乡罗乜村罗乜桥
120	米易	水位、雨量站	安宁河	米易县攀莲镇米易水文站
121	湾滩	水位、雨量站	安宁河	米易县安宁乡大坪地村湾滩电站下游
122	树河	雨量站	树瓦河	盐源县树河镇甘塘乡顺河村树河水文站
123	二滩坝前浮子	水位站	雅砻江	二滩电站坝前测井内
124	二滩坝前雷达	水位、雨量站	雅砻江	二滩电站坝前测井内
125	二滩尾水	水位站	雅砻江	二滩电站尾水出口
126	桐子林	水位、雨量站	雅砻江	盐边县金河乡田村
127	麻栗	雨量站	安宁河	德昌县麻栗乡明主乡民宅院旁
128	乐跃	雨量站	安宁河	德昌县乐跃镇新塘村道路旁民宅屋顶
129	岔河	雨量站	安宁河	会理县仓田乡仓田村民宅院内
130	云甸	雨量站	安宁河	会理县云甸乡云兴村民宅屋顶
131	益门	雨量站	安宁河	会理县益门镇原雨量站看护人家屋顶
132	头碾	雨量站	安宁河	米易市丙谷镇路发看护人家屋顶
133	撒连	雨量站	安宁河	米易县撒莲镇禹王宫村民宅院内偏房屋顶
134	坊田	雨量站	安宁河	米易市得石镇大田村民宅屋顶
135	黄草	雨量站	安宁河	米易县黄草乡农村看护人家屋顶
136	和平	雨量站	安宁河	德昌县茨达乡和平村民宅院内
137	茨达	雨量站	安宁河	德昌县茨达乡民宅屋顶
138	温泉	雨量站	永兴河	盐边县温泉镇温泉村原看护人家院里
139	阿比里	雨量站	敢鱼河	云南省丽江市华坪县永兴乡永兴村
140	渔门	雨量站	永兴河	盐边县渔门镇三岔口村新房屋顶
141	国胜	雨量站	永兴河	盐边县国胜乡大毕村原看护人家院内
142	共和	雨量站	藤桥河	盐边县共和镇一村二组民宅屋顶
143	普威	雨量站	安宁河	米易县普威镇新隆村原雨量站房屋顶
144	冷水箐	雨量站	敢鱼河	盐边县渔门镇高坪乡雨量站房原设备旁边

续表

站点	测站名称	测站类型	所属河流	所 在 位 置
145	桐子林库水位浮子	水位、雨量站	雅砻江	桐子林电站右岸测井内
146	桐子林库水位气泡	水位站	雅砻江	桐子林电右岸站测井内
147	桐子林坝前雷达	水位站	雅砻江	桐子林电站左岸坝上
148	桐子林尾水雷达	水位站	雅砻江	桐子林电站发电尾水出口处
149	桐子林气象	气象站	雅砻江	桐子林水文站内

3.1.2　多元降水融合技术

3.1.2.1　地基-星载雷达三维降水回波的物理融合 VPR－IE

新一代天气雷达业务观测系统已基本建成并初步形成了覆盖全国的雷达观测网络，并在降雨监测、风速测量、数据同化等领域已有一定应用。地基天气雷达定量降雨产品能够提供高时空分辨率的降雨信息，但通常雷达产品在点尺度上对降雨量的估测偏差可能相对显著，其优势在于能够捕捉降雨的空间分布特征。地基天气雷达降水估测产品的精度受很多因素影响，其探测的垂直反射率廓线可以反映不同水凝物的微物理信息，同时近地面的回波强度也与不同的降水有关，当雷达波束有效照射体积探测的是零度层及其以上的冰晶区域时，得到的回波强度会远远小于其下层液态降水水滴的回波强度，因此用所探测得到的回波强度反演近地面降水会偏低；当雷达波束有效照射体积穿过的是融化层亮带的区域时，由于融化层内的粒子主要由包裹着一层水膜的冰水混合物，其对电磁波的折射指数远远大于该层下方液态水滴对电磁波的折射指数，所得到的回波强度也会较下层高很多，因此这种情况下用所探测得到的回波强度反演近地面降水会偏高。此外，复杂地形对雷达波束的遮挡影响也会使得单纯的地基天气雷达降水估测产品受到远距离波束展宽、波束遮挡，使得近地面的观测值误差较大甚至缺失。

地基-星载雷达三维降水回波的物理融合 VPR－IE 基于引入星载降水雷达不受波束遮挡、垂直分辨率高、能准确反映降水垂直分布特征的优势，与地基天气雷达近地层的观测进行融合，为改进山区复杂地形下的降水预测产品提供基础数据源。图 3.1.1 体现了 VPR－IE 能够结合星地雷达观测降水的优势。VPR 主要涉及 5 个物理参数，即降水顶端高度、固态凝结层高度、融化层厚度、水凝物成分物理密度和液态层扩线斜率。利用这 5 个参数，基于式（3.1.1）可以推导出等效雷达反射率因子：

$$Z_e(h) = \frac{\lambda^4}{\pi^5 |K_w|^2} \int_0^\infty \sigma_b(D,\lambda) N(D) \, \mathrm{d}D \tag{3.1.1}$$

式中：λ 为雷达波长；D 为有效粒子直径；$\sigma_b(D,\lambda)$ 为后向散射交叉部分；$N(D)$ 为粒子大小分布（PSD）。

其中 K_w 可以通过式（3.1.2）得到：

$$K_w=(\varepsilon_w-1)/(\varepsilon_w+2) \tag{3.1.2}$$

式中：ε_w 为水的介电常数。

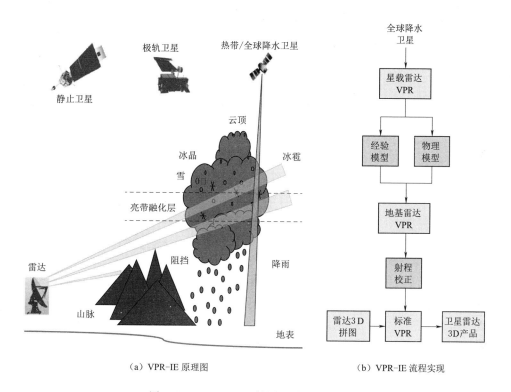

（a）VPR-IE 原理图　　　　　　　　（b）VPR-IE 流程实现

图 3.1.1　VPR-IE 的原理图和流程实现

因为有了基于气候统计的垂直廓线订正，因此在实时运行系统中可以不用单独进行 Ku 波段转换 S 波段的步骤。但是对于不同的地区，需要利用长时间序列历史观测结果建立适用于该地区的典型反射率垂直廓线的气候统计特征参数库，现有 VPR-IE 系统中主要结合美国 NMQ 系统下的实时层状云产品，使用星载降水雷达的反射率垂直廓线去订正层状云降水效果。有研究表明 NMQ 系统中的层状云识别产品有时会将对流云误判为层状云。此外，影响现有 VPR-IE 系统精度的因素是不同地区实时零度层高度值。由于 TRMM 卫星重复过境同一区域的频次有限，系统中这一高度值使用的是 NMQ 系统中零度层的识别产品，同时在 TRMM 卫星每一次过境区域上方时及时更新零度层信息，因此在有条件的情况下，需要联合基于统计的气候特征参数与实时产品库建立适合不同区域的典型反射率垂直廓线库，再将其转化为与雷达不同距离库相关的似反射率垂直廓线（AVPR），用以订正地基天气雷达在近地层面的反射率，从而达到改进地基天气雷达估测降水效果的目的。因为具体某一次观测获取的反射率垂直廓线与基于长时间序列统计得到的气候型特征廓线不能一模一样，现有的 VPR - IE 系统暂时忽略了其随时空的变化，主要依赖于后者能够保持反射率垂直廓线在不同区域里不同季节的整体"特征形态"。图 3.1.2 为实时区域性 VPR - IE 方法流程图。

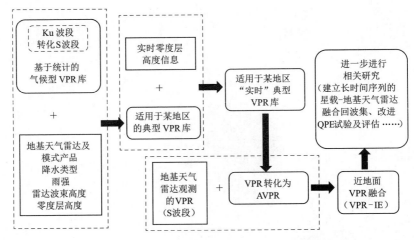

图 3.1.2 实时区域性 VPR - IE 方法流程图

基于 VPR - IE 方法可以使融合后降水的精度明显提高，如图 3.1.3 所示为经过 VPR - IE 融合方法订正前后雷达波束相对误差距雷达远近的变化情况，从

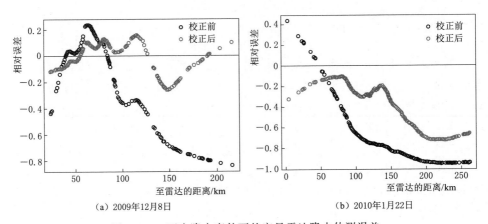

（a）2009年12月8日 （b）2010年1月22日

图 3.1.3 两次降水事件下的定量雷达降水估测误差

图中可以看出，在两次降水事件中，经过 VPR - IE 方法校正后的相对误差相对于雷达降水产品明显降低。同时，其误差的变化趋势并未出现太多变化，可以很好地表征 VPR - IE 在地基-星载雷达三波降水物理融合中发挥着显著的作用，大大减小了雷达降水估测的误差。

3.1.2.2　基于贝叶斯变分分析方法的地面观测-卫星反演降水融合

降水数据集主要有基于站点插值观测数据、红外卫星降水估测数据和微波反演降水数据。根据雨量计降水精度高，卫星降水空间分布较为合理，但卫星产品估测降水精度偏低的现状，结合两者的优点提出常规雨量计资料与卫星资料估计降水的融合技术，可以弥补资料之间的不足，得到一个面上分布合理且精度较高的降水场。融合后的降水场具有时空覆盖范围广，时空分辨率高，是多源数据在获取同一时段、同一气象变量的重要手段。

贝叶斯变分方法是找到一个描述度量值和观测值之间距离的目标函数，并对该目标函数进行极小化分析。为了有效地解决极小化问题，要计算目标函数对控制变量的梯度。迭代极小化方案要求估计目标函数的梯度。最速下降法是选择控制变量在每一步迭代后的方向与梯度方向相反的方法。其他更有效的方法有共轭梯度法或拟牛顿下降法等。可以通过"预处理"加快迭代过程。改变控制变量使每一步更加接近目标函数的中心（最小值）。

为了定量分析融合的效果，针对 2009 年 7 月雅砻江流域降水场作了统计值分析。图 3.1.4 给出该月降水平均的融合降水与独立验证的地面观测降水、卫星反演降水值的均方根偏差和相关系数随网格内观测数的变化关系。网格内站点数为 0 的样本占到样本的 70%～80%。在站点数为 0 时，分析降水与卫星反

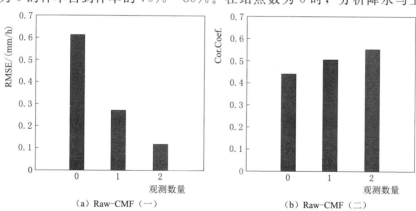

（a）Raw-CMF（一）　　　　　　　（b）Raw-CMF（二）

图 3.1.4 （一）　不同观测数量下的地面观测降水分别与卫星反演降水值（Raw - CMF）、
订正后的卫星降水（Adj - CMF）和变分分析的融合降水（Var - Anal）
的均方根偏差（RMSE）和相关系数（Cor. Coef.）

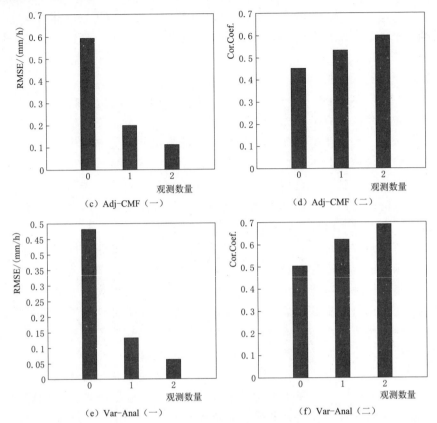

图 3.1.4（二） 不同观测数量下的地面观测降水分别与卫星反演降水值（Raw-CMF）、
订正后的卫星降水（Adj-CMF）和变分分析的融合降水（Var-Anal）
的均方根偏差（RMSE）和相关系数（Cor.Coef.）

演降水的均方根偏差为 0.61mm/h，空间相关系数为 0.44，与独立验证的地面
观测降水的均方根偏差和相关系数相比有所提高，分别为 0.48mm/h 和 0.40。
当站点数为 1 时，均方根偏差下降较大。随着站点数的增加，分析产品的均方
根偏差逐渐减小，空间相关系数逐渐提高，与实况更为接近，而与卫星反演降
水有一定差异。

　　区域产品融合前后平均偏差、均方根误差和相关系数（2009 年 7 月）的变
化曲线如图 3.1.5 所示。可以看出：CMORPH 反演降水的平均偏差随时间有较
大幅度的摆动，最大平均相对偏差超过了 -0.2，而且存在随时间变化的特点，
7 月份的资料总体表现为负偏差。融合分析产品的平均偏差变化幅度明显减小，
且改变了平均偏差随时间变化的特点，使其基本在 0 值附近摆动。融合后，均
方根误差明显减小，融合前平均为 7.75mm/h（在 6.5～7.5mm/h 之间浮动），
融合后平均为 6.06mm/h（在 4.5～6.0mm/h 之间浮动）。

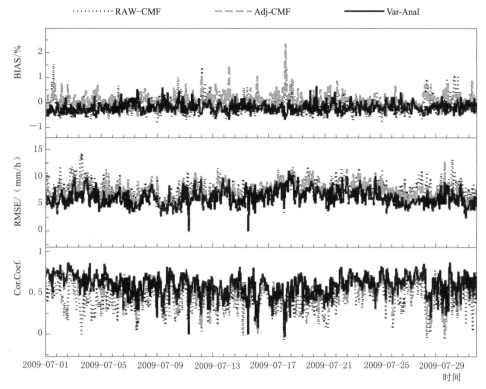

图 3.1.5　时间序列上 2009 年 7 月 RAW－CMF、Adj－CMF 和 Var－Anal
与独立交叉验证的地面观测降水的偏差（BIAS）、均方根误差和相关系数

3.2　雅砻江流域中长期水文预报研究

　　本书中采用相关系数法筛选得到了影响雅砻江流域降雨的大气环流和遥相关因子，并采用局部回归方法建立了基于气象成因的数据驱动模型；基于径流预报模型建立了入库径流中长期预报的集合预报（ESP）方法，并结合遥相关信息和后处理方法构建了改进的集合预报（ESP）方法；开展了 2012 年二滩月入库径流的实际预报，结果对雅砻江流域水库调度有一定的指导作用。

3.2.1　中长期水文预报因子库及因子筛选

　　相关系数采用 Pearson 线性相关系数，与预报对象的相关系数高的因子被挑选出来。Pearson 线性相关系数计算公式如下：

$$r = \frac{(X-\overline{X})(Y-\overline{Y})}{\sqrt{(X-\overline{X})^2}\sqrt{(Y-\overline{Y})^2}} \tag{3.2.1}$$

式中：X、$\overline{X}$分别为预报因子、预报因子的序列平均值；Y、$\overline{Y}$分别为预报对象、预报对象的序列平均值。

采用T检验，对相关系数计算结果进行假设检验，通过假设检验的因子认为显著相关，可以作为预报因子。假设检验设置的置信概率为95％。

研究区的气象遥相关因子由国家气候中心提供的74项大气环流因子以及9种气候遥相关因子组成。选用的9种气候遥相关因子分别为：准两年振荡（QBO）、北大西洋振荡（NAO）、太平洋十年涛动（PDO）、大西洋多年振荡（AMO）、印度洋偶极型（IOD）以及表示海温的4个因子（NINO 1＋2、NINO 3、NINO 4、NINO 3.4）。74项大气环流因子以及9种气候遥相关因子的时间分辨率为月。以月径流量为研究对象，挑选出与其显著相关的因子。本书采用了相关系数法进行挑选。

相关系数法以麦地龙站夏季（6—8月）和冬季（12月至次年2月）的月径流量为研究对象，挑选了影响径流的显著遥相关因子，见表3.2.1。

表3.2.1　麦地龙站夏季和冬季月径流量的遥相关因子挑选结果

时　间		遥 相 关 因 子
夏季	6月	上一年8月太平洋副高北界（110E—115W），3月SOI，4月NINO 3，3月AMO
	7月	3月SOI，4月NINO3，3月AMO，上一年8月西太平洋副高脊线（110E—150W）
	8月	上一年8月太平洋副高北界（110E—115W），3月SOI，4月NINO 3，3月AMO
冬季	12月	11月北半球副高北界（5E—360W），11月北半球副高脊线（5E—360W），6月太平洋区极涡面积指数（2区，150E—120W），3月NINO 3
	1月	11月北半球副高北界（5E—360W），11月北半球副高脊线（5E—360W），6月太平洋区极涡面积指数（2区，150E—120W），3月NINO 3
	2月	11月太平洋副高脊线（110E—115W），11月太平洋副高北界（110E—115W），11月北半球副高北界（5E—360W），11月北半球副高脊线（5E—360W），6月太平洋区极涡面积指数（2区，150E—120W）

3.2.2　基于多因素立体搜索算法的中长期水文预报方法

3.2.2.1　基于遥相关挑选气象相似年份

传统ESP方法较好地考虑了流域初始条件对未来径流的影响，然而，气象条件也是未来径流量的一个重要影响因素。传统ESP方法将历史上所有年份同时段的气象条件全部用于驱动水文模型，并认为这些历史气象条件在未来发生的概率完全相等，这就忽略了气象条件的变异性，从而使得预报精度受到影响。本书提出改进的集合径流预报方法，即引入大气环流以及遥相关等气象因子，对历史气象条件进行挑选，选出与预报年份气象条件相似的历史年份，然后用相似年的气象条件驱动模型，从而得到集合径流预报结果。概括来讲，结合遥相关信息的改进集合径流预报方法主要有 3 点：①确定影响径流的气象因子；②基于气象因子挑选出与预报年有相似气象条件的历史年份；③采用相似年的气象条件驱动水文模型，得到集合径流预报的结果，模型的初始状态仍为流域当前状态。

基于影响径流的气象因子，从历史气象条件中选择出与当前预报年最为"相似"的历史年份，"相似"的判别标准采用欧几里得相似度，即

$$N_E = 1 - \sqrt{\frac{1}{n}\sum_{i=1}^{n}(Y_i - D_i)^2} \tag{3.2.2}$$

式中：Y 和 D 为进行判别相似的年份；i 为径流影响因子；n 为因子个数；N_E 为 2 个年份的相似程度，数值越大表示越相似。

从所有历史气象年份中挑选出与预报年最为相似的若干年份组成新的集合，并计算新集合的平均值，代替原预报值。本书选择 5 个最为相似的年份组成新集合，这里没有考虑集合年份的权重，认为 5 个相似年的气象条件在未来发生的概率相等。

3.2.2.2 改进 ESP 方法的预报结果

采用 4 种常用的中长期径流预报评价指标比较传统 ESP 和改进 ESP 方法的预报精度，4 种指标分别为相关系数、平均偏差、均方根偏差以及合格率。根据《水文情报预报规范》（GB/T 22482—2008）中评定中长期径流预报精度的方案作为预报模型的评价标准：对于定量预报，水位（流量）按多年变幅的 10%，其他要素按多年变幅的 20%，合格率据此统计得出。

传统 ESP 以及改进 ESP 方法对夏季和冬季各月径流量的预报精度对比见表 3.2.2。以合格率评价指标为例（其他指标可以得到类似的结论），传统 ESP 方法对夏季以及冬季各月径流量的预报效果差别不大，合格率均超过了 50%，其中 8 月和 12 月的合格率为 75%。改进后 ESP 的预报精度显著提高，合格率均在 60% 以上，其中 8 月和 12 月的合格率达到 88%，7 月和 2 月的合格率为 75%，此外相关系数也都超过了 0.5，证明预报值与实测值有较高的一致性。改进的 ESP 方法综合考虑了流域初始条件以及未来气象条件变异性对径流的影响，因而与传统 ESP 方法相比，显示出了比较大的优势。

3.2.2.3 偏差校正方法

研究还讨论了针对径流集合的偏差校正方法，尝试通过偏差校正的方法改进预报精度。两种偏差校正方法分别为基于事件校正法和分位图法。

（1）基于事件校正法（event‐based method）。该方法的基本思想是认为误差只和气象条件有关，和模型模拟的流域初始条件无关。数学表达如下：

$$Z = BY \\ B = \text{Obs}/\text{Sim}$$

(3.2.3)

式中：Z 为校正后的结果；B 为校正系数；Y 为条件模拟的结果；Obs 和 Sim 分别为观测值和模拟值，m^3/s。

表 3.2.2　　　　　　　　　改进 ESP 与传统 ESP 预报精度比较

预报月份	平均实测径流深/mm	相关系数		平均偏差/mm		均方根偏差/mm		合格率/%	
		ESP	改进法	ESP	改进法	ESP	改进法	ESP	改进法
6	39.5	0.20	0.51	14.92	12.61	17.96	15.16	50	63
7	75.6	0.67	0.86	26.54	17.56	28.61	21.73	63	75
8	58.9	0.59	0.76	27.94	19.88	34.20	24.38	75	88
12	13.7	0.85	0.93	3.34	2.96	3.86	3.42	75	88
1	12.4	0.77	0.82	4.22	3.23	5.30	4.80	50	63
2	10.8	0.45	0.73	2.28	2.10	2.98	2.52	75	75

（2）分位图法（percentile mapping method）。分位图法的基本思想是认为观测值和预报值符合相同的累计概率分布，根据预报值的累计概率查得对应在观测值累计概率分布上的数值，即为校正预报结果，数学表达如下：

$$Z = F_o F_s(Y)$$

(3.2.4)

式中：F_o 和 F_s 分别为观测值和预报值的累计概率分布函数；Y 为预报值；Z 为校正后的结果，m^3/s。

选取两种不同的初始条件，分别为代表流域较干条件（预报日为 2 月 1 日）和较湿条件（预报日为 7 月 1 日），并且考虑不同的预见期（1～6 个月）。图 3.2.1 展示了两种偏差校正方法的校正效果。

总体来看：①两种偏差校正方法都有一定的效果。对于原始预报结果比较差（相关系数为负值）的情景，这两种方法的校正效果比较明显，而且预报效果越差，校正效果越明显。然而当原始预报结果较好时，二者的效果也不是很明显。②两种校正方法有相应的适应条件。初始预报期为 2 月 1 日时，分位图法普遍好于基于事件校正法；初始预报期为 7 月 1 日时，结论相反。

3.2.3　试预报结果

基于研究建立的中长期径流预报模型，对雅砻江 2012 年 3—8 月二滩入库径流量进行了试预报。试预报所采用的方法为基于新安江模型的 ESP 方法以及局部回归法。基于 THREW 模型和 GBHM 模型的 ESP 方法没有参与此次试预报。

3.2.3.1　局部回归法试预报

采用相关系数法挑选影响二滩月入库径流的遥相关因子，挑选结果见表 3.2.3。

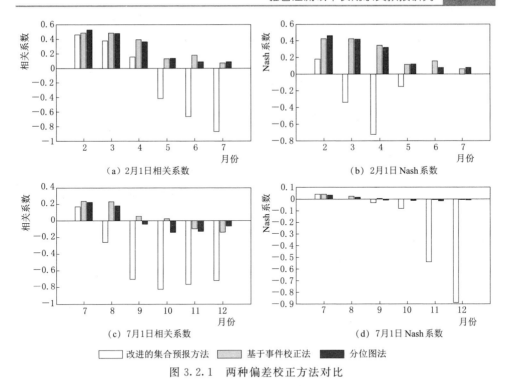

图 3.2.1　两种偏差校正方法对比

表 3.2.3　二滩月入库径流的遥相关因子挑选结果

月份	遥 相 关 因 子
3	北美副高强度指数（110W—60W）（上一年 8 月）；北美副高面积指数（110W—60W）（上一年 8 月）；北非大西洋北美副高面积指数（110W—60E）（上一年 8 月）；大西洋欧洲区极涡面积指数（4 区，30W—60E）（上一年 3 月）
4	太平洋区涡强度指数（2 区，150E—120W）（上一年 7—8 月）；大西洋欧洲区极涡面积指数（4 区，30W—60E）（上一年 3 月）；东太平洋副高脊线（175W—115W）（上一年 12 月）
5	太平洋区涡强度指数（2 区，150E—120W）（上一年 7—8 月）；大西洋欧洲区极涡面积指数（4 区，30W—60E）（上一年 3 月）；东太平洋副高脊线（175W—115W）（上一年 12 月）
6	1 月东太平洋副高强度指数（175W—115W）；1 月东太平洋副高面积指数（175W—115W）；3 月太平洋副高强度指数（110E—115W）；2 月 NINO3；3 月 SOI
7	1 月东太平洋副高面积指数（175W—115W）；3 月太平洋副高强度指数（110E—115W）；2 月 NINO3；3 月 SOI 去年 8 月太平洋副高脊线（110E—115W）
8	1 月东太平洋副高面积指数（175W—115W）；3 月太平洋副高强度指数（110E—115W）；2 月 NINO3；3 月 SOI 去年 8 月太平洋副高脊线（110E—115W）

　　局部回归模型率定期为 1956—2000 年，试预报期（验证期）为 2001—2012 年。图 3.2.2 为局部回归模型在 3—8 月的率定以及试预报结果。可以看出，模型在率定期表现较好，Nash 系数均在 0.70 以上，只有 6 月 Nash 系数偏低，为 0.68。

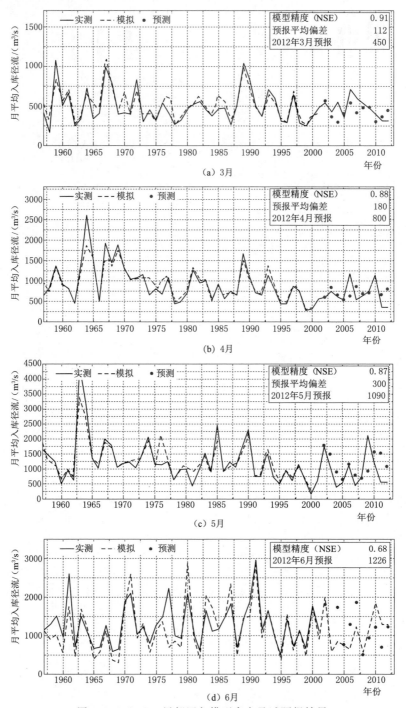

图 3.2.2 (一) 局部回归模型率定及试预报结果

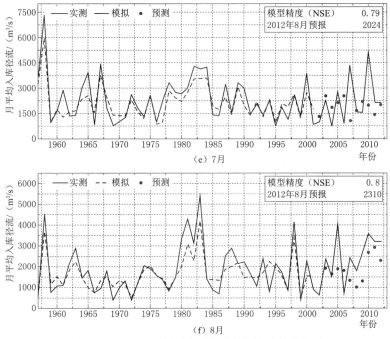

图 3.2.2（二）　局部回归模型率定及试预报结果

3.2.3.2　基于新安江模型的 ESP 方法的预报结果

根据前文所述，基于新安江模型的 ESP（XAJ_ESP）方法在挑选"相似年"的基础上进行径流预报，并给出不同概率情景下的预报值。表 3.2.4 为使用全部历史年份进行回顾式径流预报的概率分布结果。

表 3.2.4　　　　　　　　　径流预报的概率分布结果　　　　　　单位：亿 m³

概率	月　份					
	3	4	5	6	7	8
90%	4.98	4.66	4.57	4.36	4.51	4.58
75%	5.20	5.44	5.74	5.37	5.49	5.70
50%	5.87	7.79	8.62	8.07	8.15	8.46
25%	7.23	12.63	13.85	13.19	13.26	13.46
10%	9.21	19.68	21.01	20.37	20.48	20.31

在回顾式预报的基础上，以 2012 年 2 月份来水量相近程度为指标，选取了 1980 年、1981 年、1982 年、1984 年、1985 年、1989 年、1990 年、1993 年、1994 年、1995 年、1997 年、2000 年、2001 年、2002 年、2004 年、2005 年、2006 年、2008 年、2009 年、2010 年、2011 年总共 21 个"相似年"，组成新的

径流集合。表 3.2.5 为基于新安江模型的 ESP 方法对 2012 年 3—8 月入库径流量试预报结果。

表 3.2.5　基于新安江模型的 ESP 方法对各月入库径流量试预报结果

月份	3	4	5	6	7	8
来水量/亿 m³	10.83	14.25	25.99	32.52	58.74	50.94

3.2.3.3　基于 THREW 模型的 ESP 方法的试预报结果及其改进

表 3.2.6 为基于 THREW 模型的 ESP（THREW _ ESP）方法及其改进方法（ESP _ adjust）对 2012 年 3—8 月入库径流量的试预报结果。

表 3.2.6　基于 THREW 模型的 ESP 方法对 2012 年 3—8 月入库径流量试预报结果　　单位：亿 m³

方　法	月　份					
	3	4	5	6	7	8
THREW _ ESP	9.1	12.0	21.9	31.4	54.8	50.3
ESP _ adjust	12.3	14.1	28.9	26.4	64.2	46.1

3.2.3.4　预报结果评价

表 3.2.7 为用各种方法对 2012 年 3—8 月的二滩水库月入库径流试预报结果。

表 3.2.7　二滩水库月入库径流试预报结果对比　　单位：亿 m³

月份	XAJ _ ESP	THREW _ ESP	局部回归模型	历史平均值	实测值
3	10.8	9.1	11.7	12.7	15.2
4	14.2	12.0	20.8	23.7	13.5
5	25.9	21.9	28.3	31.6	30.3
6	32.5	31.4	32.8	32.4	17.2
7	58.7	54.8	54.2	63.0	69.7
8	50.9	50.3	61.9	51.3	41.7

表 3.2.7 对比了两种方法在 2012 年 3—8 月的试预报结果。总体来看，基于新安江模型和 THREW 的 ESP 方法的预报结果偏向于历史平均值，而局部回归模型的预报结果变异性较大。当实测径流量与历史平均值接近时，两种方法的预报效果都较好；对于偏丰或偏枯（与历史平均值比）的月份，两种方法的预报结果都较差，并且局部回归模型的预报结果偏大于 ESP 方法预报的结果。

通过对传统 ESP 方法进行改进，引入大气环流以及遥相关因子对历史气象条件进行挑选，从而提高了气象集合的代表性，改进了预报精度。表 3.2.8 为改进 ESP 方法的试预报结果及对试预报结果的评价。

表 3.2.8   2012 年 3—8 月试预报结果评价   单位：亿 m³

月份	ESP_adjust	实测值	相对误差	月份	ESP_adjust	实测值	相对误差
3	12.3	15.2	19%	6	26.4	17.2	53%
4	14.1	13.5	4%	7	64.2	69.7	7%
5	28.9	30.3	4%	8	46.1	41.7	10%

可以看出改进的 ESP 方法明显提高了各月入库径流的预报精度。除 3 月和 6 月外，其余各月的预报相对误差在 10% 以内。6 月入库径流远远低于历史平均值，无论是 ESP 还是改进版本，对这种极端月份的预报效果都较差。

3.3　基于分布式水文模拟的雅砻江流域径流短期预报研究

3.3.1　分布式水文模型原理及方法

3.3.1.1　模型总体框架

分布式水文模型将研究区域离散为若干细小的计算单元，根据各计算单元内降雨、下垫面等情况，计算各计算单元内的产流量。模型首先根据数字河网离散为若干子流域，每个子流域中有且仅有一条主河道。每个子流域可以依据等高带、等流时带或水文效应单元划分为若干内部计算单元。本书采用等高带这种内部单元形式，即子流域内部计算单元即为等高带。为描述等高带内土地利用的异质性，每个等高带单元依据其土地利用类型又划分为若干土地利用单元，以实现模型考虑土地利用空间异质性的下垫面离散。同样道理，模型输入需要的气象信息也展布到各等高带中，展布方法采用的是泰森多边形法。而为模拟及参数率定方便，将集合有若干子流域的参数分区作为模拟评价单元。参数分区是依据有实测径流资料的水文站或水库的空间位置来划分的。

考虑土地利用空间异质性的基本产流单元为土地利用单元，每个子流域内产汇流模拟流程如图 3.3.1 所示。每个等高带的产流量按不同土地利用单元产流量的面积加权平均得到，其后各等高带再按面积加权平均后得到整个子流域的产流量。子流域产流结果连同上游子流域汇入流量一起作为子流域主河段的入流量，在河道内进行汇流演算，得到每个参数分区内的流量。

该水文模型不是一个仅适用于本文研究的分布式水文模型，在开发模型时还充分考虑模型的通用性问题。目前，该模型中嵌套了四种产流算法，有适用于北方流域的超渗产流算法，也有适用于南方流域的蓄满产流算法，还针对较寒冷地区（如长江上游区域）适用的融雪/积雪、冻土/冻融等模块进行了完善。

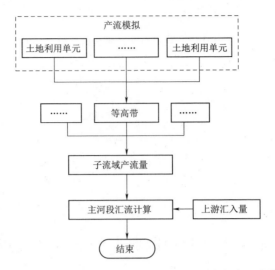

图 3.3.1　考虑土地利用影响的水文模型中子流域内产汇流模拟流程

同样，模型也有多套汇流计算方法、地下水计算方法和蒸发计算方法。此外，本书对分布式水文模型提出的一个最重要的需求即是在天然水循环模拟中能引入水库调度的影响，因此，水文模型应能为水库调度模型提供耦合接口，能为水库调度模型提供入库流量并能读入水库调度模型所调度后的出库流量，汇入水库下游河道继续进行水文模拟。

3.3.1.2　流域空间单元划分

模型在开发之初，即提出了分区的思想，共有以下两种划分方式：

（1）按照水文站、水库、出口点的控制范围划分，即将汇水于同一水文站、水库、出口点的栅格划分为同一分区，但栅格不会重复统计，即任一栅格只能在一个分区内。这种划分方法使得根据水文站的径流过程进行参数率定更具有针对性。

（2）依据行政分区、水资源分区等既定的分区进行划分。这种分区能够很好地反映人类活动的影响。主要针对既定功能分区内的水资源评价工作提供服务。

限于测量水平，流域水文循环中的分布式状态变量很难观测，而布设于河道中的水文站以及水库等水工建筑物则相对较易获取断面流量。同其他分布式水文模型一样，模型也依据出口点流量与实测流量的吻合程度来判断模型结构及模型参数的优劣。因此，早期的模型应用主要采用上述第一种方法划分分区，分区进行参数率定和水文模拟。

在后来的应用中，经常遇到水文站、水库没有实测资料的情况，因此逐步将分区细化为两种：参数分区和计算分区。参数分区仅针对有实测资料的站点进行划分，可能会出现有些栅格不在任何已划分参数分区内的情况，因为这些栅格中的累积水量所流经的水文站、水库或出口点都没有实测资料。将这些栅格统一划分为无资料参数分区，分区内参数不需率定，直接移用最近分区内的参数即可。

　　计算分区则是直接面向实际应用而划分的。其划分方法可以是上述两种方式的任意一种。如果关注某水文站的模拟径流、要推求某一水库的入库径流，则按第一种方式进行划分；而若关注某一行政区或功能区的水循环过程，则可采用第二种方式。与参数分区不同，计算分区不用囊括所有栅格，各计算分区能保持相对独立，其模拟结果和模拟效果不会对其他计算分区产生影响。由于各计算分区可独立进行计算，可极大地缩短模型的计算时间。

　　图 3.3.2 所示的整个研究范围为水文站 2 所控制的参数分区，该参数分区内包含两个独立的参数分区，分别为水库 2 所控制的集水范围和灌区 1，两个计算分区在模拟时均直接采用所在参数分区优化后的参数。计算分区也能跨不同参数分区，如灌区 2 计算分区。与水库 2 不同，有些水库如水库 1 有实测入库资料，则划分为参数分区，如图 3.3.2 所示。

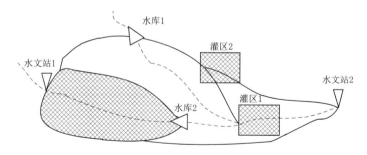

图 3.3.2　水文模型分区示意图

（网格为计算分区）

　　分布式水文模型的基本计算单元为子流域内部单元（产流模块）和子流域主河道（汇流模块）。因此，分布式水文模型在模拟前还需将研究范围进一步细划为若干子流域，并将子流域进一步细化为内部单元。子流域在各参数分区内进行细分，通过参数分区内的河道水系和水工建筑物等分段划分。划分流程如图 3.3.3 所示，图 3.3.3（a）为对某流域进行参数分区划分，图 3.3.3（b）～图 3.3.3（d）则为 19 号参数分区内的不同级别子流域的逐级细化。模型中能设置子流域细化的级别，以此来控制模型中的子流域个数，从而控制模型计算时间。子流域的细化级别与所生成的流域数字水系的水系级别直接相关联，如细化级别为 1，则 19 号分区仅划分为如图 3.3.3（b）中所示的若干子流域，不再进行进一步细分，尽管图中各子流域中的河道还有更细级别，但都不予考虑。

不论子流域划分采用何种细化级别，每个子流域均有且仅有一条河道（子流域中更细级别河道直接删除）。同样地，子流域内部单元的个数也能人为控制。之所以对子流域个数和内部单元个数进行控制，是为了使模型在大流域模拟时不会因为计算单元太多而导致模型求解、参数率定过程太慢。

在划分子流域时，若遇到某子流域的主河道中存在水工建筑物，如没有实测资料的水文站、水库等，则将河道分段，细化为两个子流域。这样划分的目的是使得水工建筑物均能在子流域的河道出口点上，而子流域中河道是模型中汇流模拟的基本计算单元，因此，对任意水工建筑物的过流过程均能进行模拟。

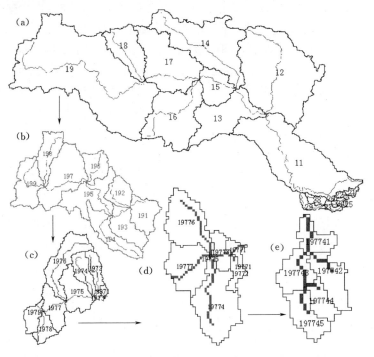

图 3.3.3　不同水系级别子流域划分流程示意图
（图中数字为子流域编码）

值得一提的是，参数分区和子流域均是根据流域水系划分的，因此可以做到子流域能完整地包含于唯一参数分区内，但显然不能做到完全包含于计算分区内，特别是行政分区或某种功能分区。如图 3.3.4 所示的矩形计算分区跨越了 3 个不同子流域，分区边界无法与子流域边界重合。而模型中，子流域内部单元和子流域河道分别为产汇流模拟的基本计算单元，因此在针对图中计算分区进行计算时，3 个子流域均需进行模拟，计算分区内的单元产流结果按面积比率加权求和得到，该分区内的河道径流则按照线性插值规则进行计算。

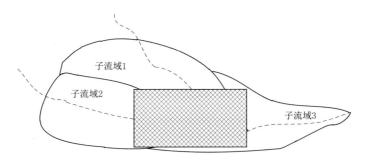

图 3.3.4   计算分区与子流域关系示意图

3.3.1.3   核心计算模块

分布式水文模型模拟的核心是从大气降雨到陆地产流的产流模拟模块和从陆地产流到河道出口点的河道汇流模块。在分布式水文模型中，产流模块的基本计算单元为子流域内部单元，输入为各单元的降雨以及计算蒸发的相关气象要素，计算出的是计算单元的地表径流、壤中流、地下径流和蒸发（属于损失，不对产流做贡献）。在模型中，认为地下径流自行在子流域地下单元中进行侧向演进，最终汇于各子流域地下径流出口点。为简化计算，模型作出如下假定：各子流域内均存在一个唯一的地下水出口点，且与地表河道出口点重合。因此，各子流域中，只有地表产流和壤中流参与河道汇流计算，子流域主河段出口点的最终流量由地表汇流流量和地下径流量求和得出。结合图 3.3.5 所示的参数分区的产汇流模拟过程，子流域所有内部单元计算出的所有地表径流和壤中流先汇总，继而汇合上游子流域出口点流入的河道径流，一起作为该子流域主河道的输入，经过该主河道的汇流计算后，汇流结果结合所有子流域内部单元的地下径流，即为子流域出口点的河道流量。

3.3.1.1 节已经进行介绍，分布式水文模型的一个很重要的创新点是引入了水库调度的模拟计算，而模型前处理模块的流域空间单元划分模块确保了水库必然在某一子流域的出口点上，如图 3.3.5 所示的水库 2。因此在各子流域主河道汇流结束后，还会马上判断子流域出口点是否为水库，若为水库则读入水库相关信息展开水库调度计算，然后再汇入下游子流域。

产流算法是影响流域产流的最主要模块，直接影响了河道径流量的大小。为支持不同流域产流特点，模型支持 WetSpa、新安江和 Hymod 等多种产流算法（按计算过程复杂程度排序）。同时，作者综合 SWAT 模型、WetSpa 等多种水文模型的特点，自主开发的一种新型产流算法也是分布式水文模型首选的产流算法。

产流算法主要为提高模型通用性而开发，因此其模拟过程力求详尽和合理。产流算法计算时，各单元在垂向上划分为 4 层：植被冠层、地表层、土壤层和

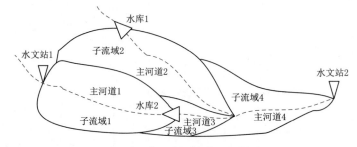

（a）水文站2所在参数分区的子流域分布

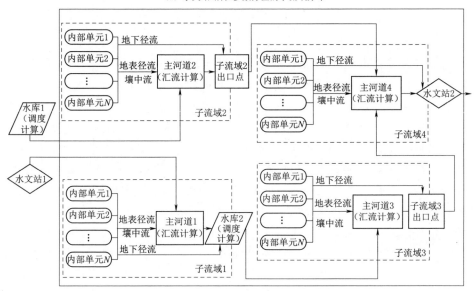

（b）水文站2所在参数分区的产汇流计算过程

图 3.3.5 水文站 2 所控制分区的子流域分布及产汇流计算过程

地下水含水层，其中土壤层又可根据实际情况划分为任意层，如图 3.3.6 所示。在产流计算时，根据气温判断降水为降雨还是降雪，分别进入不同的模拟：当为降雪时，则降雪累积于地面，无净雨到达地表；当为降雨时，则分别计算植被截留过程和融雪过程（如果有积雪则触发），得出到达地表的净雨量。到达地表的净雨一部分入渗进入土壤，超渗的部分将发生地表填洼继而蒸发或形成地表径流。算法中，土壤过程的模拟包括地表土层的冻土、冻融模拟，土壤的水的侧向、垂向流动过程模拟和土壤水蒸发过程的模拟。土壤水发生的垂向渗漏则进入地下水含水层，地下含水层也会发生调蓄、蒸发及横向演进过程。植被冠层、地表填洼、土壤水和地下水都会形成蒸发，它们之和即为实际蒸发。其中流域内的植被会发生作物蒸腾，蒸腾水量主要来源于根部吸收的土壤水，也可由土壤分层水热过程模拟计算得出。

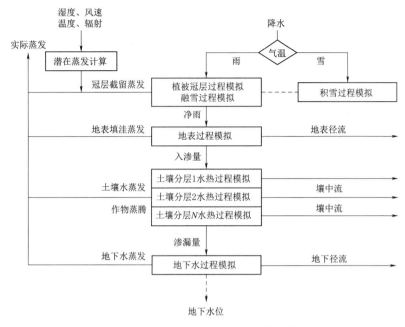

图 3.3.6　模型产流计算方法示意图

汇流过程的一般动力波方程（Saint Venant 方程）为

连续方程：

$$r\frac{\partial A}{\partial t}+\frac{\partial Q}{\partial x}=q_{L} \tag{3.3.1}$$

运动方程：

$$\frac{\partial Q}{\partial t}+\frac{\partial (Q^2/A)}{\partial x}+gA\left(\frac{\partial h}{\partial x}-S_0+S_f\right)=q_L V_x \tag{3.3.2}$$

Manning 公式：

$$Q=\frac{A}{n}R^{2/3}S_f^{1/2} \tag{3.3.3}$$

式中：h 为流水断面水深，m；A 为流水断面面积，m^2；Q 为断面流量，m^3/s；q_L 为计算单元或河道的单宽流入量（包含计算单元内的有效降雨量、来自周边计算单元及支流的水量，L 为 lateral 首字母），m^2/s；n 为 Manning 糙率系数；R 为水力半径，m；S_0 为计算单元地表面坡降或河道的纵向坡降；S_f 为摩擦坡降（f 为 friction 首字母）；V_x 为单宽流入量的流速在 x 方向的分量，m/s。

圣维南方程组中在一般动力波方程的基础上进行简化，当忽略惯性项和压力项的影响，运动方程即为运动波方程：

$$S_f=S_0 \tag{3.3.4}$$

当仅忽略惯性项时，运动方程则为扩散波方程：

$$\frac{\partial h}{\partial x} - S_0 + S_f = 0 \qquad (3.3.5)$$

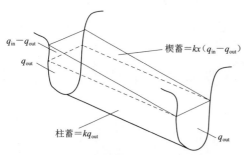

图 3.3.7　河段槽柱蓄与楔蓄的示意图
k—特征河长的传播时间；x—上、下断面流量在槽蓄量中的相对权重

搜集河道纵横断面及河道控制工程数据，根据具体情况按动力波（dynamic wave）模型、运动波（kinematic wave）模型或者扩散波（diffusive wave）进行一维数值计算，且不论按何种模型进行计算，基本控制方程均是圣维南方程组。为了提高计算速度，模型采用马斯京根法来求解圣维南方程组。马斯京根法模拟了沿渠道长度柱蓄（prism storage）和楔蓄（wedge storage）组成的蓄水容量，如图 3.3.7 所示。

当洪水波行进到某个河段槽，入流量大于出流量便形成了楔形蓄水体。当洪水波退去，在河段槽便出现了出流量大于入流量的负楔蓄。另外对于楔蓄水体，河段槽内始终包含一个体积为流域长度上横截面不变的柱蓄水体。

3.3.1.4　模型参数率定

1. 模型主要参数

该模型和其他分布式水文模型一样，大多数参数是分布式的，所有以"修正系数"或者"M"结尾的参数都是分布式参数，这些参数在每个计算单元都不一样，其他参数则是对所有单元都采用统一的值。模型中每个计算单元都有一套独立的参数，在进行模型调参时逐个单元进行调参是不可行的。一方面很难获得每个单元的观察资料，另外也会产生巨大的工作量。因此，参考 SWAT 模型的调参策略，即在保证单元间相对关系的基础上整体调参。具体包括以下三种调整策略。

（1）直接赋值：对模型中某些计算单元的参数直接赋以某一个给定值。

（2）整体放大缩小：对模型中某些计算单元的参数整体乘以某一个修正系数。

（3）整体增加减少：对模型中某些计算单元的参数整体增加或者减少某一个给定的值。

另外，为了方便程序设计及模型调参，引入"修正系数"的概念，即模型计算最终参数＝修正系数×模型默认参数。模型产流参数与模型汇流参数见表 3.3.1 与表 3.3.2。

表 3.3.1　　　　　　　　　　　模 型 产 流 参 数

类型	序号	名称	意 义	下限	上限
全局参数	1	CN$_2$	土壤处于平均含水量时的 SCS 曲线参数	1	100
	2	gwdelay	全局地下水退水时间	0	200
	3	alphabf	地下基流回归常数	0	1
	4	Tdrain	土壤水下渗持续时间	10	50
	5	TIMP	积雪滞后系数	0.5	1.5
	6	snocovmx	积雪 100% 覆盖时的积雪水当量值	0.8	1.2
	7	Sno50cov	积雪 50% 覆盖时的积雪水当量值	0.3	0.7
	8	Smfmx	最大融雪指数（6 月 21 日）	4	8
	9	Smfmn	最小融雪指数（12 月 21 日）	1.4	4
	10	solf	土壤冻结系数	0	1
	11	solfm	土壤冻融系数	0	1
	12	Solzcoe（i）	第 i 层土壤深度占总土壤层深度比例	0	1
计算单元产流参数	13	UnitSlopeM	计算单元坡度修正系数	0.1	10
	14	ConductM（i）	第 i 层土壤饱和导水系数修正系数	0.8	100
	15	PorosityM	土壤空隙率修正系数	0.5	1.5
	16	FieldCapM	土壤添加持水率修正系数	0.5	1.2
	17	PoreIndexM	土壤孔隙指数修正系数	0.5	1.5
	18	LaiMaxM	最大叶面积指数修正系数	0.5	3
	19	DepressM	地表填洼能力修正系数	0.5	3
	20	RootDpthM	根深修正系数	0.5	1.5
	21	ItcmaxM	最大冠层截留能力修正系数	0.5	3
	22	ImpM	不透水面积比例修正系数	0	2
	23	Dep_impM	地下隔水层深度修正系数	0.4	0.83
	24	Sol_crkM	土壤孔隙容量修正系数	0.5	1.5

表 3.3.2　　　　　　　　　　　模 型 汇 流 参 数

类型	序号	名称	意 义	下限	上限
计算单元汇流参数	1	CH_S2M	子流域主河道坡度修正系数	0.1	10
	2	CH_L2M	子流域主河道长度修正系数	0.5	1.5
	3	CH_N2M	子流域主河道曼宁糙率系数修正系数	0.1	10
	4	CH_K2M	子流域主河道河床底板导水系数修正系数	0.1	10

2. 参数敏感性分析方法

为了分析水文模型在不同地区、不同气候条件下各个参数的敏感性，作者选用了全局敏感性分析方法——LH-OAT 敏感性分析方法。LH-OAT 方法是结合了 LH（latin-hypercube）抽样法和 OAT（one-factor-at-a-time）敏感度分析的一种全局参数敏感性分析的新方法，同时兼备 LH 抽样法和 OAT 敏感度分析法的优点。

LH 抽样法是 Mckay 等于 1979 年提出来的，不同于蒙特卡罗（Monte Carlo）抽样法，LH 抽样法可以看作某种意义上的分层抽样（stratified sampling）方法。LH 抽样法抽样过程如下：首先，将每个参数的分布区间（即值域范围）等分成 m 个子区间，且每个值域范围出现的可能性都为 $1/m$；其次，生成参数的随机值，并确保任一值域范围仅抽样一次；最后，对所有参数的 m 次抽样结果进行随机组合，模型运行 m 次，对其结果进行多元线性回归分析。由于其效率和稳定性不高，LH 抽样一般在水质模拟上应用较多，主要不足之处在于其建立在线性假设之上，很可能使结果产生偏差。

OAT 方法是 Morris 于 1991 年提出的，综合了局部和全局的敏感性分析方法。OAT 方法实现过程为：将模型运行 $n+1$ 次以获取 n 个参数中某一特定参数的敏感性，其优点在于模型每运行一次仅一个参数值存在变化。因此，该方法可以清楚地将输出结果的变化明确地归因于某一特定输入参数值的变化。OAT 敏感性分析可以同时分析很多参数，因此对分布式水文模型来说是非常有用的方法，其不足之处在于是某一特定输入参数值的变化引起的，输出结果的变化程度可能还依赖于模型其他参数值的选取（可视为局部灵敏度值）。

LH-OAT 算法结合了 LH 抽样算法的强壮性和 OAT 算法的精确性，LH 抽样可使所有参数的随机抽样具有代表性，而根据 OAT 的设计进行进一步精确的抽样，可保证每次模型运行的输出的变化能清楚地归结到输入参数的变化上，从而保证整个敏感性分析过程的强壮性及有效性。当 LH 抽样采用 m 个间隔，参数个数为 p，LH-OAT 方法仅需运行模型 $m(p+1)$ 次，相对其他抽样方法，如蒙特卡罗方法等，这种方法是非常高效率的。

模型即通过集成 LH-OAT 方法实现了对各种产流、汇流参数的敏感性分析，为参数优化提供了依据。

3. 参数优化方法

模型参数率定（识别）也就是参数优化。水文学中谈到的优化算法一般分为局部优化算法和全局优化算法。毫无疑问，全局最优肯定比局部最优更有说服力。在过去 30 年，发展了很多全局最优方法，详见第 7 章的内容。模型可采用单目标启发式算法 SCE-UA 或多目标启发式算法 MOSCEM-UA 进行参数优化。

（1）单目标启发式算法 SCE-UA。在流域水文模型参数优化中常用的全局优化算法是：模拟退火法、遗传算法和单目标启发式算法 SCE-UA（shuffled complex evolution）。关于算法的评价，主要有两个方面：一个是算法的有效性和稳健性；另一个则是算法的执行效率。对比分析表明，SCE-UA 与一些常用算法相比，具有更好的稳健性和高效性。

SCE-UA（shuffled complex evolution）算法是 Duan 等结合了单纯形法、受控随机搜索、生物竞争进化和种群交叉等方法的优点于 1992 年提出的，可以快速、有效、一致地搜索水文模型参数得到全局最优解，SCE-UA 算法被认为是连续型流域参数优选最有效的方法之一，在流域水文模型参数优选中应用十分广泛。

SCE-UA 算法的第一步（第 0 个循环）先通过运用随机抽样在所有可行参数空间中选择一个初始种群。随后，将种群被分割成多个个体，若待优化参数个数为 p，则可分割出 $2p+1$ 个个体。每个个体运用单纯形法进行独立进化，个体之间定期进行交叉形成新的个体，从而可以获得更多的信息。该算法可以搜索全部参数的可行空间，找到全局最优参数的成功率是 100%。Eckardt 等将 SCE-UA 算法成功应用到 SWAT 模型的水文参数率定，Van Griensven 等则用 SCE-UA 方法对水文和水质参数进行了率定。

（2）多目标启发式算法 MOSCEM-UA。MOSCEM-UA（multi-objective shuffled complex evolution metropolis）算法是 SCE-UA 的改进算法。此法应用了 Pareto 支配解使得初始种群点向稳定分布移动。MOSCEM-UA 算法法与 SCE-UA 的不同在于 MOSCEM-UA 能同时优化几个目标，最终逼近 Pareto 解集。Pareto 支配解的概念是在不降低其他目标的情况下使某一目标能达到的最优值。而非支配解的定义是在不降低其他目标的情况下，再也找不到更好的解。Pareto 最优解就是非支配解的解集。如图 3.3.8 所示，Pareto 解根据参数空间中两个参数的不同组合同时寻求最小目标值。在目标空间中连接点 A、B 的实线即为 Pareto 解集，这些解都与实测值的某些特性相匹配，因此，在 Pareto 解集中没有一组绝对的"最优"解来描述实测值。参数自动识别方法详见第 7 章。

3.3.1.5　多模型组合预报及集合预报

为了提高预报的精度，增强预报的可用性，雅砻江洪水预报采用了多种集合预报模式（上述四种不同产流模型）。由于观测的不准确、模型的率定和校正存在误差、未来降雨有着多种可能的变化等原因，已经很成熟的预报模型也会存在着极大的不确定性。换言之，单一模型和单一未来降雨预报模式计算出的未来洪水入流永远只是一个近似值而已，对于实际应用的参考意义有可能并不明显，而真正的未来洪水径流确不可能被完全精确地预报出来。但在高度的非

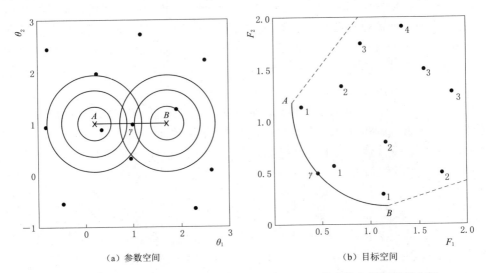

（a）参数空间　　　　　　　　　　　　（b）目标空间

图 3.3.8　对应两个参数 θ_1、θ_2，两个目标 F_1、F_2 的参数空间和目标空间

线性数值模式的水文预报中，对于输入降雨或选择的预报方法的误差比较敏感，仅用一种方法预报，或是仅以一种形式的降雨作为未来降雨的预报来推求出的唯一值，有很大可能离发生值很远。传统单值水文预报主要基于实测降水和气温资料来预报洪水、干旱过程，预见期较短且未给出水文模拟的其他不确定性信息。因此在本书采用多模型组合洪水预报金和集合预报相结合的方式来对雅砻江干流各大水电站的径流进行模拟，以为发电、防洪调度做最好的准备工作。

本书采用 WetSpa、新安江和 Hymod 3 种不同产流模型，对同一场洪水过程进行模拟，并在此基础上，对任意一种水文模型采用不同种类的参数组合进行洪水模拟预报，这样在可以预见的预见期内，洪水预报和调度人员可以得到多种模型和多组参数的洪水预报情况，可以为防洪和发电的调度做更好的准备。

本书还引入了集合数值预报的先进理念。由于大气系统高度非线性的混沌特性，初始条件的微小扰动也会给气象系统的状态带来极大偏差。为解决这一问题，学者们先后提出了动力随机预报理论和"蒙特卡罗"预报理论。后者采用多组预报来描述大气状态的不确定性，将单一确定性预报转变为集合概率预报，形成了水文气象集合预报的雏形。发展至 20 世纪 90 年代，Molteni、Kalnay 使得气象集合预报成为现实。集合预报技术的迅猛发展，启发了水文学家们开始将集合预报的思想应用于水文预报中，即使用一组集合预报的降雨过程驱动水文模型，得到相应的一组预报径流过程，从而奠定了水文集合预报的理论基础，促进了水文集合预报的发展。

影响水文集合预报精度及可靠性的不确定性因素很多，主要来源于模型的输入、流域初始和边界条件的赋值，以及模型结构和参数的选择等。不同来源的不确定性在水文模拟过程中相互作用和影响，最终将反映到输出的预报结果上，因此在作水文预报时，必须量化随机不确定性、降低认知不确定性。将这些不确定性进行量化并通过集合或概率的形式输出的预报即为集合预报。根据模型的不确定性来源，集合预报可以分为五大模块：水文集合前处理；集合数据同化；参数集合处理；水文集合后处理；分布式水文模型。将所有模块耦合到一起即是水文集合预报系统。

本研究可以通过设置不同的初始状态、未来降雨信息、模型信息和参数信息进行组合和选择，在确定一定的组合和选择后，将整体模型进行演算，从而生成一组或多组对比的洪水径流模式从而达到提升预报可信度的效果。

3.3.1.6 径流预报误差控制技术

长期研究结果表明，即便在同一流域，不同场次的洪水都有其自身的特殊规律性，与其遵循的一般规律同时存在，这种性质是实时校正的一个基本的着眼点。

传统的实时校正方法有以下两种：

（1）根据预报误差的延续性来外推校正。前次洪水预报方案出现的误差，常常以不同的形式延续它的影响。根据这点，修正后续的预报被认为是有效的。该方法得到了非常普遍的应用，如应用于对上下游水位涨差、上下游流量的相关预报。

（2）合理性检查的综合校正。这方面的内容非常广泛，运用方式也极其灵活。从方案推算出结果到发布预报，必须经过合理性的综合检查、校正，这需要富有经验的预报人员才能完成。

以上两种传统处理方法依靠经验性，缺乏理论支持，校正的准确性依赖于预报人员的认知能力和经验，不易被多数工作者掌握，难以做到规范化和客观化。因此，需要一种使用上方便，理论性强的实时校正方法。

水文模型采用的方法主要是先通过历史水文资料，经过分析计算得出模型参数，然后用于洪水的预报。这样的预报结果在现实中往往不是很满意。因为得到的参数未必会适用于后续所有类型的洪水过程，即当系统的参数随时间变化时，一般的参数估计无法得到确定的最优值，这时就要对系统参数的变动过程进行追踪，保证系统随时用合适的参数进行模拟，这个过程即为实时校正。

系统的时变参数称为状态变量，实时校正就是根据当时系统观测得出的输入、输出对系统状态作出估计，之后以最新估计的系统状态作为输出。

实时预报就是不断地根据实测值和模型预报值的预报误差信息（新息），运用一定的技术手段及时地校正并对原模型参数和预报值进行改善，最终目标是减小预报误差。所以，实时预报也被称为适应式预报，以降雨径流模型为例，说明实时预报的过程。

　　首先，根据以往的实测资料输入降雨，输出径流来率定模型参数。将当前的模型的输出作为过去的实测输入和实测输出的函数。其次，计算现在的模型输出与现时的实测值之差，将其作为反馈信息，用以计算模型的未来输出。

　　在预报过程中，既要根据以往的数据，也要依据新的实时数据，不应在所有预报时段中都采用固定不变的模型结构或参数而忽视新的信息。实时预报时一种反馈式结构，是过去实测结果与现时输出的一种结合形式。

　　由于雅砻江流域预报断面较多，有些预报断面需要经历从河道到水库的转变，有些预报断面会因水库蓄水而被淹没，导致测站的水位流量关系发生变化。也就是说测站的实测流量有时会不准，有时会没有，而用不正确的实测流量过程来校正预报流量会适得其反。因此需对每一预报测站的校正设立开关功能，可根据实测流量的情况，随时开关校正功能。

　　在洪水预报中，目前常采用的实时校正方法和技术主要如下：

　　（1）水文模型流量预报实时校正算法。当模型预报流量与实测流量有较大的系统误差时，可以采用传统的相关分析方法，直接利用模型预报流量与反推的实测流量，建立洪水预报的相关校正模型。

　　（2）误差自回归校正技术。用预报模型求得的预报值与实测值之差是一系列随时序变化的数值，称为误差序列，可用时间序列分析的方法寻求表示其变化规律的模型。利用水文模型的预报流量序列 $\{Q_{预}(j),\ j=1,\ \cdots,\ t\}$ 与实测流量序列 $\{Q_{实}(j), j=1,\ \cdots,\ t\}$ 的残差序列 $\{e(j),\ j=t+1,\ \cdots\}$，建立残差预报模型，将预报的残差 $\{e(j),\ j=t+1,\ \cdots\}$ 叠加到预报流量 $\{Q_{预}(j),\ j=t+1,\ \cdots\}$ 上，完成流域洪水预报校正，从而提高洪水预报精度。

　　（3）递推最小二乘法。递推最小二乘法的核心是根据实时输入的信息，更新预报误差的权重，从而达到实时校正的目的。根据可利用的误差序列的长短，递推最小二乘法可分为：①有限记忆递推最小二乘法；②衰减记忆递推最小二乘法；③时变遗忘因子递推最小二乘法。

　　这些实时校正方法的共同特点是，能实时地处理水文系统最新出现的预报误差，并以此作为修正预报模型参数、状态、预报输出值的依据，从而使预报系统迅速适应现时的状况。

3.3.2　雅砻江流域分布式水文模型

　　建立流域分布式水文模型需要详细的输入以及验证数据，具体过程包括：DEM 数据处理，即洼地的确定、填充、水系网络生成等，在此基础上给出雨量站、水文站和气象站的分布图，并将站点数据在流域内进行空间展布；土地利用信息准备，即分别给出 1980 年、1995 年和 2000 年 3 个时段的土地利用图；

土壤数据准备，即根据土壤质地三角形分析法对土壤数据进行分类。

3.3.2.1　DEM 数据处理

雅砻江流域水文模型中的原始 DEM 数据来自美国联邦地质调查局（USGS）的 HYDRO1k。从原始的 DEM 直接提取的模拟河网与实际河网有较多不一致的地方，主要原因有：①DEM 中部分栅格的高程偏大，致使其上游形成"伪洼地"，特别是在山间盆地平原区；②在平原地区高程差别小，特别是有些区域河道较为密集，模拟河网容易与实际河网不一致。为了使模拟河网与实际河网比较一致，需参照实际河网对原始 DEM 进行修正。雅砻江流域原始 DEM 图和水系图分别如图 3.3.9 和图 3.3.10 所示。

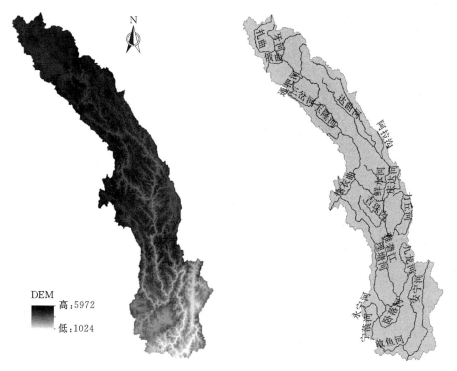

图 3.3.9　雅砻江流域原始 DEM 图　　　　图 3.3.10　雅砻江流域水系图

完成 DEM 修正工作后，对修正后 DEM 数据进行填洼、生成流向、计算流入累计数及提取河道一系列计算，可以得到自动生成的水系河网及各河段的出口点。

3.3.2.2　土地利用准备

雅砻江流域的土地利用共包括三个时段（1980 年、1995 年和 2000 年），如图 3.3.11、图 3.3.12 和图 3.3.13 所示，给出了这三个时段土地利用的一级分类类型。土地利用由一个两位数进行衡量，具体含义见表 3.3.3。

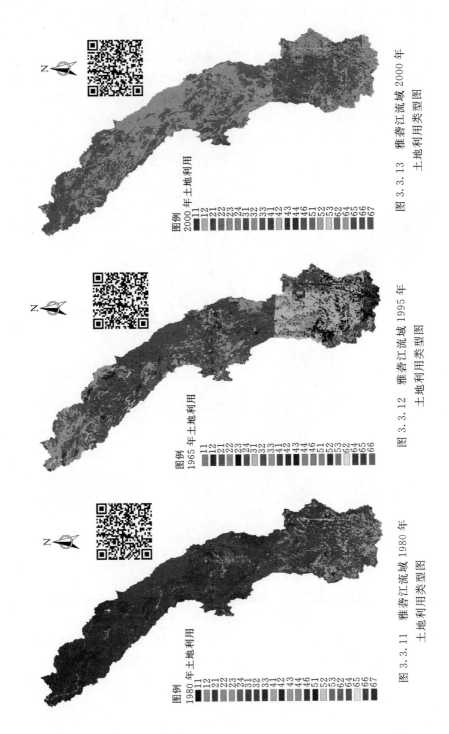

图 3.3.13　雅砻江流域 2000 年土地利用类型图

图 3.3.12　雅砻江流域 1995 年土地利用类型图

图 3.3.11　雅砻江流域 1980 年土地利用类型图

表 3.3.3　　　　　　　　　　土地利用类型编号表

一　级　分　类		二　级　分　类		三　级　分　类	
编号	名称	编号	名称	编号	名称
1	耕地	11	水田	111	山区水田
				112	丘陵区水田
				113	平原区水田
				114	>25°坡度水田
		12	旱地	121	山区旱地
				122	丘陵区旱地
				123	平原区旱地
				124	>25°坡度旱地
2	林地	21	有林地		
		22	灌木林地		
		23	疏林地		
		24	其他林地		
3	草地	31	高覆盖度草地		
		32	中覆盖度草地		
		33	低覆盖度草地		
4	水域	41	河渠		
		42	湖泊		
		43	水库、坑塘		
		44	冰川永久积雪		
		45	海涂		
		46	滩地		
5	城乡、工矿、居民用地	51	城镇		
		52	农村居民点		
		53	工交建设用地		
6	未利用土地	61	沙地		
		62	戈壁		
		63	盐碱地		
		64	沼泽地		
		65	裸土地		
		66	裸岩石砾地		
		67	其他未利用土地		

3.3.2.3 土壤数据准备

土壤基础信息主要来源于第二次全国土壤普查的汇总资料，基本矢量图为该次普查所获的全国土壤数据库。在雅砻江流域的模拟中，土壤数据根据不同的土壤层深度划分为 0～10cm 土壤数据、10～20cm 土壤数据、20～30cm 土壤数据、30～70cm 土壤数据、70cm 以上土壤数据。对应深度的土壤数据又包含两个参数：黏粒百分含量和砂粒百分含量。在实际应用中，需要得到不同土壤层的土壤类型和土壤层的整体土壤类型。各土壤层土壤类型是按各层土壤的实际含黏粒质量百分量和砂粒质量百分量比对土壤质地三角分类获得的；土壤层整体的土壤类型是得到各土壤层含黏土量和砂土量的加权平均后比对土壤质地三角分类得到的。雅砻江流域土壤类型分布图如图 3.3.14 所示。

3.3.2.4 空间单元离散

根据 6 个水文站点、5 个水库及 1 个流域总出口点，将雅砻江流域划分为 12 个分区。每个水文站、水库（或出口点）单独控制的区域，称为一个参数分区。在前面基于 DEM 提取的数字流域基础上确定出每个水文站的控制范围，进而划分出各个参数分区、子流域（110 个）及计算单元（1890 个）。根据各控制站的水力联系得到各个站点之间的拓扑关系，如图 3.3.15 所示。

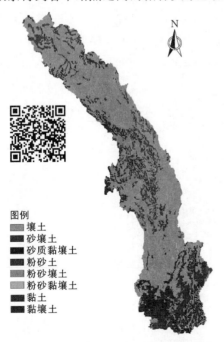

图例
■ 壤土
■ 砂壤土
■ 砂质黏壤土
■ 粉砂土
■ 粉砂壤土
■ 粉砂黏壤土
■ 黏土
■ 黏壤土

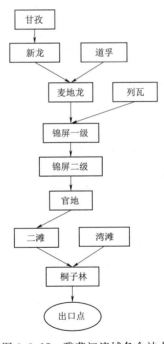

图 3.3.14 雅砻江流域土壤类型分布图　图 3.3.15 雅砻江流域各个站点之间的拓扑关系

3.3.2.5　参数率定及结果分析

1. 洪水预报精度评价

模拟结果的评价选用洪量的相对误差（RE）、Nash 效率系数（DC）两个指标。其中 RE 数值的绝对值越小表示模拟结果越好；DC 值越趋近于 1，模拟结果越好，DC 值越接近 0，表示模拟结果接近实测值的平均值水平，即总体结果可信，但是过程模拟误差较大。

相对误差即用预报误差除以实测值，以百分数表示。多个相对误差绝对值的平均值用来表示多次预报的平均相对误差水平。

确定性系数可以作为洪水预报过程与实测过程之间的吻合程度的指标，按式（3.3.6）计算：

$$DC = 1 - \frac{\sum\limits_{i=1}^{n} \left[q_s(i) - q_o(i) \right]^2}{\sum\limits_{i=1}^{n} \left[q_o(i) - \overline{q_o} \right]^2} \tag{3.3.6}$$

式中：DC 为 Nash 效率系数（确定性系数）；$q_s(i)$ 为洪水流量的模拟值，m^3/s；$q_o(i)$ 为洪水流量的实测值，m^3/s；$\overline{q_o}$ 为洪水流量实测值的均值，m^3/s。

2. 模型参数率定及验证

根据现有数据情况，从雅砻江流域的研究区中选取 2008—2010 年水文径流资料中具有代表性的场次洪水进行参数率定，并选用 2011 年、2012 年汛期洪水场次进行验证。率定及验证结果分别见表 3.3.4 和表 3.3.5。

表 3.3.4　　　　　　　　模型各参数分区率定期结果

站点	雅江	新龙	道孚	麦地龙	湾滩
年份	2008—2010	2008—2010	2008—2010	2008—2010	2008—2010
RE	0.064	0.054	0.379	0.003	0.012
DC	0.892	0.958	0.709	0.954	0.766

注　RE 代表相对误差。

表 3.3.5　　　　　　　　模型各参数分区验证结果

站点	年份	RE	DC	站点	年份	RE	DC
雅江	2012	0.137	0.204	雅江	2011	0.157	0.317
新龙	2012	0.074	0.910	新龙	2011	—	—
道孚	2012	0.731	0.258	道孚	2011	0.026	0.332
麦地龙	2012	0.191	0.463	麦地龙	2011	0.015	0.846
湾滩	2012	0.016	0.606	湾滩	2011	0.086	0.461

各水文站代表性场次洪水模拟过程线如图 3.3.16～图 3.3.24 所示，可以看出雅砻江流域总体各参数分区的降雨径流模拟过程与实测过程拟合较好。

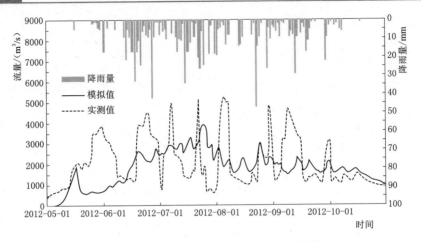

图 3.3.16　雅江 2012 年汛期洪水预报结果

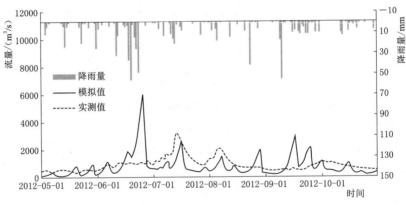

图 3.3.17　雅江 2011 年汛期洪水预报结果

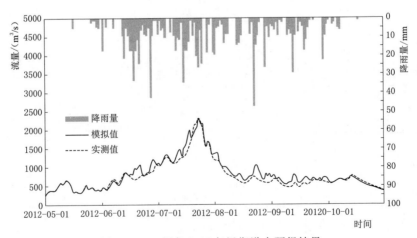

图 3.3.18　新龙 2012 年汛期洪水预报结果

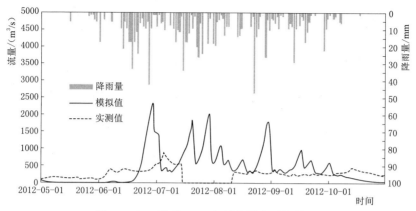

图 3.3.19　道孚 2012 年汛期洪水预报结果

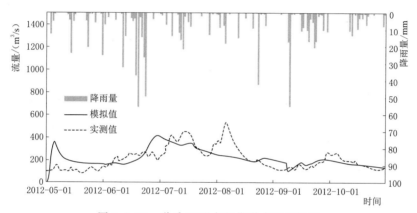

图 3.3.20　道孚 2011 年汛期洪水预报结果

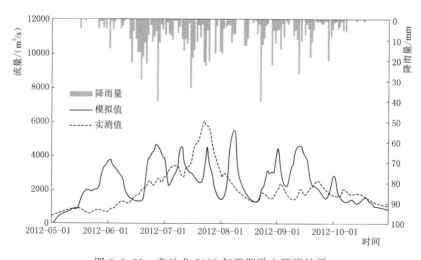

图 3.3.21　麦地龙 2012 年汛期洪水预报结果

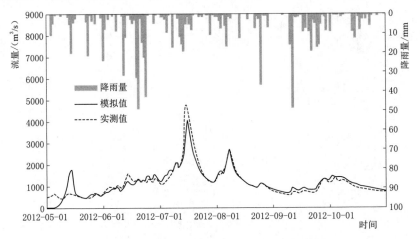

图 3.3.22　麦地龙 2011 年汛期洪水预报结果

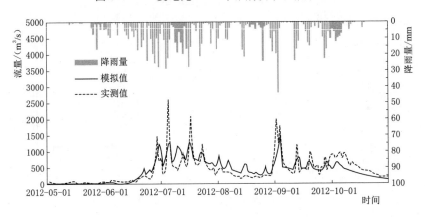

图 3.3.23　湾滩 2012 年汛期洪水预报结果

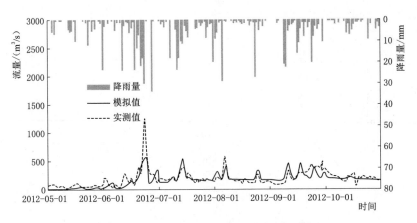

图 3.3.24　湾滩 2011 年汛期洪水预报结果

3. 结果分析

从对雅砻江流域进行的汛期洪水预报的模拟结果可以看出，在整个预报期的洪峰、洪量以及洪现时间的拟合较好，且 Nash 效率系数的结果也比较理想，说明模拟的总体结果可信，过程模拟也比较满意。新龙站、麦地龙站总体模拟效果更好。然而道孚站的模拟效果不理想，相对误差高达 73%。整体而言，洪现时间、洪峰模拟效果较好，且洪量的拟合效果也令人满意。

水文资料的整编在水文模型中是十分必要的。原始的水文测站资料都要经过合理的整编，并且按照按科学的方法和统一的格式进行整理、分析、统计、提炼成系统的整编结果，才能在后续的水文预报中发挥其作用。

时段流量数据是瞬时值，整编时采用的是线性直线内插法，整编得到不同的时间步长的流量数据。径流数据整编过程中有时会出现丢失洪峰的情况。当洪峰出现时刻不在整编时刻时，线性插值整编得到的相邻洪峰值数据则会小于实测洪峰值，这样就出现丢失洪峰的情况。针对此情况首先判断洪峰：当时段内流量出现最大值时，把该数值移至相邻最近的时刻。这样即可保证洪峰数值的准确性，但是这样做又影响了峰现时间的准确性，这在一定程度上也影响洪水预报中峰现时间的预报精度。并且有些站点的流量数据因为插值的原因存在比较严重的锯齿状问题，如比较明显的四合站的实测流量数据，而模拟过程线相对光滑，所以一定程度影响了过程拟合度，即 Nash 效率系数偏低。

雅砻江流域水文资料的主要来源是由雅砻江流域水电开发有限公司提供。研究区搜集到的数据情况如下：降雨数据的序列长度是 2003 年，2005—2012 年，其中部分 2011 年降雨数据和 2012 年的数据是由遥测雨量站获得；径流数据的序列长度是 2004—2012 年。对于两种不同数据来源的汛期雨量这在一定程度上影响了资料的一致性，进而影响了洪水预报的精度。

此外，雨量测站分布的合理性直接影响着洪水的预报精度。研究区上游为山区，海拔较高，由于山区布站困难，加上经济因素的影响，所以水文测站相对分散，四合站往上流域面积总和为 $7750km^2$，流域内雨量站共 2 个，所以站网密度很低。下游地区雨量站相对比较密集。下游地区洪水预报精度相对较高，因此降雨测站的分布情况和流域预报精度分布规律相一致。

3.3.3 雅砻江流域径流预报方案

雅砻江流域水情预报系统主要是实现雅砻江两河口以下 11 个梯级水电站的预报，预报方案总体框架如图 3.3.25 所示。

3.3.3.1 两河口电站预报方案

两河口电站位于甘孜—雅江区间雅江水文站上游 10.2km 处，截至 2020 年正在施工阶段，工程尚未截流。甘孜—雅江区间流域面积 $33946km^2$，此间汇入

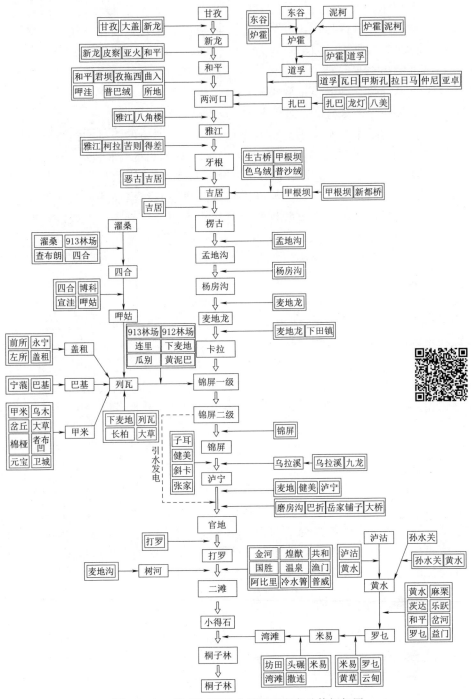

图 3.3.25　雅砻江流域水情预报方案总体框架图

了雅砻江最大支流鲜水河（控制集水面积 19447km²），另一主要支流庆大河控制集水面积为 1859km²。

两河口以上断面共布设水文站 8 个：干流自上而下设新龙、和平、雅江水文站，鲜水河设东谷、泥柯、炉霍、道孚水文站，庆大河设扎巴水文站；雨量站 16 个：干流区间设大盖、皮察、亚火、君坝、孜拖西、呷柯、曲入、所地、普巴绒雨量站，鲜水河上设瓦日、甲斯孔、拉日马、仲尼、亚卓雨量站，庆大河上设八美、龙灯雨量站。

下面分别对两河口以上区间断面的洪水预报方案进行说明：

新龙断面上游建有甘孜水文站，区间有大盖雨量站。将甘孜站的流量资料汇流到新龙水文站，然后采用甘孜、新龙、大盖雨量站资料建立新安江模型和水箱模型进行区间洪水预报，两者组合作为新龙断面的洪水预报方案。

和平水文站位于新龙水文站下游，新龙—和平区间有瓦日沟、通宵河、热依曲三条支流汇入，设置有皮察、亚火两个雨量站，该区间属于暴雨集中的区域，区间流量较大。汇流方案采用汇流单位线将新龙站的预报流量汇流到和平站，然后基于皮察、亚火、新龙、和平雨量资料建立新安江模型和水箱模型进行区间洪水预报。两者组合作为和平断面的洪水预报方案。

炉霍断面将东谷站流量、泥柯站流量分别汇流到炉霍站，并基于东谷、泥柯、炉霍雨量资料构建新安江模型和水箱模型进行区间预报。三者组合作为炉霍断面洪水预报方案。

道孚水文站位于雅砻江最大支流鲜水河上，控制流域面积 14465km²，道孚水文站上游控制水文测站为炉霍水文站。首先采用炉霍的流量资料按照汇流单位线演算到道孚站，然后基于炉霍、道孚站雨量资料构建新安江模型和水箱模型进行区间预报，两者组合得到道孚断面的预报流量。

扎巴水文站可据上游龙灯、八美两个雨量站资料，建立新安江模型和水箱模型，确定降雨径流预报方案。

两河口电站的入库水文站为和平、道孚和扎巴。道孚、扎巴、和平—两河口库区面积大，且为雅砻江流域三个暴雨区之一，两河口电站的入流量预报非常重要。两河口库区预报可通过库区内君坝、孜拖西、呷柯、曲入、普巴绒、所地、瓦日、甲斯孔、仲尼、拉日马、亚卓等 11 个雨量站资料，采用新安江模型与水箱模型进行预报；三个入库控制站流量到两河口电站的汇流采用汇流单位线。两者组合作为两河口电站的入库流量预报方案。

对两河口电站的施工水尺预报采用水位系数法进行，待工程截流后再按调洪演算方法进行施工水尺预报。

由于截至 2020 年工程尚未截流，因此可以采用下游雅江站的实测流量对两河口的预报流量进行校正，待工程截流后可以通过调洪演算反算出两河口入库流量进行校正。

3.3.3.2　牙根电站预报方案

牙根电站位于雅砻江干流两河口电站下游，区间有王呷河、霍曲汇入。两河口—牙根区间设有雅江水文站，王呷河设有八角楼雨量站、霍曲设有苦则、坷拉、得曲雨量站。

雅江断面的流量与两河口电站的出流有很大的关系。对雅江断面的预报采用以下方式：在两河口电站工程未截流之前，将两河口电站的预报流量直接汇流到雅江断面；在两河口电站工程截流之后，利用预报出的施工水尺，由水位-下泄流量关系曲线查出下泄流量再汇流到雅江断面。同时将雅江站作为控制断面，利用八角楼、雅江雨量资料确定新安江模型和水箱模型降雨径流预报方案。两者结合作为雅江断面的预报流量。

牙根电站的预报方案采用雅江流量按汇流单位线演算到牙根电站；利用苦则、坷拉、得差雨量资料建立新安江模型和水箱模型预报方案，两者组合作为牙根电站的预报方案。

3.3.3.3　楞古电站预报方案

楞古电站位于雅砻江干流牙根电站下游，其间有支流力丘河汇入。干流设有吉居水文站，力丘河设有甲根坝水文站，吉居水文站是楞古电站的设计依据站。区间共布设 5 个雨量站，其中干流有恶古雨量站，力丘河有新都桥雨量站、生古桥雨量站、色乌绒雨量站、普沙绒雨量站。

甲根坝断面的预报方案为用新都桥、甲根坝的雨量资料建立新安江模型和水箱模型进行预报。

楞古电站的预报方案由三部分组成：牙根电站的出库流量采用汇流单位线演算到楞古电站；甲根坝流量采用汇流单位线演算到楞古电站；牙根、甲根坝—楞古区间利用区间恶古、生古桥、色乌绒、普沙绒等雨量站资料建立新安江模型和水箱模型预报方案。三者组合构成楞古电站的预报方案。

3.3.3.4　孟底沟电站预报方案

孟底沟电站位于雅砻江干流楞古电站下游，区间没有支流汇入，布设有孟底沟雨量站。

孟底沟电站的预报方案采用楞古电站的出库流量按汇流单位线演算到孟底沟电站；采用孟底沟雨量资料建立新安江模型和水箱模型降雨径流方案进行区间预报。两者组合作为孟底沟电站的预报方案。

3.3.3.5　杨房沟电站预报方案

杨房沟电站位于雅砻江干流孟底沟电站下游，区间没有支流汇入，布设有杨房沟雨量站。

杨房沟电站的预报方案采用孟底沟电站的出库流量按汇流单位线演算到杨

房沟电站；采用杨房沟雨量资料建立新安江模型和水箱模型降雨径流方案进行区间预报。两者组合作为杨房沟电站的预报方案。

3.3.3.6 卡拉电站预报方案

卡拉电站位于雅砻江干流杨房沟电站下游，区间没有支流汇入，布设有麦地龙水文站和下田镇雨量站。

在杨房沟电站投入运行前，采用麦地龙水文站流量按汇流单位线演算到卡拉电站，在杨房沟电站投入运行后，采用杨房沟电站的出库流量按汇流单位线演算到卡拉电站；另外再采用麦地龙、下田镇雨量资料建立新安江模型和水箱模型降雨径流方案进行区间预报。两者组合作为卡拉电站的预报方案。

3.3.3.7 锦屏一级电站预报方案

锦屏一级电站位于卡拉电站下游，区间有较大支流小金河汇入，小金河流域面积 $19114km^2$，小金河是雅砻江流域三大暴雨区之一，对锦屏一级电站洪水组成有重要影响。因此，做好锦屏一级电站的洪水预报方案必须先做好小金河的洪水预报方案。

卡拉—锦屏一级区间布设有 7 个水文站、23 个雨量站和 2 个水位站。雅砻江干流设有 913 林场、912 林场、洼里 3 个雨量站；小金河干流自上而下依次设有濯桑、四合、呷姑、列瓦 4 个水文站，支流卧罗河设有盖祖、巴基、甲米 3 个水文站。小金河共设雨量站 18 个，其中干流雨量站为查布朗、博科、宣洼、黄泥巴、下麦地、瓜别；支流永宁河雨量站为永宁、前所、左所、长柏；支流巴基河雨量站为宁蒗；支流巴基河雨量站为元宝、卫城、棉垭、者布凹、岔丘、乌木、大草。水位站为锦屏一级围堰上和锦屏一级围堰下。

四合断面将濯桑站流量资料按汇流单位线演算到四合断面；利用区间濯桑、查布朗、四合雨量资料建立新安江模型和水箱模型降雨径流预报方案。两者组合作为四合断面的预报方案。

呷姑断面将四合站流量资料按汇流单位线演算到呷姑断面，利用区间四合、博科、渲洼、呷姑等雨量资料建立新安江模型和水箱模型降雨径流预报方案。两者组合作为呷姑断面的预报方案。

盖租断面利用永宁、前所、左所、盖租等雨量资料建立新安江模型和水箱模型降雨径流预报方案。

巴基站利用宁蒗雨量资料建立新安江模型和水箱模型降雨径流预报方案。

甲米断面利用元宝、卫城、棉垭、者布凹、岔丘、乌木、甲米等雨量资料建立新安江模型和水箱模型降雨径流预报方案。

列瓦断面的预报方案由以下几方面组合而成：呷姑、盖租、巴基、甲米的流量按照汇流单位线演算到列瓦站；利用呷姑、盖租、巴基、甲米—列瓦区间的黄泥巴、长柏、大草等的雨量资料建立新安江模型和水箱模型的降雨径流模型预报方案。

锦屏一级电站的预报方案由卡拉出库流量、列瓦流量按照汇流单位线演算到锦屏一级断面；同时利用区间 913 林场、912 林场、洼里、下麦地、瓜别等雨量资料建立新安江模型和水箱模型预报方案。两者组合作为锦屏一级电站的预报方案。

由于锦屏一级电站已经截流形成围堰水库，并且率定有水位库容关系曲线，因此锦屏一级电站的施工水尺预报采用水位系数法和调洪演算法进行预报；采用经过调洪演算法计算的实测入库流量对预报结果进行校正。

3.3.3.8　锦屏二级电站预报方案

锦屏二级电站坝址位于雅砻江干流锦屏一级电站下游，其间距离较短，没有支流汇入，也没有布设雨量站，在锦屏二级断面布有 2 个水位站：锦屏二级围堰上和锦屏二级围堰下，用于观测锦屏二级围堰上下游水位。

锦屏二级电站的预报方案为：直接利用锦屏一级电站的出库流量按汇流单位线演算到锦屏二级电站作为锦屏二级电站的预报流量。

锦屏二级电站已经截流，因此对锦屏二级的施工水尺预报采用水位系数法和调洪演算法；采用经过调洪演算法计算的实测入库流量对预报结果进行校正。

3.3.3.9　官地电站预报方案

官地电站位于雅砻江干流锦屏二级电站下游，其坝址下游不远设有打罗水文站。锦屏二级—官地区间有支流子耳河、九龙河汇入，区间有水文站 3 个，其中干流布设有锦屏、泸宁水文站，支流九龙河设有乌拉溪水文站，泸宁水文站为官地电站的入库控制站。区间有雨量站 10 个，子耳河设有子耳站；九龙河设有九龙、斜卡站；干流设有健美、张家、麦地、磨房沟、巴折、岳家铺子、大桥等雨量站。

泸宁断面将锦屏二级电站预报流量、乌拉溪流量按汇流单位线演算到泸宁水文站（其间采用锦屏水文站流量资料进行校正）；利用锦屏、子耳、健美、九龙、斜卡、张家、泸宁等站雨量资料建立区间新安江模型与水箱模型降雨径流模型预报方案。两者组合作为泸宁断面的预报方案。

官地电站的预报方案采用泸宁站流量按汇流单位线演算到官地电站，与利用麦地、磨房沟、巴折、岳家铺子、大桥等雨量站资料建立新安江模型与水箱模型等区间预报模型方案组合而成。

官地电站已经截流，因此对官地施工水尺预报采用水位系数法和调洪演算法进行预报；采用经过调洪演算法计算的实测入库流量对预报结果进行校正。

需要指出的是，在锦屏二级电站投入运行后，其发电流量将直接从引水隧洞穿越锦屏山流入雅砻江中。从而很大一部分流量将不会经过泸宁站，锦屏二级到官地的汇流时间将会进一步缩短。因此我们在方案中设置一个虚拟站来代表锦屏二级的发电流量。在锦屏二级电站投入运行后，官地电站的预报方案采用泸宁站、虚拟站流量共同按照汇流单位线汇流及区间预报组合的方式。

3.3.3.10　二滩电站预报方案

二滩电站位于雅砻江干流官地水电站下游,是目前雅砻江干流唯一投入运行的电站。官地—二滩区间有支流树瓦河、藤桥河、鳡鱼河汇入。共设有打罗、树河两个水文站,设有金河、煌猷、麦地沟、共和、国胜、温泉、渔门、阿比里、冷水箐、普威等 10 个雨量站。

树河水文站的预报方案采用麦地沟、树河雨量资料建立新安江模型和水箱模型预报方案。

二滩电站的入库流量预报采用官地电站的出库流量、树河流量按汇流单位线演算演算到二滩水库,利用打罗站流量进行校正;利用金河、煌猷、共和、国胜、温泉、渔门、阿比里、冷水箐等站雨量资料建立新安江模型与水箱模型等降雨径流模型预报方案。共同组合成为二滩电站的入库流量预报方案。

3.3.3.11　桐子林电站预报方案

桐子林电站位于二滩电站下游雅砻江干流之上,是雅砻江流域最后一级电站,桐子林电站上游 10km 处有大支流安宁河汇入,桐子林电站的入库洪水主要由二滩电站的出库流量与安宁河来水组成。二滩电站的出库流量可以得到,因此二滩—桐子林的洪水预报主要取决于支流安宁河的预报方案。

二滩—桐子林区间干流布设有小得石、桐子林水文站,小得石站为二滩水电站的出库控制站,桐子林站为桐子林水电站的出库控制站;安宁河上设泸沽、孙水关、黄水、罗乜、米易、湾滩水文站,湾滩站为安宁河的控制站;安宁河下游暴雨较大,雨量站点布设较密,在黄水—湾滩区间共布设有麻栗、乐跃、茨达、和平、岔河、云甸、益门、黄草、坊田、撒连、头碾等 11 个雨量站。

黄水断面将泸沽、孙水关流量按汇流单位线演算到黄水站;利用泸沽、孙水关、黄水雨量资料建立新安江模型和水箱模型预报区间流量,二者组合作为黄水断面预报方案。

罗乜断面将黄水站流量按汇流单位线演算到罗乜站,利用黄水—罗乜区间麻栗、和平、茨达、乐跃、益门、岔河、罗乜等站的雨量资料建立新安江模型和水箱模型进行区间预报,预报方案由两者组合而成。

米易站将罗乜站流量按汇流单位线演算到米易站,利用罗乜—米易区间黄草、云甸、米易等站雨量资料建立新安江模型和水箱模型进行区间预报,预报方案由两者组合而成。

湾滩站将米易站流量按汇流单位线演算到湾滩站,利用米易—湾滩区间坊田、撒莲、头碾等站的雨量资料建立新安江模型和水箱模型进行区间预报,预报方案由两者组合而成。

由于二滩电站据桐子林电站距离较近,且湾滩水文站与桐子林电站距离很近,汇流时间均为 1 小时左右,二滩、湾滩—桐子林区间未控面积较小,因此直接将二滩电站的出库流量与湾滩站预报流量叠加作为桐子林电站的预报流量。

第4章 雅砻江流域洪水风险评估与预警技术

4.1 研究背景及研究内容

大河湾河段地广人稀，流域内矿产资源丰富，尤以铁、煤较多。大河湾以北多为藏族居住区，以牧业为主；大河湾以南为以汉族、彝族为主的多民族地区，主要从事农业。锦屏二级水电站截弯取直后，其下游大河湾减水河段（图4.1.1）日常只有少量的生态流量流过，沿大河湾河段经常有人类活动，包括河道附近村民流动放牧、下河活动、河道内围堰、长期定点施工作业、淘砂弃渣

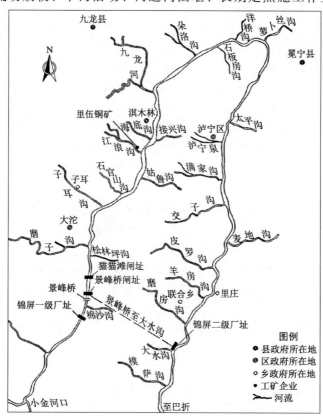

图 4.1.1 锦屏二级大河湾减水河段

等，在锦屏二级电站进行大流量泄水时容易发生财产损失甚至人身伤亡事件。

另外，由于锦屏二级水库是径流式日调节水库，水库水位调节范围只有6m，其可调节库容为496万 m³，对于锦屏一级水库泄洪基本不具有调节作用，同时锦屏二级闸址距离锦屏一级大坝仅有 7.5km，洪水传播时间短，现状情况下锦屏二级水电站泄水过程完全由锦屏一级泄水确定。

因此在拟订锦屏二级泄水方案时一方面需要考虑锦屏一级的泄水来流情况，另一方面也需要考虑锦屏二级泄水时对大河湾造成的淹水影响。现状要求根据锦屏二级泄水流量过程预测下游大河湾淹水情况，适当调整泄水过程，拟订更为合理的泄洪方案，尽可能减少泄水给下游减水段造成的风险损失。当下游可能因二级泄洪造成巨大财产损失和人身伤亡时，甚至需由锦屏二级泄水方案对锦屏一级泄洪进行反馈，并依实际防洪情况，尽可能调整锦屏一级的调洪下泄过程。

为此，需开发包括泄水过程模拟和泄水过程风险评估模型，对泄水方案进行优化，确保锦屏二级能安全泄水，降低减水河段的泄水风险，避免对公共安全造成影响，出现人身伤亡和财产损失。具体研究内容如下：

（1）建立公共安全信息维护与管理子系统，实现水文气象信息和水库运行信息获取与整编，对重点保护区域和保护对象信息进行维护与管理，实现对公共安全信息的在线输入、查询、输出，通过输入输出、图表分析及统计报表界面实现子系统的交互。

（2）建立以泄水过程水动力数值模拟模型为基础的泄洪及预警方案决策支持子系统，实现泄水过程的预测模拟，在模拟结果分析基础上进一步实现泄水过程风险评估和泄水方案优化。

（3）实现公共安全信息管理模块与泄洪预警信息模块的集成，建设公共安全信息管理与决策支持系统集成的操作软件平台与交互界面。

4.2　多源数据获取与融合

锦屏二级大河湾地区为典型山区河道，河道水浅且河岸陡直，地形观测实地作业实现困难，沿河经常性落石也决定了多数河段不允许实地作业，很难直接获取完整的地形等信息。因此，需考虑结合已有地形信息进行数据融合，获取精度尽可能高的河道地形数据。可用于融合的地形信息包括：无人机与卫星遥感提取的高程数据、实地人工调研与测量的高程数据和沿岸观测水尺确定的高程数据。

4.2.1　遥感地形数据

获取雅砻江流域 30m 分辨率的 DEM 数据，并初步提取出大河湾关键河道断面地形［图 4.2.1（a）］。断面提取时按平均每 1km 提取一个大断面，并于河道弯曲程度较大断面附近局部加密所提取的断面。

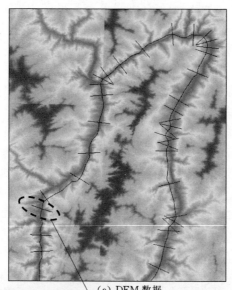

（a）DEM 数据

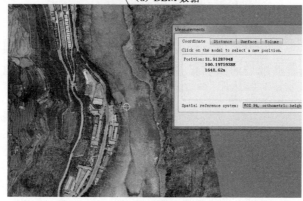

（b）无人机影像

图 4.2.1　通过 DEM 数据和无人机影像提取大河湾河道地形

在此基础上，利用无人机影像对所提取的河道断面经纬度信息和高程信息进行校正。校正时，首先利用参考站点（锦屏水文站）确定无人机影像和 DEM 影像基准点位置，然后分别查找 DEM 上所提取出的断面在无人机影像上的位置，利用无人机影像得到的高程对提取断面进行高程校正，如图 4.2.1（b）所示。

4.2.2　大河湾沿线实地勘测

实地勘测时间为 2015 年 7 月 27 日全天（当天白天为阴天，出现了短时间的小雨天气），上午完成了从锦屏电厂1号营地至棉沙湾河段的调研工作，下午完成了大河湾其余河段的调研工作。

4.2.2.1　勘测工具与勘测方式

此次实地勘测完成的主要工作有：确定了重点保护区域位置，对保护对象和警示设施进行了影像采集，确定了危险点高程、经纬坐标，对部分关键断面高程为位置信息进行现场确认。所用勘测工具见表4.2.1。

表 4.2.1　　　　　　　　　　　现场勘测信息采集工具

采集信息	采 集 工 具	采集信息	采 集 工 具
影像信息	相机采集	高程	高精度GPS
经纬度	高精度GPS（手持）	相对位置	高精度GPS，高精度测距仪（手持）

4.2.2.2　勘测路线与前期准备

由于勘测采用的是"现场逐个勘测调查"的方式，因此前期对所需勘测调研的重点保护区域以及重点断面进行了信息预采集（表4.2.2）。

表 4.2.2　　　　　　　　　　大河湾河段泄洪安全隐患点

编号	分类	地点	距坝里程/km	居民点拔河高/m	历史淹没情况
1	居民点	牛吃水沟	待测	待测	泄洪试验最高洪水位距底板10cm，河道左岸出现少量垮塌
2	居民点	木里县俫波乡大沱	7.85	18~45	泄洪试验最高水位至最低房屋基础以下1.5m
3	河道作业	木里县俫波乡沙滩坪	待测	待测	泄洪试验淹没部分采砂场，截至5月仍在围堰作业
4	居民点	冕宁县健美乡（右）	14.95	21~40	泄洪试验淹没至警示牌
5	取水口，河道作业	九龙县魁多乡河子坝（里五村下电砧组）	25.65	27~50	泄洪试验最高水位距里伍铜矿提水平台2.3m，河道运砂，下游海底沟采砂作业点设备运转
6	道路改造	九龙河口下游S215改建段	40.21	路面高程1517	江边隧道下游出口2km左右处，省道S215改造施工项目，路基开挖设备距水位仅有3m
7	道路	曲窑桥	待测	待测	泄洪试验最高水位距离九龙改建道路路面最低处仅1.8m
8	道路改造、居民点	九龙县女儿洼道斑	56.80	13~15	省道S215改造施工营地位于河滩，河滩边缘裂缝，泄洪房屋离水面1.6m，百姓新建房屋

编号	分类	地点	距坝里程/km	居民点拔河高/m	历史淹没情况
9	居民点、桥	冕宁县窝堡乡张家河坝	61.35	16~33	最高洪水位距离江边新建房屋还有 4m，下游一处居民点，洪水离房屋仅 1m，河道内搭设简易桥，不满足泄洪要求
10	道路改造	冕宁县张家河坝下游	63.45	15~30	河道右岸省道 S215 线路施工营地不满足泄洪要求，仍有设备、人员在河道右岸作业，地基松散
11	桥、河道作业	冕宁县徐家坪恩度	69.75	16~31	河道内搭设简易便桥不满足泄洪要求，下游围堰河道作业，堆砂高度超 3m
12	河道作业	冕宁县棉沙乡太平沟村二组	待测	待测	附近有 1 处采砂作业点
13	道路	冕宁县棉沙乡	79.45	11~50	萝卜丝沟至棉沙湾右岸新建省道 S215 公路路基不满足河道行洪要求
14	桥、河道作业	冕宁县江口（软心村）	96.55	待测	江口上游混凝土桥，泄洪水面达桥底面，下游河道有挖机作业
15	河道作业	烂柴湾附近	待测	待测	新增河道作业，河道做围堰，河道现状已被改变
16	河道作业	冕宁县里庄乡	106.75	待测	附近河道有机械采砂作业，堆场高度超过 3m
17	河道作业	平安隧道河道作业	待测	待测	修筑围堰 3 条，基坑开挖最大深度已达 8m 左右，围堰已经严重束行洪河道

4.2.2.3 大河湾现场勘测情况

本次勘测完成了大河湾沿线泄洪危险区域位置的确定及其影像的采集工作，采集了关键断面的高程和经纬坐标，调查了部分的淹没历史，其中部分断面说明如下。

1. 锦屏二级引水洞

锦屏二级引水洞（图 4.2.2）位于锦屏一级大坝与锦屏二级闸址之间的景峰桥附近，距二级闸址 2.9km。引水洞布置了四条平行的引水隧洞引水，引水洞进口正常蓄水位为 1646m（二级库区壅水区河段，忽略距闸址的水头变化）。

2. 锦屏二级闸址

锦屏二级闸址（图 4.2.3）位于大河湾西端猫猫滩，距离上游一级大坝 7.5km。二级最大坝高 34m，正常蓄水位为 1646m，死水位为 1640m，水库仅有 6m 的调蓄库容，闸上下游水头差平均约为 10m 左右。一级水电站泄洪时，由于库区调蓄能力低，二级电站采取"来多少泄多少"的调度规则，并且在两年一遇及以上天然洪水时，实行敞泄。

<table>
<tr><td>图 4.2.2　锦屏二级引水洞实地勘测影像</td><td>图 4.2.3　锦屏二级闸址实地勘测影像</td></tr>
</table>

3. 牛吃水沟

牛吃水沟（图 4.2.4）位于二级闸址下游 3.2km 处，河道右岸山沟出口处有较大滩地，岸滩上建有居民住房，同时种植了玉米。滩地处水位为 1627m，住房距水面 10m 左右。从图 4.2.4 中还可看出，此处岸滩较为开阔，滩地上有牛群活动，这对于泄洪来说是潜在的风险源。根据调查，在 2014 年 8 月 24 日进行的预泄演练最大流量达（5600m³/s）时该处的最高洪水位距牛吃水沟底板仅 10cm，同时岸滩出现了部分崩塌。

4. 1 号营地

锦屏电厂 1 号主营地位于闸址下游 6.5km 处，营地附近河道右岸岸壁较陡，无明显河滩，左岸有开阔滩地（图 4.2.5）。营地建设在河道左岸临滩较高位置平台处，下游紧邻大沱集镇。营地房屋建筑较多，人类活动密集，左右岸都建有警示信息标牌，营地所在位置河道水位为 1624m，营地广场和路面高出水面平均 30m 左右，在 2014 年 8 月 24 日进行预泄演练时该处的最高洪水位达 1630.26m。

<table>
<tr><td>图 4.2.4　牛吃水沟实地勘测影像</td><td>图 4.2.5　营地实地勘测影像</td></tr>
</table>

5. 锦屏水文站

锦屏水文站（图 4.2.6）位于主营地办公楼下游大概 200m，在主营地与大沱集镇之间。水文站布设有国家基准高程水准点，水准点高程为 1634.302m，水准点所在位置处河道水位为 1620m。水文站位置处河滩较窄，水流相对较急。根据调查，在 2014 年 8 月 24 日进行预泄演练时锦屏水文站断面的洪峰流量达 5600m³/s，最高洪水位为 1628.22m。

（a）　　　　　　　　　　　　　　　　　　　（b）

图 4.2.6　锦屏水文站实地勘测影像

4.2.3　水尺观测

在锦屏二级水电站减水河段共设置了 14 个水位站（原设 15 个，其中九龙河口高程信息存在局部偏差，故未用），各水位站地理位置具体情况见表 4.2.3。

表 4.2.3　各水位站地理位置统计表

序号	站名	地 理 位 置	经 度	纬 度	高程/m	与锦屏二级闸址的距离/km
1	大沱岗亭	木里县俸波乡干沟子村大沱组	101°38′50″E	28°18′47″N	1615.500	7.62
2	沙滩坪	木里县俸波乡沙滩坪	101°38′54″E	28°20′14″N	1610.763	10.03
3	老洼牛	冕宁县健美乡洛居村	101°40′39″E	28°21′29″N	1605.446	14.25
4	扎洼	九龙县魁多乡扎洼村下扎洼组	101°42′28″E	28°22′46″N	1597.143	17.97
5	河子坝	九龙县魁多乡魁多村下河坝组	101°43′49″E	28°26′04″N	1578.601	25.08
6	牛屎板村	九龙县烟袋乡烟袋村	101°45′10″E	28°30′57″N	1537.500	34.93
7	朵落沟	九龙县朵落乡船板沟村色洛组	101°50′04″E	28°35′59″N	1481.570	48.55
8	萝卜丝沟	冕宁县窝堡乡洋房村	101°50′23″E	28°36′06″N	1463.180	57.43
9	张家河坝	冕宁县窝堡乡洋房村	101°56′29″E	28°36′17″N	1459.680	60.51
10	马头电站	冕宁县马头乡朝阳村	101°56′00″E	28°34′13″N	1451.963	64.48
11	恩渡吊桥	冕宁县青纳乡马庄村	101°54′22″E	28°31′47″N	1438.170	70.07
12	棉锦大桥	冕宁县锦屏乡秧田村 3 组	101°52′33″E	28°28′01″N	1419.358	78.63
13	万凯丰大桥	冕宁县麦地沟乡	101°52′43″E	28°21′50″N	1388.890	90.80
14	江口	冕宁县麦地沟乡软心沟村	101°52′38″E	28°28′16″N	1379.560	96.50

表 4.2.3 中所列的水位站与锦屏二级闸坝的距离是在电厂提供的无人机测量成果图上点绘中泓线并量距所得；各水位站自记设备观测频次为每 10min 自动记录一次水位数据。

通过水位站观测数据一方面可进一步对 14 个断面的高程信息进行校核与校正，另一方面可利用观测的水位信息对泄水模型进行参数率定与校验分析。

江口水尺布设现场影像资料如图 4.2.7 所示。

图 4.2.7　江口水尺布设现场影像

4.2.4　数据融合

数据融合依据信息完善程度和信息可靠程度实现。其中锦屏水文站的高程信息是基准，其次是水尺观测的高程信息最为可靠，然后是现场查勘的地形信息，但通过无人机和卫星遥感的信息最为全面。因此，在融合时，都是基于无人机和卫星遥感提取的河道断面，然后依次用锦屏水文站的高程信息、水尺观测的高程信息、现场查勘的地形信息进行补全或校正，如图 4.2.8 所示，其中矩形框长度代表该部分信息的丰裕度（越长越丰裕），矩形高度代表该部分信息的可靠程度（越高越可靠）。

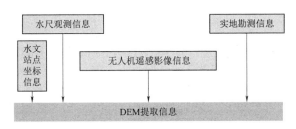

图 4.2.8　数据融合示意图

4.3　模　型　构　建

4.3.1　泄水过程模拟模型

在数据融合得到的地形数据基础上，构建泄水过程模拟模型。其中，泄水过程模拟的主要是大河湾河段的非恒定流过程，模型采用有限差分方法求解。

4.3.1.1 控制方程

明渠非恒定流通常采用一维圣维南方程组模拟计算，该方程组为一阶拟线性双曲型微分方程，在数学上难以求得其解析解。方程组由连续性方程和动量方程组成，见式（4.3.1）和式（4.3.2）。

$$Z_e(h) = \frac{\lambda^4}{\pi^5 |K_w|^2} \int_0^\infty \sigma_b(D,\lambda) N(D) \mathrm{d}D \tag{4.3.1}$$

$$\frac{\partial Q}{\partial t} + \frac{\partial(\alpha u Q)}{\partial x} + gA\frac{\partial Z}{\partial x} + g\frac{n^2|u|}{R^{4/3}}Q = 0 \tag{4.3.2}$$

式中：Q 为流量，$\mathrm{m^3/s}$；A 为过水断面面积，$\mathrm{m^2}$；x 为纵向距离，m；t 为时间，s；g 为重力加速度；Z 为水位，m；n 为曼宁系数；R 为水力半径，m；α 为动量修正系数。

4.3.1.2 有限差分方法求解实现

采用 Preissmann 四点偏心隐格式离散方程式（4.3.1）和式（4.3.2），得到关于流量、水位的线性方程组：

$$-Q_j + C_j Z_j + Q_{j+1} + C_j Z_{j+1} = D_j \tag{4.3.3}$$

$$E_j Q_j - F_j Z_j + G_j Q_{j+1} + F_j Z_{j+1} = O_j \tag{4.3.4}$$

式中：Q_j、Z_j、Q_{j+1}、Z_{j+1} 为 $n+1$ 时刻空间 j 和 $j+1$ 断面处流量和水位，$\mathrm{m^3/s}$、m；系数 C_j、D_j、E_j、F_j、G_j、O_j 由上一时刻变量计算确定，具体取值为

$$C_j = \frac{B_{j+1/2}^n \Delta x}{2\Delta t\theta}, \quad D_j = -\frac{1-\theta}{\theta}(Q_{j+1}^n - Q_j^n) + C_j(Z_{j+1}^n + Z_j^n)$$

$$E_j = \frac{\Delta x}{2\Delta t\theta} - (\alpha u)_j^n + \left(\frac{g|u|n^2}{2\theta R^{4/3}}\right)_j^n \Delta x$$

$$F_j = (gA)_{j+1/2}^n$$

$$G_j = \frac{\Delta x}{2\Delta t\theta} + (\alpha u)^n j + 1 + \left(\frac{g|u|n^2}{2\theta R^{4/3}}\right)_{j+1}^n \Delta x$$

$$\Phi_j = \frac{\Delta x}{2\Delta t\theta}(Q_{j+1}^n + Q_j^n) - \frac{1-\theta}{\theta}\left[(\alpha u Q)_{j+1}^n - (\alpha u Q)_j^n\right] - \frac{1-\theta}{\theta}F(Z_{j+1}^n - Z_j^n)$$

采用追赶法进行求解。一般情况下上游给定的是流量边界，此时令

$$\left.\begin{array}{l} Q_{j+1} = P_{j+1} - V_{j+1} Z_{j+1} \\ Z_j = S_{j+1} - T_{j+1} Z_{j+1} \end{array}\right\} \tag{4.3.5}$$

通过构造追赶方程式（4.3.5），联立式（4.3.3）和式（4.3.4）可实现水位流量沿河道的追赶计算。追赶计算表达式为

$$S_{j+1} = \frac{G_j Y_3 - Y_4}{Y_1 G_j + Y_2}, \quad T_{j+1} = \frac{G_j C_j - F_j}{Y_1 G_j + Y_2}$$

$$P_{j+1} = Y_3 - Y_1 S_{j+1}, \quad V_{j+1} = C_j - Y_1 T_{j+1}$$

$$Y_1=V_j+C_j, \quad Y_2=F_j+E_jV_j, \quad Y_3=D_j+P_j, \quad Y_4=\Phi_j-E_jP_j$$

首先通过上游至下游的迭代，计算出各断面处的追赶系数，然后联立下边界求解计算得到下边界流量水位后，回代计算每一时段的全河道流量和水位。

4.3.1.3　边界条件与初始条件

1. 外边界条件

根据大河湾实际情况，模型上游边界按流量条件给定，下游边界按厂址处水位条件给定。在模型验证时，由于锦屏二级闸址出流过程按闸门开度所推算得到的，存在闸门开度-流量模型误差，因此采用锦屏水文站实测流量作为上边界条件；在泄水模型预测时，锦屏二级出流过程为已知设定流量过程（二级泄水过程），可以作为上游边界条件。下游水位边界由厂址处监测的尾水位过程滤去尾水出流扰动后给定。

其中上游边界方程为

$$Q_{L1}=P_{L1}-V_{L1}Z_{L1}=Q_{up}(t) \tag{4.3.6}$$

下游边界条件方程为

$$Z_{L2}=Z_{down}(t) \tag{4.3.7}$$

2. 内边界条件

内边界条件主要为支流汇流，根据大河湾实地勘测调查结果，主要受子耳沟和九龙河汇流的影响。汇流内边界由流量守恒和水流连续方程组成：

$$\left.\begin{array}{l}Z_{i+1}=Z_i\\Q_{i+1}=Q_i+q_{kL}(t)\end{array}\right\} \tag{4.3.8}$$

式中：$q_{kL}(t)$ 为 t 时刻支流 k 的汇流流量，$\mathrm{m^3/s}$。

3. 初始条件

初始条件由恒定流给定，对非恒定流进行相容性处理。初始条件设定步骤如下：

（1）根据恒定流条件，给定上游入流流量为实测起始计算时刻流量，计算河道沿程流量。若无支流，沿程流量相等，若有支流，将汇流流量叠加到汇流河段的下游断面。

（2）由临界水深或正常水深或实测起始计算时刻水深给定河道下游出流断面初始水深，按式（4.3.9）推算沿程水深（或水面线）：

$$\frac{\mathrm{d}h}{\mathrm{d}s}=\frac{i-j}{1-Q^2B/(gA^3)} \tag{4.3.9}$$

式中：B 为水面宽，m。

（3）控制上游入流、下游水位不变，由非恒定流计算至流量水位恒定，完成初始条件设定。

4.3.1.4　模型相关问题分析

1. 模型参数设置问题

模型参数主要包括动量修正系数 α，差分时间权重系数 θ，计算空间步长 Δx，时间步长 Δt 以及断面曼宁系数 n。现分别说明各参数取值情况。

（1）动量修正系数 α。动量修正系数 α 表示的是断面流速分布情况，一般取值在 1.0～1.05 之间，无特殊情况可直接取值 1.0。

（2）时间权重系数 θ。时间权重系数 θ 可代表差分方法的迎风特性，也反映了变量在时间方向的变化情况，是一种隐显格式综合的体现。对于 Preissmann 格式，θ 取值大于 0.5 时可以保证无条件稳定，实际运用时一般取值在 0.6～0.8 之间。

（3）空间步长 Δx 和时间步长 Δt。空间步长 Δx 取值一般根据实测断面数据以及计算需求确定，当实测断面间距较大而所关心的断面距离也较大时，空间步长也可取大一些，反之则小一些。本次模拟中空间步长取 100～200m。给定空间步长后，时间步长一般优先考虑是否满足库朗稳定条件，即 $C\dfrac{\Delta t}{\Delta x}<1.0$（$C$ 水流传播速度），然后依据实际误差需求和计算时间进行确定。本次模拟中时间步长在 30～120s 之间取值。

（4）曼宁系数 n。曼宁系数 n 反映了河道对水流的阻力作用，其取值决定于河道边壁粗糙程度。对于山区天然河道，其取值可在 0.03～0.05 之间。当水流洪峰滞后于实测值时说明阻力偏大，可适当调小曼宁系数，反之亦然。曼宁系数具体取值见表 4.3.1。

表 4.3.1　　　　　　　　　河道曼宁系数取值表

河 槽 类 型 及 情 况	最小值	正常值	最大值
第一类　小河（汛期最大水面宽度 30m）			
1. 平原河流			
（1）清洁，顺直，无沙滩，无潭	0.025	0.030	0.033
（2）清洁，顺直，无沙滩，无潭，但多石多草	0.030	0.035	0.040
（3）清洁，弯曲，稍许淤滩和潭坑	0.033	0.040	0.045
（4）清洁，弯曲，稍许淤滩和潭坑，但有草石	0.035	0.045	0.050
（5）清洁，弯曲，稍许淤滩和潭坑，有草石，但水深较浅，河堤坡度多变，平面上回流区较多	0.040	0.045	0.050
（6）清洁，弯曲，稍许：淤滩和潭坑，但有草石并多石	0.045	0.050	0.060
（7）多滞流间段，多草，有深潭	0.050	0.070	0.080
（8）多丛草河段，多深潭，或草木滩地上的过洪	0.075	0.100	0.015

河　槽　类　型　及　情　况	最小值	正常值	最大值
2. 山区河流（河槽无草树，河岸较陡，岸坡树丛过洪时淹没）			
（1）河底：砾石，卵石间有孤石	0.030	0.040	0.050
（2）河底：卵石和大孤石	0.040	0.050	0.070
第二类　大河（汛期水面宽度大于30m，相应于上述小河各种情况，由于河岸阻力变小，n 值略小）			
1. 断面比较规整，无孤石或丛木	0.025		0.060
2. 断面不规整，床面粗糙	0.035		0.100
第三类　洪水期滩地漫流			
1. 草地			
（1）矮草	0.025	0.030	0.035
（2）长草	0.030	0.035	0.050
2. 耕种作物			
（1）未熟庄稼	0.020	0.030	0.040
（2）已熟成行庄稼	0.025	0.035	0.045
（3）已熟密植庄稼	0.030	0.040	0.050
3. 灌木丛			
（1）杂草丛生，散布灌木	0.035	0.050	0.070
（2）稀疏灌木丛和树（在冬季）	0.035	0.050	0.060
（3）稀疏灌木丛和树（在夏季）	0.040	0.060	0.080
（4）中等密度灌木丛（在冬季）	0.045	0.070	0.110
（5）中等密度灌木丛（在夏季）	0.070	0.100	0.160

注　该表由美国霍尔顿编制，由曼宁公式计算得到。

2. 模型计算常见问题

采用有限差分方法离散圣维南方程组求解一维浅水动力问题以实现非恒定流数值模拟常会遇见几类问题，主要有初始化方面的问题、计算精度方面的问题、计算效率方面的问题以及计算稳定性方面的问题。

（1）初始化问题。模型初始化对于模型在初始一段时间内能否快速收敛到实际水流状态很是重要，如果初始化不合理，过渡段前后状态不相容，则可能出现模型初期计算振荡剧烈甚至结果出错的情况。经过测试，模型初始化主要有两类问题：初始化不成功以及初始化结果出错。

其中初始化不成功主要原因在于初始水面线不合理，非恒定流初始化时出现不收敛的情况。解决办法是：调整计算空间步长或选择不同的下游初始水深类型（临界水深、正常水深或是设定常数），必要时可以调整局部断面糙率。

初始化出错则是由于初始化非恒定流计算时出现了不稳定情况，计算结果直接发散到计算机识别数值上限（NAN）。解决办法是：调整时间、空间步长或是调整断面糙率。

（2）计算精度问题。模型由于参数取值以及边界条件等给定的不合理常导致计算结果与实际取值有较大出入。对于大河湾泄水过程模拟，其精度问题主要与断面糙率取值、支流区间入流计算以及河道地形数据准确程度有关。由于河道地形数据受限制，因此改善模型计算精度主要依靠对断面糙率的调整以及区间入流计算的改进来实现。

当出现下游某些断面开始有明显的计算流量偏小时，说明这些断面附近有区间入流并且未得到考虑或取值偏小，此时可以补充或增大该部分区间入流。

当下游断面出现模拟流量过程滞后于实测流量过程时，说明断面的糙率系数偏大，此时可以适当增大糙率，反之亦然。当调整糙率而造成流量取值误差增大时，应考虑调整多个断面的糙率取值。

（3）计算效率问题。当模型计算时间相对较长，效率偏低时，可适当增大模型计算时间步长。同时为满足稳定条件，需考虑适当增大空间步长。若空间步长受实测数据等情况限制不能增大时，可考虑缩短模型计算总时间，分批次进行计算，这样可以计算的同时对部分计算结果进行查看分析。

（4）计算稳定性问题。当模型计算条件与实际物理条件不相容或是采用的差分格式不满足稳定条件时，计算结果会出现振荡甚至发散的情况（取值出现NAN）。这类问题解决思路主要有以下 4 点：

1）检查模型初始条件和边界条件是否合理，条件是否相容或匹配。例如大河湾下游水位初始取值为正常水深对应水位，但边界条件初始值则小于临界水深对应水位，此时可能存在一定水面线过渡过程，很容易造成方程的失稳。

2）适当增大模型计算时间偏心参数 θ。

3）适当调整模型计算空间步长和时间步长。

4）调整模型曼宁系数，当糙率较大时适当调小，较小时适当调大。

4.3.2　泄水过程风险评估模型

4.3.2.1　模型基本原理和评估方法

对于洪水灾害来说，一般包含三要素：致灾因子、孕灾环境以及承灾体。泄水过程造成的洪水灾害的致灾因子为二级电厂的泄洪过程，孕灾环境主要为大河湾减水河段（包括地形以及天气环境等），承灾体则主要是沿大河湾减水河段的危险房屋建筑、沙滩河岸活动人群以及沿岸农田等。而泄水过程风险则主要源于泄水时间、泄水过程的不确定性以及减水河段活动人群、活动作业等的不确定性。

　　根据投标文件确定的洪水风险评估方法，泄水过程风险评估包括泄水过程危险性计算、重点保护对象及保护区域风险评估权重计算以及风险损失评估。

　　（1）泄水过程危险性计算。模型中泄水过程危险性考虑洪峰到达时间、洪峰流量、最大淹没水深以及人类受威胁状态。其具体计算步骤如下：

　　1）对保护对象和保护区域分类并对类型进行编号，确定不同类别相应评估属性，见表4.3.2。

表 4.3.2　　　　　　　保护对象和保护区域分类及评估属性

保护对象和保护区域类别	居民点	桥梁	河道作业	道路施工	取水口	农田	其他
类别编号	1	2	3	4	5	6	7
评估属性	人口	桥长	机械台数	台班数	流量	面积	—

　　2）根据重点保护对象和保护区域所在断面桩号由泄水过程模拟结果得到该保护对象和保护区域所在河道断面的洪峰到达时间，洪峰流量以及最大淹没水深。

　　3）根据不同保护对象所在位置处人类活动的情况以及受威胁淹水深度，分别判断该区域人类受威胁状态。不同类别保护对象和保护区域的人类活动可能性大小及受威胁淹水深度见表4.3.3。

表 4.3.3　　　不同保护对象和保护区域的人类活动情况及受威胁淹水深度

保护对象和保护区域类别	居民点	桥梁	河道作业	道路施工	取水口	农田	其他
人类活动情况（0 表示无人，0.5 表示可能有人，1 表示确定有人）	1	0.5	0.5	0.5	0	0.5	0.5
受威胁水深/m	0.5	0.1	0.2	0.5	1.0	0.5	—

　　（2）泄水过程重点保护对象和保护区域权重计算。根据实际情况，大河湾泄水时，不同类别重点保护对象和保护区域的风险损失并不相同，且对于同一保护对象，由于其属性值不同，保护力度也应有所区别。根据这一情况，由保护对象属性值取值确定出各保护对象的风险计算权重。计算步骤如下：

　　1）根据不同类别保护对象和保护区域确定不同重要性指数，以区别保护对象的相对重要性。根据重要性权重确定常用办法，将重要性等级确定为 9 级，分别赋值为1～9，代表不同层次的相对重要程度。考虑到不同类别对象风险损失情况差别较大，此处不做一致性归一化分析，各类别保护对象和保护区域的重要性取值见表4.3.4。

　　2）依据表4.3.4分别计算不同类别重点保护区域和保护对象的风险评估权重系数。将同类别保护对象和保护区域进行排序，排位第一的取值为上限 W_{max}，

表 4.3.4　　　　　不同类别保护对象和保护区域的重要性等级赋值

保护对象 和保护区域类别	居民点	桥梁	河道作业	道路施工	取水口	农田	其他
赋值范围	6~9	1~4	3~6	2~3	1~2	1~2	1~2

注　取值范围上限代表该类别对应属性值最大，下限代表最小，范围内插值确定。

排位逆序第一的取值为下限 W_{min}，然后各对象取值按其属性进行插值确定。例如保护对象 A，其人口为 $P_A=100$ 人，而所有对象中人口最多的为 $P_{max}=200$ 人，人口最小的为 $P_{min}=10$ 人，则对象 A 的风险评估权重系数的计算采用式（4.3.10），计算得 A 的权重系数为 7.42。

$$W_A=W_{min}+(W_{max}-W_{min})/(P_{max}-P_{min})(P_A-P_{min}) \qquad (4.3.10)$$

依次计算所有保护对象和保护区域风险评估权重系数。

（3）损失评估。根据危险性和权重系数计算结果，由泄水条件下计算的重点保护区域、保护对象淹水水深确定出风险损失情况，并进行总损失（风险指数 RI）汇总计算。其计算步骤如下：

1）确定不同类别保护对象和保护区域不同淹水水深下的损失情况，见表 4.3.5。

表 4.3.5　　不同类别保护对象和保护区域不同淹水水深下的损失百分比　　　　%

淹水深/m 对象类别	≤0.2	0.2~0.5	0.5~1.0	1.0~1.5	≥1.5
居民点	5	20	50	80	100
桥梁	0	100	—		
河道作业	0	100	—		
道路施工	0	0	100	—	
取水口	0	0	0	100	—
农田	0	0	100	—	
其他	0	0	100	—	

注　表中认为桥梁等类别保护对象，一旦超过威胁水深就出现完全损失，实际中可能存在一个损失连续增加的过程，此处作简化。由于资料等各方面原因，损失百分比取值可以依据实际情况进行调整。

2）由表 4.3.5，结合第一步危险性计算得到的淹水水深可确定各保护对象和保护区域的风险指数。例如区域 A 为居民点，平均淹水水深为 0.6m，则其风险指数 RI_A 为 0.5。

3）根据步骤（2）计算得到的区域风险评估权重系数以及已计算得到的风险指数，加权求和得到一次泄水过程下的综合风险指数 RI，其计算公式如下：

$$RI = \sum RI_i W_i \qquad (4.3.11)$$

4.3.2.2 大河湾泄洪风险评估及实现

项目需进行风险分析的是一些离散区域和离散点，根据泄水过程模拟计算结果，采用列表的方式对评估对象逐个进行危险性计算，权重分析以及损失评估计算。其计算步骤如下：

（1）由泄水过程模拟计算，得到各风险评估对象所在位置处历时内最大水深、最大流量和最大流量出现时间。

（2）判断各风险评估对象所在位置处人类受威胁情况。

（3）根据调查所得到的各风险评估对象属性值确定出各对象风险损失权重系数。

（4）计算各风险评估对象在该次泄水过程下的损失值。

（5）汇总得到该次泄水过程中大河湾综合损失值。

根据以上步骤完成风险评估计算，计算结果见表 4.3.6。

表 4.3.6　　　　　　　　泄水过程风险评估计算结果表

保护对象和区域	对象类型	洪峰到达时间/h	断面洪峰/(m³/s)	最大淹没水深/m	人类是否受威胁[a]	评估风险指数
大沱集镇	居民点	13.32	5558.322	0	0	0.05
沙滩坪采砂	河道作业	13.43	5547.575	0	0	0
新兴乡新村吊桥	桥梁	15.17	5472.031	7.778	1	1
朵洛乡	居民点	15.85	5400.607	6.586	2	1
张家河坝	居民点	16.45	5362.745	7.892	2	1
张家河坝下游营地	道路施工	16.83	5333.543	4.326	1	1
棉锦大桥	桥梁	17.37	5291.262	0	0	0
磨房沟	居民点	19.15	5095.741	3.87	2	1
合计	—	—	—	—	—	9

a　取值 0、1、2 分别代表了人类是否受威胁的三种情况：取值 0 代表不受威胁，含无人类活动以及有人类活动但水深未威胁到人类；取值 1 代表可能受威胁，表示的是该区域不一定有人类活动而且水深达到了威胁人类安全的深度；取值 2 表示的是区域一定有人类受泄洪来水威胁。

4.3.2.3 模型结果说明

由表 4.3.6 可见，风险评估计算结果主要包括洪峰到达时间、断面洪峰、最大淹没水深、人类是否受威胁以及评估风险指数。现将各部分结果进行说明。

1. 洪峰到达时间

从开始泄水时刻算起，由于河道入流流量的增大，下游所有断面都会出现流量增大的过程，不同断面出现流量最大值的时间从上游到下游逐渐滞后。洪峰到达时间指的是下游不同断面从泄水时刻开始至断面流量到达最大的历时，单位为 h。洪峰到达时间表示的是水流传播历时，也直接反映了下游河道风险撤离所允许的最大时间。

2. 洪峰流量

洪峰流量对应的是泄水过程中下游不同断面出现的最大流量值，反映了泄水过程中下游的危险情况。

3. 最大淹没水深

泄水过程中，河道下游断面水位会出现最大值（一般对应于洪峰流量），此时保护对象所在位置处淹水水深最大。最大淹没水深代表的是在泄水过程中下游保护对象和保护区域对应河断面最高水位时的淹没水深。

4. 人类是否受威胁

人类是否受威胁代表了保护区域存在活动人类受洪水威胁的情况，由两部分组成，一是是否有人类活动，二是活动的人类是否受威胁。只有当有人类活动时才需要考虑淹没水深下人类是否受威胁。

5. 评估风险指数

评估风险指数是一个相对的量，其代表了保护对象和保护区域的相对损失情况，取值为 1 代表全部损失，取值为 0 代表无损失，0 至 1 之间代表部分损失。各保护对象的风险损失情况得结合保护对象类别来分析，例如居民点损失指数为 0.05 代表有 5％的人口可能受到威胁。

综合风险损失则是考虑了不同类别对象重要性有所差异，损失情况也有所不同，然后将不同对象损失情况按重要性加权求和。综合风险损失指数代表了一次泄水过程中损失大小的量化结果，用于泄水方案优劣的比较判断。其大小代表了风险损失的相对高低，取值越大，该次泄水过程损失风险越高，反之则越低。风险指数本身的取值并无明确经济含义或其他含义。

4.3.3　泄水方案优化

4.3.3.1　泄水优化背景和设计思路

锦屏二级水库是径流式日调节水库，水库水位调节范围只有 6m，其可调节库容为 496 万 m^3，对于锦屏一级水库泄洪基本不具备调节作用。一方面，二级水库库容很小，本身不具备防洪调蓄功能，其过闸流量优化情况比较特殊：泄水总量受限制于一级调度过程，优化的是一个短时间流量分配过程；另一方面，二级泄水流量过程的差异对下游大河湾产生的影响也不相同，当下游河滩无人类活动时泄水流量越均匀下游相对越安全，而当下游河滩存在人类活动时部分时间段泄水流量是受限制的，此时泄水过程并不能按均匀流量考虑，这种情况下找寻一种既能满足泄水任务又能尽可能降低下游风险损失的泄水方案很是必要。

根据上述情况，泄水优化是一个限定时间内完成限定水量下泄任务的流量动态分配过程。同时，受限于闸门运行过程，下泄流量通常是以不同时间步长取值的离散点系列。泄水方案优化的实现是通过设定若干组泄水流量过程，通过泄水过程模拟及风险评估后，由风险损失大小比选出最为合理的泄水流量过程作为优化方案。

4.3.3.2　泄水方案优化基本原理

泄水方案优化以闸坝泄洪目标为约束，以下游减水段最小风险指数为优化目标，通过对不同泄水方案（流量过程）的比选，从拟订泄水方案中优选出最为合理的泄水方案用以指导闸坝泄水过程。

考虑泄洪任务为 T 时间内下泄 W 水量，下泄控制时间步长为 t_0，对应流量系列为 Q_1，Q_2，$\cdots$，Q_n $[n = \text{Int}(T/t_0)$，其中 Int 表示取整$]$，该流量系列下经泄水模拟和风险评估可以得到一个代表风险损失大小的风险指数 $\text{RI} = f(Q_1$，Q_2，$\cdots$，Q_n，$t_0)$。其中 t_0 以及对应流量系列 Q_1，Q_2，$\cdots$，Q_n 由大河湾现场情况以及天气等各因素综合拟定。

首先确定优化目标为 $\min RI$。

然后给出优化方案约束条件：

$$\sum Q_i t_0 = W \tag{4.3.12}$$

$$Q_i \leqslant Q_{\max} \tag{4.3.13}$$

$$t_{\min} \leqslant t_0 \leqslant T \tag{4.3.14}$$

式中：$Q_{\max}$ 为下泄过程中实际考虑下泄的最大流量，由闸门泄流能力、下游河道安全等综合考虑，m^3/s；$t_{\min}$ 为下泄时允许的最小流量变化时间间隔，由闸门运行管理等因素综合确定。

上述优化模型中时间步长的取值以及流量的取值都以经验为主，而模型的主要任务是从拟定泄水方案中优选出最为合理的泄水方案用以指导闸坝泄水过程。因此只需要先由经验拟定出合适的几组流量过程，然后代入优化模型中进行比选出既满足约束条件又满足目标条件的一组方案作为优化方案。

4.3.3.3　泄水优化方法与实现

根据优化目标，泄水方案优化需计算不同泄水流量过程下的大河湾风险损失情况，因此泄水优化模型的实现得依赖于泄水过程模拟模型以及泄水过程风险评估模型。

由此，泄水方案优化模型按泄水方案设置、泄水过程模拟和风险评估，以及方案比选 3 个步骤来实现。

1. 泄水方案设置

当 $t_0 = T$ 时，T 时段内泄水过程其实是恒定流过程，流量为 $Q = W/T$，此时方案设定的流量其实是已知的，因此可以将恒定流过程区分开来进行设置。

当 $t_0<T$ 时，应作非恒定流处理，此时依据泄水任务和时间等实际情况拟订出比较代表性的方案（尽量控制时间步长和流量系列都能代表各种工况）。据此拟定 5 组方案，每组方案都进行唯一识别编号。

2. 泄水方案泄水过程模拟和风险评估

将拟订方案给出的二级闸坝泄水流量过程作为上游边界条件（考虑上游洪峰至下游的滞后时间将流量系列按常流量适当延长），下游边界由起算时刻电厂处尾水位给定，运行泄水过程模拟模型，时间计算至上游洪峰传递到厂址处为止（末断面）。得到大河湾沿线各断面水位流量流速等水力信息后，根据风险评估模型计算各方案对应风险指数。依此方法完成 5 组方案计算。

3. 方案比选

根据第 2 步计算得到的 5 组方案的综合风险指数值（同时参照各方面人类受威胁情况及各保护对象风险指数）比选出风险指数值最小的一组方案即为优化方案，优化方案另设定编号后存储。

在实际优化计算时，可多次进行方案优化计算，每次实现 5 组方案优化（相当于 5 组一次试算的过程），尽量在遍历所有可能合理方案后比选出最佳方案。

4.4 锦屏二级减水河段泄水模型参数率定与验证分析

4.4.1 验证资料说明

沿大河湾所设立的 14 个水位观测站点从 2017 年 6 月开始自记水位数据，因此，本次模型校验分析按不同流量级过程选取 6—10 月的 12 次典型过程进行模型参数率定。以锦屏水文站为上游入流断面，各场次泄水过程数据见表 4.4.1。

表 4.4.1　　　　　　　　**建模期 12 场次典型泄水过程**

序号	时间	峰值流量 /(m³/s)	峰值时间	起涨流量 /(m³/s)	起涨时长 /h	最大 1h 涨幅 /(m³/s)
1	6 月 30 日	208	6：00	57.7	3	95
2	7 月 3 日	429	11：00	105	4	150
3	7 月 9 日	2161	12：00	959	4	894
4	7 月 10 日	1077	11：00	122	11	548
5	7 月 10 日	1947	15：20	939	2.333	755
6	7 月 19 日	2958	17：00	106	3	1361
7	8 月 14 日	653	19：10	308	1.167	293

序号	时间	峰值流量 /(m³/s)	峰值时间	起涨流量 /(m³/s)	起涨时长 /h	最大 1h 涨幅 /(m³/s)
8	8 月 15 日	1008	23：00	619	2	340
9	9 月 4 日	1026	21：00	93.2	6	852
10	9 月 11 日	1651	15：00	833	2	811
11	9 月 17 日	2010	13：00	563	3	1201
12	10 月 4 日	2425	12：00	669	4	698

在利用表 4.4.1 中 12 场次过程率定模型后再根据不同量级情况增加 5 场次流量过程进行模型验证。其中验证场次过程见表 4.4.2。

表 4.4.2　　　　　　　　模 型 参 数 验 证 分 析

序号	时间	峰值流量 /(m³/s)	峰值时间	起涨流量 /(m³/s)	起涨时长 /h	最大 1h 涨幅 /(m³/s)
1	6 月 28 日	208	8：00	57.7	3	95.1
2	7 月 13 日	2034	18：00	370	4	1312
3	7 月 15 日	780	13：00	264	5	242
4	8 月 21 日	750	17：00	501	3	213
5	9 月 22 日	1178	8：45	240	2.75	656

4.4.2　泄水过程参数率定分析

对各场次泄水过程进行参数率定分析，结果如下。

1. "6·30"次泄水

2017 年 6 月 30 日 2 时 40 分左右，锦屏二级闸坝开始调节闸门加大泄水。此次泄水下，锦屏水文站断面处 3 时左右开始起涨，并于 6 时左右达到最大流量 208m³/s，采用大河湾模型模拟该次泄水过程得到各站点处最高水位和峰现时间见表 4.4.3。

表 4.4.3　　2017 年 6 月 30 日锦屏二级加大泄水过程水位模拟结果

序号	站名	洪峰到达时间			洪峰水位/m		
		实测	模型	时间差 /min	实测	模型	水位差
1	大沱岗亭	6：02	6：04	2	1616.92	1616.96	0.04
2	沙滩坪	6：22	6：25	3	1611.85	1611.94	0.09
3	老洼牛	7：20	7：02	18	1607.08	1606.79	-0.29

序号	站名	洪峰到达时间			洪峰水位/m		
		实测	模型	时间差/min	实测	模型	水位差
4	扎洼	7：51	7：41	10	1599.39	1600.72	1.33
5	河子坝	8：36	8：37	1	1578.88	1579.87	0.99
6	牛屎板村	9：55	9：56	1	1539.52	1541.60	2.08
7	朵落沟	11：19	11：14	5	1483.98	1483.66	−0.32
8	萝卜丝沟	12：25	12：39	14	1466.93	1467.27	0.34
9	张家河坝	12：52	12：57	5	1463.24	1463.41	0.17
10	马头电站	13：09	13：21	12	1455.35	1454.99	−0.36
11	恩渡吊桥	13：45	13：57	12	1441.11	1441.35	0.24
12	棉锦大桥	14：52	14：56	4	1421.77	1422.43	0.66
13	万凯丰大桥	16：08	16：08	0	1391.34	1391.82	0.48
14	江口	16：47	16：55	8	1381.89	1381.60	−0.29

从表 4.4.3 中可看出，14 个站点在参数率定后的模拟洪峰到达时间（峰现时间）误差都在 20min 以内，并且仅有 4 个断面误差超过 10min。而模拟的洪峰水位除扎洼和牛屎板村外其余误差都在 1m 以内。

2."7·03"次泄水

2017 年 7 月 3 日 5 时 39 分左右，锦屏二级闸坝开始调节闸门加大泄水。此次泄水下，锦屏水文站断面处 7 时左右开始起涨，并于 11 时左右达到最大流量 429m³/s，采用大河湾模型模拟该次泄水过程得到各站点处最高水位和峰现时间见表 4.4.4。

表 4.4.4　　2017 年 7 月 3 日锦屏二级加大泄水过程水位模拟结果

序号	站名	洪峰到达时间			洪峰水位/m		
		实测	模型	时间差/min	实测	模型	水位差
1	大沱岗亭	11：02	11：04	2	1618.09	1617.605	−0.48
2	沙滩坪	11：22	11：18	4	1612.71	1612.579	−0.13
3	老洼牛	11：40	11：50	10	1608.27	1607.35	−0.92
4	扎洼	12：11	12：14	3	1600.72	1601.073	0.35
5	河子坝	12：47	12：53	6	1580.37	1580.053	−0.32
6	牛屎板村	13：35	13：35	0	1540.83	1542.009	1.18
7	朵落沟	14：49	14：37	12	1484.75	1484.268	−0.48

序号	站名	洪峰到达时间			洪峰水位/m		
		实测	模型	时间差/min	实测	模型	水位差
8	萝卜丝沟	15：55	15：58	3	1467.48	1468.103	0.62
9	张家河坝	16：22	16：30	8	1464.13	1464.089	−0.04
10	马头电站	16：49	16：58	9	1455.98	1455.715	−0.27
11	恩渡吊桥	17：25	17：33	8	1441.93	1442.159	0.23
12	棉锦大桥	18：42	18：31	11	1422.70	1423.175	0.47
13	万凯丰大桥	19：48	19：44	4	1392.10	1392.251	0.15
14	江口	20：27	20：13	14	1382.44	1382.028	−0.41

从表 4.4.4 中可看出，参数率定后的 14 个站点模拟洪峰到达时间误差都在 20min 以内，并且仅有 3 个断面误差超过 10min。洪峰水位部分，除牛屎板村外，其余断面水位误差都在 1m 以内。

3. "7·09" 次泄水

2017 年 7 月 9 日 7 时左右，锦屏二级闸坝开始调整闸门加大泄水。锦屏水文站断面处 8 时左右开始起涨，并于 12 时左右达到最大流量 2161m³/s，采用大河湾模型模拟该次泄水过程得到各站点处最高水位和峰现时间见表 4.4.5。

表 4.4.5   **2017 年 7 月 9 日锦屏二级加大泄水过程水位模拟结果**

序号	站名	洪峰到达时间			洪峰水位/m		
		实测	模型	时间差/min	实测	模型	水位差
1	大沱岗亭	12：02	12：01	1	1622.62	1622.337	−0.28
2	沙滩坪	12：22	12：09	13	1618.18	1617.546	−0.63
3	老洼牛	12：40	12：29	11	1611.73	1612.231	0.50
4	扎洼	13：01	12：47	14	1606.66	1606.118	−0.54
5	河子坝	13：18	13：16	2	1585.66	1583.929	−1.73
6	牛屎板村	13：45	13：54	9	1544.08	1543.854	−0.23
7	朵落沟	14：44	14：40	4	1487.18	1486.846	−0.33
8	萝卜丝沟	15：25	15：24	1	1469.58	1470.678	1.10
9	张家河坝	15：31	15：40	9	1466.82	1466.148	−0.67
10	马头电站	15：45	15：58	13	1458.04	1457.823	−0.22
11	恩渡吊桥	16：04	16：19	15	1444.42	1443.826	−0.59
12	棉锦大桥	16：42	16：59	17	1425.47	1424.898	−0.57
13	万凯丰大桥	17：31	17：44	13	1394.36	1394.217	−0.14
14	江口	17：57	18：12	15	1384.12	1383.871	−0.25

从表4.4.5中可看出，参数率定后的14个站点模拟洪峰到达时间误差都在20min以内。除河子坝和萝卜丝沟外，洪峰水位误差基本都在1m以内。

4. "7·10-1"次泄水

2017年7月10日0时左右，锦屏二级闸坝开始调整闸门加大泄水。锦屏水文站断面处1时左右开始起涨，并于11时左右达到最大流量1077m³/s，采用大河湾模型模拟该次泄水过程得到各站点处最高水位和峰现时间见4.4.6。

表4.4.6　2017年7月10日锦屏二级第一次加大泄水过程水位模拟结果

序号	站名	洪峰到达时间			洪峰水位/m		
		实测	模型	时间差/min	实测	模型	水位差
1	大沱岗亭	11：02	11：01	1	1620.43	1619.99	−0.44
2	沙滩坪	11：22	11：08	14	1615.28	1615.052	−0.23
3	老洼牛	11：30	11：21	9	1609.83	1609.808	−0.02
4	扎洼	11：41	11：36	5	1603.74	1603.66	−0.08
5	河子坝	11：58	12：11	13	1582.94	1582	−0.94
6	牛屎板村	12：55	12：51	4	1542.47	1543.116	0.65
7	朵落沟	13：34	13：39	5	1485.64	1485.74	0.10
8	萝卜丝沟	14：05	14：23	18	1468.26	1469.319	1.06
9	张家河坝	14：31	14：37	6	1465.10	1464.914	−0.19
10	马头电站	14：55	14：55	0	1456.70	1456.582	−0.12
11	恩渡吊桥	15：14	15：19	5	1442.81	1442.949	0.14
12	棉锦大桥	15：42	16：00	18	1423.71	1424.105	0.39
13	万凯丰大桥	16：51	16：46	5	1392.87	1393.397	0.53
14	江口	17：17	17：14	3	1383.04	1383.069	0.03

从表4.4.6中可看出，参数率定后的14个站点洪峰到达时间误差都在20min内，其中有10个断面误差在10min以内。洪峰水位部分，除萝卜丝沟略微超过1m外，其余误差都在1m以内。

5. "7·10-2"次泄水

2017年7月10日当天13时左右，锦屏二级闸坝再次调整闸门进一步加大泄水。锦屏水文站断面处14时左右开始起涨，并于15时20分左右达到最大流量1947m³/s，采用大河湾模型模拟该次泄水过程得到各站点处最高水位和峰现时间见表4.4.7。

表 4.4.7　2017 年 7 月 10 日锦屏二级第二次加大泄水过程水位模拟结果

序号	站名	洪峰到达时间			洪峰水位/m		
		实测	模型	时间差/min	实测	模型	水位差
1	大沱岗亭	15：22	15：21	1	1622.56	1621.63	−0.93
2	沙滩坪	15：42	15：29	13	1618.11	1616.75	−1.36
3	老洼牛	16：00	15：52	8	1611.62	1611.45	−0.17
4	扎洼	16：11	16：11	0	1606.35	1605.54	−0.81
5	河子坝	16：28	16：38	10	1585.37	1583.40	−1.97
6	牛屎板村	17：05	17：16	11	1543.90	1543.74	−0.16
7	朵落沟	17：54	18：00	6	1487.00	1486.31	−0.69
8	萝卜丝沟	18：25	18：39	14	1469.46	1470.01	0.55
9	张家河坝	18：41	18：53	12	1466.60	1465.62	−0.98
10	马头电站	19：05	19：11	6	1457.93	1457.29	−0.64
11	恩渡吊桥	19：34	19：32	2	1444.16	1443.52	−0.64
12	棉锦大桥	20：02	20：08	6	1425.20	1424.57	−0.63
13	万凯丰大桥	20：41	20：51	10	1394.15	1393.69	−0.46
14	江口	21：07	21：15	8	1383.95	1383.39	−0.56

从表 4.4.7 中可看出，参数率定后的 14 个站点模拟洪峰到达时间误差都在 15min 以内，并且有 10 个断面误差在 10min 以内。洪峰水位部分，除沙滩坪和河子坝外，误差都在 1m 以内。

6."7·19"次泄水

2017 年 7 月 19 日 13 时左右，锦屏二级闸坝开始调整闸门加大泄水。锦屏水文站断面处 14 时左右开始起涨，并于 1 时左右达到最大流量 2958m³/s，采用大河湾模型模拟该次泄水过程得到各站点处最高水位和峰现时间见表 4.4.8。

表 4.4.8　2017 年 7 月 19 日锦屏二级加大泄水过程水位模拟结果

序号	站名	洪峰到达时间			洪峰水位/m		
		实测	模型	时间差/min	实测	模型	水位差
1	大沱岗亭	17：02	17：01	1	1624.29	1623.48	−0.81
2	沙滩坪	17：22	17：08	14	1620.33	1618.651	−1.68
3	老洼牛	17：40	17：26	14	1613.17	1613.307	0.14
4	扎洼	17：51	17：44	7	1608.35	1607.123	−1.23
5	河子坝	18：04	18：10	6	1586.03	1584.683	−1.35

续表

序号	站名	洪峰到达时间			洪峰水位/m		
		实测	模型	时间差/min	实测	模型	水位差
6	牛屎板村	18：28	18：46	18	1545.32	1544.722	−0.60
7	朵落沟	19：27	19：32	5	1487.92	1487.294	−0.63
8	萝卜丝沟	19：55	20：13	18	1469.49	1470.671	1.18
9	张家河坝	20：11	20：27	16	1467.31	1466.16	−1.15
10	马头电站	20：25	20：44	19	1458.42	1457.836	−0.58
11	恩渡吊桥	20：54	21：04	10	1444.73	1443.959	−0.77
12	棉锦大桥	21：42	21：41	1	1425.71	1425.151	−0.56
13	万凯丰大桥	22：31	22：30	1	1394.57	1394.349	−0.22
14	江口	22：47	22：57	10	1384.22	1383.925	−0.30

从表4.4.8中可看出，14个站点的模拟洪峰到达时间误差都在20min以内，但出现了5个断面模拟的洪峰水位误差在1m以上。

7. "8·14" 次泄水

2017年8月14日17时30分左右，锦屏二级闸坝开始调整闸门加大泄水。锦屏水文站断面处18时左右开始起涨，并于19时10分左右达到最大流量653m³/s，采用大河湾模型模拟该次泄水过程得到各站点处最高水位和峰现时间见表4.4.9。

表 4.4.9 2017年8月14日锦屏二级加大泄水过程水位模拟结果

序号	站名	洪峰到达时间			洪峰水位/m		
		实测	模型	时间差/min	实测	模型	水位差
1	大沱岗亭	19：22	19：15	7	1619.02	1618.921	−0.10
2	沙滩坪	19：42	19：40	2	1613.35	1613.87	0.52
3	老洼牛	20：00	20：19	19	1607.66	1608.541	0.88
4	扎洼	20：41	20：48	7	1601.48	1602.25	0.77
5	河子坝	21：25	21：25	0	1580.81	1580.909	0.10
6	牛屎板村	22：28	22：18	10	1541.13	1541.966	0.84
7	朵落沟	23：27	23：22	5	1484.72	1484.396	−0.32
8	萝卜丝沟	0：46	0：38	8	1467.48	1468.104	0.62
9	张家河坝	1：20	1：09	11	1464.06	1464.059	0.00
10	马头电站	1：45	1：43	2	1455.94	1455.682	−0.26
11	恩渡吊桥	2：24	2：16	8	1441.88	1442.215	0.33

序号	站名	洪峰到达时间			洪峰水位/m		
		实测	模型	时间差/min	实测	模型	水位差
12	棉锦大桥	3：42	3：31	11	1422.69	1423.233	0.54
13	万凯丰大桥	4：33	4：49	16	1392.02	1392.375	0.36
14	江口	5：27	5：21	6	1382.43	1381.979	−0.45

从表 4.4.9 中可看出，参数率定后的 14 个站点模拟洪峰到达时间误差都在 20min 以内，其中仅有 4 个断面误差超过了 10min。洪峰水位部分，所有断面洪峰水位误差都在 1m 以内。总体来说，本次加大泄水过程模拟效果较好。

8. "8·15" 次泄水

2017 年 8 月 15 日 20 时 30 分左右，锦屏二级闸坝开始调整闸门加大泄水。锦屏水文站断面处 21 时左右开始起涨，并于 23 时左右达到最大流量 1008m³/s，采用大河湾模型模拟该次泄水过程得到各站点处最高水位和峰现时间见表 4.4.10。

表 4.4.10　　**2017 年 8 月 15 日锦屏二级加大泄水过程水位模拟结果**

序号	站名	洪峰到达时间			洪峰水位/m		
		实测	模型	时间差/min	实测	模型	水位差
1	大沱岗亭	23：02	23：03	1	1620.03	1619.832	−0.20
2	沙滩坪	23：22	23：18	4	1614.74	1614.902	0.16
3	老洼牛	0：00	23：55	5	1608.73	1609.749	1.02
4	扎洼	0：21	0：23	2	1602.95	1603.608	0.66
5	河子坝	1：15	1：02	13	1582.21	1581.969	−0.24
6	牛屎板村	1：48	1：46	2	1542.82	1542.631	−0.19
7	朵落沟	2：57	2：44	13	1485.54	1485.147	−0.39
8	萝卜丝沟	3：26	3：39	13	1468.22	1468.705	0.48
9	张家河坝	4：00	4：04	4	1465.09	1464.54	−0.55
10	马头电站	4：35	4：23	12	1456.72	1456.192	−0.53
11	恩渡吊桥	5：14	4：56	18	1442.83	1442.625	−0.20
12	棉锦大桥	5：32	5：42	10	1423.73	1423.553	−0.18
13	万凯丰大桥	6：23	6：35	12	1392.85	1392.934	0.08
14	江口	7：17	7：05	12	1383.07	1382.642	−0.43

从表 4.4.10 中可看出，参数率定后的 14 个站点模拟洪峰到达时间误差都在 20min 以内，除老洼牛外的其余断面洪峰水位误差都在 1m 以内。

9."9·04"次泄水

2017 年 9 月 4 日 14 时 30 分左右，锦屏二级闸坝开始调整闸门加大泄水。锦屏水文站断面处 15 时左右开始起涨，并于 21 时左右达到最大流量 $1026\text{m}^3/\text{s}$，采用大河湾模型模拟该次泄水过程得到各站点处最高水位和峰现时间见表 4.4.11。

表 4.4.11　　2017 年 9 月 4 日锦屏二级加大泄水过程水位模拟结果

序号	站名	洪峰到达时间			洪峰水位/m		
		实测	模型	时间差/min	实测	模型	水位差
1	大沱岗亭	21：02	21：02	0	1620.07	1619.634	−0.44
2	沙滩坪	21：12	21：10	2	1614.83	1614.677	−0.15
3	老洼牛	21：39	21：27	12	1609.44	1609.447	0.01
4	扎洼	21：56	21：45	11	1603.11	1603.286	0.18
5	河子坝	22：19	22：18	1	1582.20	1581.727	−0.47
6	牛屎板村	22：48	23：00	12	1542.27	1542.598	0.33
7	朵落沟	23：37	23：53	16	1485.34	1485.531	0.19
8	萝卜丝沟	0：56	0：44	12	1468.20	1469.498	1.30
9	张家河坝	1：20	1：08	12	1465.07	1465.23	0.16
10	马头电站	1：45	1：37	8	1456.72	1456.988	0.27
11	恩渡吊桥	2：14	2：08	6	1442.75	1443.29	0.54
12	棉锦大桥	3：02	3：09	7	1423.69	1424.258	0.57
13	万凯丰大桥	3：43	3：49	6	1392.81	1393.111	0.30
14	江口	4：17	4：32	15	1383.02	1382.759	−0.26

从表 4.4.11 中可看出，本次模拟的 15 个站点的洪峰到达时间误差都在 2min 以内，洪峰水位误差除萝卜丝沟外都在 1m 以内。

10."9·11"次泄水

2017 年 9 月 11 日 12 时 30 分左右，锦屏二级闸坝开始调整闸门加大泄水。锦屏水文站断面处 13 时左右开始起涨，并于 15 时左右达到最大流量 $1651\text{m}^3/\text{s}$，采用大河湾模型模拟该次泄水过程得到各站点处最高水位和峰现时间见表 4.4.12。

表 4.4.12　　2017 年 9 月 11 日锦屏二级加大泄水过程水位模拟结果

序号	站名	洪峰到达时间			洪峰水位/m		
		实测	模型	时间差/min	实测	模型	水位差
1	大沱岗亭	15：12	15：15	3	1621.58	1620.955	−0.63
2	沙滩坪	15：43	15：34	9	1616.65	1616.057	−0.59
3	老洼牛	15：54	16：11	17	1610.6	1610.798	0.20

序号	站名	洪峰到达时间			洪峰水位/m		
		实测	模型	时间差/min	实测	模型	水位差
4	扎洼	16：27	16：28	1	1604.99	1604.783	-0.21
5	河子坝	16：57	16：54	3	1583.59	1583.01	-0.58
6	牛屎板村	17：18	17：33	15	1543.20	1543.041	-0.16
7	朵落沟	18：14	18：24	10	1486.20	1485.977	-0.22
8	萝卜丝沟	18：56	19：12	16	1468.71	1469.604	0.89
9	张家河坝	19：20	19：29	9	1465.78	1465.193	-0.59
10	马头电站	19：38	19：48	10	1457.28	1456.851	-0.43
11	恩渡吊桥	20：01	20：13	12	1443.43	1442.897	-0.53
12	棉锦大桥	20：31	20：50	19	1424.41	1423.663	-0.75
13	万凯丰大桥	21：13	21：28	15	1393.36	1393.082	-0.28
14	江口	21：56	21：56	0	1383.48	1382.838	-0.64

从表 4.4.12 中可看出，参数率定后的 14 站点模拟洪峰到达时间误差都在 2min 以内，洪峰水位误差都在 1m 以内。

11. "9·17"次泄水

2017 年 9 月 17 日 9 时 30 分左右，锦屏二级闸坝再次调整闸门加大泄水，锦屏水文站断面处 10 时左右开始起涨，并于 13 时左右达到最大流量 2010m³/s，采用大河湾模型模拟该次泄水过程得到各站点处最高水位和峰现时间见表 4.4.13。

表 4.4.13 　　2017 年 9 月 17 日锦屏二级加大泄水过程水位模拟结果

序号	站名	洪峰到达时间			洪峰水位/m		
		实测	模型	时间差/min	实测	模型	水位差
1	大沱岗亭	13：02	13：05	3	1622.23	1620.65	-1.58
2	沙滩坪	13：13	13：18	5	1617.76	1615.805	-1.95
3	老洼牛	13：44	13：44	0	1611.31	1610.602	-0.71
4	扎洼	14：07	14：04	3	1606.09	1604.772	-1.32
5	河子坝	14：39	14：25	14	1584.49	1582.944	-1.55
6	牛屎板村	15：18	15：04	14	1543.91	1543.448	-0.46
7	朵落沟	16：04	15：56	8	1486.80	1486.574	-0.23
8	萝卜丝沟	17：06	17：02	4	1469.31	1470.848	1.54
9	张家河坝	17：20	17：13	7	1466.49	1466.352	-0.14
10	马头电站	17：38	17：30	8	1457.84	1458.037	0.20

序号	站名	洪峰到达时间			洪峰水位/m		
		实测	模型	时间差/min	实测	模型	水位差
11	恩渡吊桥	18：11	17：58	13	1444.06	1444.019	−0.04
12	棉锦大桥	18：41	18：39	2	1425.24	1424.861	−0.38
13	万凯丰大桥	19：23	19：34	11	1394.07	1394.097	0.03
14	江口	19：46	19：49	3	1384.03	1383.675	−0.36

从表 4.4.13 中可看出，参数率定后的 14 站点模拟洪峰到达时间误差都在 15min 以内，且有 10 个断面误差在 10min 以内。洪水水位部分，出现了 5 个断面的水位误差在 1m 以上，且上游误差明显偏大，可能上游河段糙率取值略偏小。

12. "10 · 04"次泄水

2017 年 10 月 4 日 7 时 25 分左右，锦屏二级闸坝开始调整闸门加大泄水。锦屏水文站断面处 8 时左右开始起涨，并于 12 时左右达到最大流量 2425m³/s，采用大河湾模型模拟该次泄水过程得到各站点处最高水位和峰现时间见表 4.4.14。表 4.4.14 中由于缺少大沱岗亭的实测数据，因此未进行该站点的验证。

表 4.4.14　2017 年 10 月 4 日锦屏二级加大泄水过程水位模拟结果

序号	站名	洪峰到达时间			洪峰水位/m		
		实测	模型	时间差/min	实测	模型	水位差
1	大沱岗亭	—	12：07	—	—	1622.404	—
2	沙滩坪	12：33	12：25	8	1618.51	1617.779	−0.73
3	老洼牛	12：54	13：03	9	1611.86	1612.743	0.88
4	扎洼	13：27	13：27	0	1606.82	1606.656	−0.16
5	河子坝	14：00	13：50	10	1584.95	1584.369	−0.58
6	牛屎板村	14：38	14：32	6	1544.28	1544.336	0.06
7	朵落沟	15：14	15：17	3	1487.16	1486.925	−0.24
8	萝卜丝沟	15：56	16：00	4	1469.66	1470.614	0.95
9	张家河坝	16：10	16：10	0	1466.91	1466.126	−0.78
10	马头电站	16：28	16：22	6	1458.22	1457.825	−0.39
11	恩渡吊桥	16：41	16：47	6	1444.46	1443.953	−0.51
12	棉锦大桥	17：21	17：19	2	1425.60	1425.048	−0.55
13	万凯丰大桥	17：43	17：58	15	1394.41	1394.228	−0.18
14	江口	18：06	18：20	14	1384.25	1384.057	−0.19

从表 4.4.14 中可看出，参数率定后的 14 个站点的模拟洪峰到达时间误差都在 15min 以内，且仅有最下游 2 个站点误差超过 10min，而模拟的洪峰水位误差都在 1m 以内。此次泄水过程模拟效果也较好。

综合表 4.4.3～表 4.4.14，参数率定后的 14 个站点模拟的洪峰到达时间误差都在 20min 内，且有多次泄水过程观测站点的洪峰水位误差都在 1m 以内。以上结果表明，采用所构建的大河湾模型进行泄水过程模拟，在参数率定后能较为准确地预测出锦屏二级加大泄水情况下下游各断面处的洪水到达时间和洪峰水位值，洪峰达到时间预测误差都在 20min 内，洪峰水位误差基本在 1m 以内。

4.4.3　泄水过程分级参数分析

为便于验证分析及后期泄水过程的模拟预测，进一步对 12 次加大泄水过程的模拟结果及所采用参数进行分析，确定出一套可直接根据洪水量级进行泄水模拟（或后期只需要根据实时情况微调）的糙率。

根据泄水流量的峰值大小将 12 次泄水过程细分为 $0\sim500\text{m}^3/\text{s}$ 级、$500\sim1000\text{ m}^3/\text{s}$ 级、$1000\sim2000\text{m}^3/\text{s}$ 级和 $2000\sim3000\text{m}^3/\text{s}$ 级，对相应量级的场次过程进行参数平均以作为该量级泄水过程统一采用的模型参数，具体分析结果见表 4.4.15。从表 4.4.15 也可看出，二级泄水以 $500\sim1000\text{m}^3/\text{s}$ 级的最为常见。

4.4.4　模型验证分析

根据 4.3 节参数分级过程，采用分级统一参数对参与糙率率定的 12 场次以及表 4.4.2 中的 5 场次共 17 场次不同流量级泄水过程进行验证分析。其计算结果见表 4.4.16。

从表 4.4.16 中可看出，采用分级统一参数模拟的加上参与验证的 17 场次泄水过程，其洪峰到达时间误差都在 30min 以内。其中"7·09"次、"7·10-2"次、"7·13"次等 7 场次所有断面误差都在 20min，其余场次也仅 1～3 个断面洪峰的达到时间误差超过 20min。而大于 1m 水位误差的站点较率定结果并没有明显变大，这些站点仍主要分布在沙滩坪、老洼牛、扎洼、牛屎板村、朵落沟、萝卜丝沟等中上游河段。

4.4.5　泄水过程分级快速预测

在实际泄水过程中，往往需根据泄水的大致流量范围对下游洪水到达时间进行快速预测。本部分内容在 4.4.3 分级参数分析基础上，对参与率定和验证的共 17 次泄水过程的误差分布及洪水传播时间进一步分析，总结出不同流量级下的误差沿程分布和洪水传播时间沿程分布情况。

1. 预测误差沿程分布

按 $0\sim500\text{m}^3/\text{s}$ 级、$500\sim1000\text{m}^3/\text{s}$ 级、$1000\sim2000\text{m}^3/\text{s}$ 级和 $2000\sim3000\text{m}^3/\text{s}$ 级 4 个级别分析 14 个站点的 17 场次泄水过程的洪峰到达时间和洪峰

表 4.4.15 12次泄水过程分级参数确定

序号	计算断面桩号	0~500m³/s级			500~1000m³/s级					1000~2000m³/s级				2000~3000m³/s级			
		"6·30"次(峰值流量为208m³/s)	"7·03"次(峰值流量为429m³/s)	平均	"7·10"次(峰值流量为1077m³/s)	"8·14"次(峰值流量为653m³/s)	"8·15"次(峰值流量为1008m³/s)	"9·04"次(峰值流量为1026m³/s)	平均	"7·10-2"次(峰值流量为1947m³/s)	"9·11"次(峰值流量为1651m³/s)	"9·17"次(峰值流量为2010m³/s)	平均	"7·09"次(峰值流量为2161m³/s)	"7·19"次(峰值流量为2958m³/s)	"10·04"次(峰值流量为2425m³/s)	平均
1	0	0.0300	0.0300	0.0300	0.0500	0.0500	0.0500	0.0450	0.0488	0.0500	0.0475	0.0350	0.0442	0.0550	0.0550	0.0500	0.0533
2	3	0.0300	0.0300	0.0300	0.0500	0.0500	0.0500	0.0450	0.0488	0.0500	0.0475	0.0350	0.0442	0.0550	0.0550	0.0500	0.0533
3	8	0.0350	0.0300	0.0325	0.0500	0.0475	0.0525	0.0450	0.0488	0.0500	0.0475	0.0350	0.0442	0.0550	0.0575	0.0550	0.0558
4	13	0.0500	0.0300	0.0400	0.0500	0.0450	0.0525	0.0450	0.0481	0.0550	0.0500	0.0400	0.0483	0.0550	0.0575	0.0550	0.0558
5	18	0.0500	0.0300	0.0400	0.0500	0.0450	0.0525	0.0450	0.0481	0.0525	0.0525	0.0400	0.0483	0.0550	0.0575	0.0550	0.0558
6	23	0.0500	0.0500	0.0400	0.0475	0.0500	0.0525	0.0475	0.0481	0.0525	0.0475	0.0400	0.0467	0.0550	0.0550	0.0550	0.0550
7	28	0.0500	0.0450	0.0475	0.0475	0.0525	0.0500	0.0475	0.0488	0.0500	0.0475	0.0450	0.0475	0.0525	0.0550	0.0550	0.0542
8	33	0.0500	0.0450	0.0475	0.0525	0.0550	0.0525	0.0500	0.0519	0.0500	0.0525	0.0450	0.0492	0.0500	0.0500	0.0550	0.0517
9	38	0.0525	0.0500	0.0513	0.0525	0.0550	0.0525	0.0550	0.0538	0.0475	0.0525	0.0475	0.0492	0.0525	0.0500	0.0450	0.0492
10	43	0.0500	0.0500	0.0500	0.0500	0.0550	0.0450	0.0575	0.0531	0.0450	0.0500	0.0475	0.0475	0.0500	0.0450	0.0450	0.0467
11	48	0.0500	0.0500	0.0500	0.0500	0.0550	0.0450	0.0575	0.0519	0.0425	0.0500	0.0500	0.0475	0.0500	0.0400	0.0400	0.0433
12	53	0.0500	0.0525	0.0513	0.0425	0.0525	0.0425	0.0575	0.0500	0.0425	0.0450	0.0500	0.0458	0.0475	0.0400	0.0400	0.0425
13	58	0.0500	0.0525	0.0513	0.0425	0.0500	0.0400	0.0600	0.0506	0.0425	0.0450	0.0500	0.0458	0.0475	0.0400	0.0400	0.0425
14	63	0.0400	0.0500	0.0450	0.0425	0.0450	0.0400	0.0600	0.0506	0.0425	0.0400	0.0475	0.0433	0.0450	0.0400	0.0400	0.0417
15	68	0.0400	0.0475	0.0438	0.0425	0.0450	0.0425	0.0550	0.0481	0.0425	0.0350	0.0450	0.0408	0.0425	0.0400	0.0375	0.0400
16	73	0.0400	0.0475	0.0438	0.0425	0.0450	0.0450	0.0550	0.0475	0.0400	0.0325	0.0400	0.0375	0.0425	0.0400	0.0375	0.0400
17	78	0.0450	0.0450	0.0450	0.0425	0.0450	0.0450	0.0500	0.0463	0.0375	0.0300	0.0400	0.0358	0.0425	0.0400	0.0350	0.0392
18	83	0.0450	0.0425	0.0438	0.0450	0.0450	0.0450	0.0450	0.0450	0.0375	0.0350	0.0400	0.0375	0.0425	0.0400	0.0350	0.0392
19	88	0.0450	0.0450	0.0438	0.0450	0.0450	0.0450	0.0450	0.0450	0.0400	0.0375	0.0400	0.0392	0.0450	0.0400	0.0400	0.0417
20	93	0.0425	0.0450	0.0438	0.0450	0.0450	0.0450	0.0450	0.0450	0.0400	0.0400	0.0400	0.0392	0.0450	0.0425	0.0400	0.0425
21	98	0.0450	0.0450	0.0450	0.0450	0.0450	0.0450	0.0450	0.0450	0.0400	0.0400	0.0400	0.0400	0.0450	0.0450	0.0450	0.0450
22	103	0.0450	0.0450	0.0450	0.0450	0.0450	0.0450	0.0450	0.0450	0.0400	0.0400	0.0400	0.0400	0.0450	0.0450	0.0450	0.0450
23	108	0.0450	0.0450	0.0450	0.0450	0.0450	0.0450	0.0450	0.0450	0.0450	0.0400	0.0400	0.0400	0.0450	0.0450	0.0450	0.0450
24	114	0.0450	0.0450	0.0450	0.0450	0.0450	0.0450	0.0450	0.0450	0.0450	0.0400	0.0450	0.0433	0.0450	0.0450	0.0450	0.0450

表 4.4.16　统一参数后 17 场次泄水过程模拟误差情况

序号	站名	"6·28"次（峰值流量为 208m³/s）到达时间误差/min	"6·28"次 峰值水位误差/m	"6·30"次（峰值流量为 208m³/s）到达时间误差/min	"6·30"次 峰值水位误差/m	"7·03"次（峰值流量为 429m³/s）到达时间误差/min	"7·03"次 峰值水位误差/m	"7·09"次（峰值流量为 2161m³/s）到达时间误差/min	"7·09"次 峰值水位误差/m	"7·10"次（峰值流量为 1077m³/s）到达时间误差/min	"7·10"次 峰值水位误差/m	"7·10-2"次（峰值流量为 1947m³/s）到达时间误差/min	"7·10-2"次 峰值水位误差/m	"7·13"次（峰值流量为 2034m³/s）到达时间误差/min	"7·13"次 峰值水位误差/m	"7·15"次（峰值流量为 780m³/s）到达时间误差/min	"7·15"次 峰值水位误差/m
1	大沱岗亭	1	0.05	2	0.04	4	-0.48	1	-0.40	1	-0.50	1	-1.33	1	-0.45	1	0.04
2	沙滩坪	3	0.10	3	0.09	0	-0.12	13	-0.70	15	-0.29	14	-1.77	6	-0.61	6	0.55
3	老庄牛	14	-0.44	17	-0.35	14	-0.84	12	0.55	11	-0.09	10	-0.56	1	0.58	15	0.19
4	扎洼	7	1.08	22	1.17	12	0.63	13	-0.49	3	-0.17	5	-1.22	4	-0.21	12	1.01
5	河子坝	10	0.80	3	0.84	18	-0.04	3	-1.69	13	-1.01	5	-2.18	3	-0.64	9	0.20
6	牛棵板村	25	2.08	17	2.05	23	1.22	10	-0.15	4	0.68	12	-0.24	3	0.02	5	0.83
7	朵落沟	15	-0.20	29	-0.33	6	-0.47	4	-0.57	8	0.26	2	-0.49	10	-0.09	26	0.00
8	萝卜丝沟	14	0.45	19	0.38	21	0.58	3	0.69	19	1.44	9	0.86	2	1.26	13	0.93
9	张家河坝	15	0.28	26	0.21	19	-0.09	7	-1.00	4	0.25	6	-0.75	3	-0.45	18	0.36
10	马头电站	18	-0.27	2	-0.32	26	-0.32	6	-0.54	4	0.34	1	-0.42	1	-0.18	19	-0.01
11	恩渡吊桥	20	0.55	8	0.40	28	0.06	8	-0.77	13	0.52	7	-0.60	4	-0.12	6	0.86
12	棉锦大桥	11	0.90	2	0.78	10	0.34	8	-0.71	27	0.65	4	-0.76	14	0.04	20	1.02
13	万凯丰大桥	6	0.50	11	0.44	1	0.20	4	-0.34	11	0.64	4	-0.46	15	0.18	4	0.75
14	江口	2	-0.26	12	-0.30	2	-0.40	2	-0.40	13	0.06	3	-0.60	3	-0.08	9	-0.03

续表

序号	站名	"7·19"次 峰值流量为 2958m³/s		"8·14"次 峰值流量为 653m³/s		"8·15"次 峰值流量为 1008m³/s		"8·21"次 峰值流量为 750m³/s		"9·04"次 峰值流量为 1026m³/s		"9·11"次 峰值流量为 1651m³/s		"9·17"次 峰值流量为 2010m³/s		"9·22"次 峰值流量为 1178m³/s		"10·04"次 峰值流量为 2425m³/s	
		到达时间误差/min	峰值水位误差/m	到达时间误差/min	峰值水位误差/m	到达时间误差/min	峰值水位误差/m	到达时间误差/min	峰值水位误差/m	到达时间误差/min	峰值水位误差/m	到达时间误差/min	峰值水位误差/m	到达时间误差/min	峰值水位误差/m	到达时间误差/min	峰值水位误差/m	到达时间误差/min	峰值水位误差/m
1	大沱岗亭	1	-0.94	6	-0.14	0	-0.26	0	-0.16	0	-0.25	3	-0.83	7	-0.88	4	-0.58	—	—
2	沙滩坪	14	-1.80	5	0.49	1	0.08	1	0.30	2	0.04	12	-0.81	8	-1.21	8	-0.23	8	-0.53
3	老洼牛	15	0.02	23	0.92	5	0.85	9	0.87	6	0.19	16	-0.01	15	0.02	6	-0.05	9	0.95
4	扎洼	8	-1.33	6	0.87	4	0.45	2	0.63	7	0.35	1	-0.34	20	-0.65	1	0.12	1	-0.11
5	河子坝	5	-1.42	3	0.19	22	-0.41	11	-0.08	2	-0.35	4	-0.77	11	-1.04	9	-0.44	5	-0.54
6	牛屎板村	17	-0.62	8	0.81	16	-0.22	7	0.53	12	0.37	10	-0.15	2	-0.34	5	0.74	4	0.01
7	朵落沟	3	-0.52	2	-0.40	20	-0.25	13	-0.27	24	0.01	2	-0.38	12	-0.2	19	-0.21	4	-0.06
8	萝卜丝沟	18	1.41	4	0.42	19	0.81	4	0.61	7	0.91	9	0.9	5	1.26	18	1.05	7	1.19
9	张家河坝	16	-0.97	15	-0.18	2	-0.30	13	-0.11	18	-0.22	3	-0.53	11	-0.42	12	-0.24	5	-0.59
10	马头电站	19	-0.41	17	-0.42	7	-0.25	4	-0.27	20	-0.18	3	-0.37	9	-0.08	21	-0.19	3	-0.21
11	恩遮吊桥	11	-0.68	18	0.20	18	0.04	12	0.35	14	0.17	4	-0.34	8	-0.29	17	-0.08	9	-0.39
12	稻锦大桥	3	-0.57	30	0.38	20	0.15	1	0.46	18	0.25	15	-0.45	7	-0.56	14	-0.41	7	-0.38
13	万凯河大桥	0	-0.24	7	0.21	27	0.19		0.34		0.29	18	-0.14	2	-0.12	12	0.13	23	0.08
14	江口	14	-0.24	26	-0.47	5	-0.40	17	-0.33	4	-0.29	2	-0.56	13	-0.41	15	-0.36	23	-0.07

水位平均误差，如图4.4.1和图4.4.2所示。

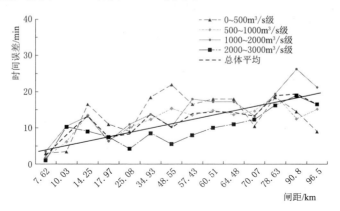

图 4.4.1　模型计算各站点洪峰达到时间的平均误差

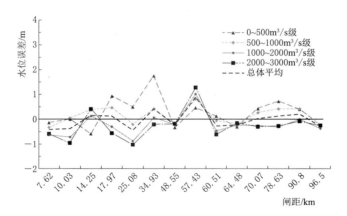

图 4.4.2　模型计算各站点洪峰水位的平均误差

从图4.4.1和图4.4.2可看出，各量级泄水过程其模拟的误差沿程分布规律存在一定的差异，但整体趋势基本一致，其中洪峰达到时间误差沿程逐渐增大（存在累积效应）。分析结果在泄水预警时可根据预测的洪峰达到时间和洪峰水位适当叠加一个沿程变化的误差范围作为判断依据。

2．传播时间沿程分布

在流量分级基础上，根据实测的数据和计算结果分别绘制洪峰到达时间沿程分布情况。其中考虑二级闸址猫猫滩至锦屏水文站的传播时间为：$0 \sim 500 \mathrm{m}^3/\mathrm{s}$级 45min，$500 \sim 1000 \mathrm{m}^3/\mathrm{s}$级 35min，$1000 \sim 2000 \mathrm{m}^3/\mathrm{s}$级 25min，$2000 \sim 3000 \mathrm{m}^3/\mathrm{s}$级 15min，然后分别将其叠加至从锦屏水文站起算的洪峰达到时间系列上作为从二级闸址起算的泄洪传播时间。计算结果见表4.4.17、表4.4.18以及图4.4.3。

表4.4.17　实测锦屏二级泄水情况下沿程各站点的洪峰传播时间

序号	站点间距/km	实测传播时间/h										
		0~500m³/s级				500~1000m³/s级						
		"6·28"次（峰值流量为208m³/s）	"6·30"次（峰值流量为208m³/s）	"7·03"次（峰值流量为429m³/s）	平均	"7·10"次（峰值流量为1077m³/s）	"7·15"次（峰值流量为780m³/s）	"8·14"次（峰值流量为653m³/s）	"8·15"次（峰值流量为1008m³/s）	"8·21"次（峰值流量为750m³/s）	"9·04"次（峰值流量为1026m³/s）	平均
1	7.62	0.750	0.750	0.750	0.750	0.583	0.583	0.583	0.583	0.583	0.583	0.583
2	10.03	0.917	1.083	1.083	1.028	0.916	0.916	0.916	0.916	0.916	0.750	0.889
3	14.25	1.717	2.050	1.383	1.717	1.050	1.550	1.216	1.550	1.383	1.200	1.325
4	17.97	2.067	2.567	1.900	2.178	1.233	1.900	1.900	1.900	1.733	1.483	1.691
5	25.08	2.967	3.317	2.500	2.928	1.516	2.166	2.633	2.800	2.166	1.866	2.191
6	34.93	4.300	4.633	3.300	4.078	2.466	3.183	3.683	3.350	3.016	2.350	3.008
7	48.55	4.700	6.033	4.533	5.089	3.116	4.500	4.666	4.500	4.333	3.166	4.047
8	57.43	6.300	7.133	5.633	6.356	3.633	5.300	5.983	4.983	5.316	4.483	4.950
9	60.51	6.750	7.583	6.083	6.806	4.066	5.733	6.550	5.550	5.716	4.883	5.416
10	64.48	7.200	7.867	6.533	7.200	4.466	6.133	6.966	6.133	5.966	5.300	5.827
11	70.07	7.800	8.467	7.133	7.800	4.783	6.450	7.616	6.783	6.616	5.783	6.339
12	78.63	8.750	9.583	8.417	8.917	5.250	7.583	8.916	7.083	7.416	6.583	7.139
13	90.8	9.850	10.850	9.517	10.072	6.400	8.400	9.766	7.933	8.433	7.266	8.033
14	96.5	10.333	11.500	10.167	10.667	6.833	9.000	10.666	8.833	8.666	7.833	8.639

续表

序号	站点间距/km	实测传播时间/h									
		1000～2000m³/s 级					2000～3000m³/s 级				
		"7·10-2"次（峰值流量为1947m³/s）	"9·11"次（峰值流量为1651m³/s）	"9·17"次（峰值流量为2010m³/s）	"9·22"次（峰值流量为1178m³/s）	平均	"7·09"次（峰值流量为2161m³/s）	"7·13"次（峰值流量为2034m³/s）	"7·19"次（峰值流量为2958m³/s）	"10·04"次（峰值流量为2425m³/s）	平均
1	7.62	0.417	0.417	0.417	0.417	0.417	0.250	0.250	0.250	0.250	0.250
2	10.03	0.750	0.934	0.600	0.767	0.763	0.583	0.417	0.583	0.583	0.542
3	14.25	1.050	1.117	1.117	1.284	1.142	0.883	0.550	0.883	0.933	0.812
4	17.97	1.234	1.667	1.500	1.500	1.475	1.233	0.733	1.067	1.483	1.129
5	25.08	1.517	2.167	2.034	2.234	1.988	1.517	1.317	1.283	2.033	1.538
6	34.93	1.967	2.517	2.684	2.850	2.505	1.967	1.850	1.683	2.667	2.042
7	48.55	2.950	3.450	3.450	3.950	3.450	2.950	2.833	2.667	3.267	2.929
8	57.43	3.467	4.150	4.484	4.984	4.271	3.633	3.467	3.133	3.967	3.550
9	60.51	3.734	4.550	4.717	5.217	4.555	3.733	3.733	3.400	4.200	3.767
10	64.48	4.134	4.850	5.017	5.684	4.921	3.967	3.967	3.633	4.500	4.017
11	70.07	4.617	5.234	5.567	6.067	5.371	4.283	4.283	4.117	4.717	4.350
12	78.63	5.084	5.734	6.067	6.734	5.905	4.917	5.250	4.917	5.383	5.117
13	90.8	5.734	6.434	6.767	7.434	6.592	5.733	6.067	5.733	5.750	5.821
14	96.5	6.167	7.150	7.150	7.984	7.113	6.167	6.333	6.000	6.133	6.158

表 4.4.18

模型计算锦屏二级泄水情况下沿程各站点的洪峰传播时间

序号	站点闸距	0~500m³/s 级				模拟传播时间/h		500~1000m³/s 级				
		"6·28" 次（峰值流量为 208m³/s）	"6·30" 次（峰值流量为 208m³/s）	"7·03" 次（峰值流量为 429m³/s）	平均	"7·10" 次（峰值流量为 1077m³/s）	"7·15" 次（峰值流量为 780m³/s）	"8·14" 次（峰值流量为 653m³/s）	"8·15" 次（峰值流量为 1008m³/s）	"8·21" 次（峰值流量为 750m³/s）	"9·04" 次（峰值流量为 1026m³/s）	平均
1	7.62	0.750	0.750	0.750	0.750	0.583	0.583	0.583	0.583	0.583	0.583	0.583
2	10.03	0.950	1.100	1.017	1.022	0.683	0.800	0.933	0.900	0.733	0.716	0.794
3	14.25	1.467	1.733	1.550	1.583	0.883	1.283	1.700	1.466	1.233	1.100	1.277
4	17.97	1.933	2.167	2.033	2.044	1.200	1.683	2.100	1.833	1.700	1.366	1.647
5	25.08	2.783	3.233	2.733	2.917	1.750	2.300	2.783	2.433	2.350	1.900	2.252
6	34.93	3.867	4.317	3.617	3.933	2.416	3.083	3.650	3.083	3.133	2.550	2.986
7	48.55	4.933	5.517	4.567	5.006	3.266	4.050	4.733	4.166	4.116	3.566	3.983
8	57.43	6.050	6.783	5.917	6.250	3.966	5.066	6.016	5.300	5.250	4.366	4.994
9	60.51	6.483	7.117	6.333	6.644	4.150	5.416	6.400	5.583	5.500	4.583	5.272
10	64.48	6.883	7.800	6.900	7.194	4.550	5.800	6.783	6.016	5.900	4.966	5.669
11	70.07	7.450	8.300	7.533	7.761	5.016	6.333	7.416	6.483	6.416	5.550	6.202
12	78.63	8.550	9.517	8.517	8.861	5.716	7.233	8.516	7.416	7.400	6.283	7.094
13	90.8	9.733	10.633	9.467	9.944	6.600	8.316	9.750	8.383	8.450	7.283	8.130
14	96.5	10.350	11.267	10.067	10.561	7.066	8.833	10.333	8.916	8.950	7.900	8.666

续表

模拟传播时间/h

序号	站点闸距	1000~2000m³/s 级					2000~3000m³/s 级				
		"7·10-2" 次（峰值流量为1947m³/s）	"9·11" 次（峰值流量为1651m³/s）	"9·17" 次（峰值流量为2010m³/s）	"9·22" 次（峰值流量为1178m³/s）	平均	"7·09" 次（峰值流量为2161m³/s）	"7·13" 次（峰值流量为2034m³/s）	"7·19" 次（峰值流量为2958m³/s）	"10·04" 次（峰值流量为2425m³/s）	平均
1	7.62	0.417	0.417	0.417	0.417	0.417	0.250	0.250	0.250	0.250	0.250
2	10.03	0.534	0.684	0.617	0.700	0.634	0.383	0.333	0.367	0.583	0.417
3	14.25	0.900	1.334	1.250	1.250	1.184	0.700	0.550	0.650	1.217	0.779
4	17.97	1.167	1.600	1.717	1.584	1.517	1.033	0.817	0.950	1.600	1.100
5	25.08	1.617	2.050	2.100	2.150	1.980	1.483	1.283	1.383	2.083	1.558
6	34.93	2.184	2.634	2.534	2.834	2.546	2.150	1.917	1.983	2.733	2.196
7	48.55	2.934	3.434	3.534	3.700	3.400	2.900	2.683	2.733	3.467	2.946
8	57.43	3.634	4.250	4.450	4.750	4.271	3.600	3.450	3.450	4.217	3.679
9	60.51	3.850	4.550	4.784	5.084	4.567	3.867	3.700	3.683	4.417	3.917
10	64.48	4.167	4.850	5.050	5.400	4.867	4.083	3.967	3.967	4.683	4.175
11	70.07	4.517	5.250	5.317	5.850	5.234	4.433	4.367	4.317	5.000	4.529
12	78.63	5.167	5.934	6.067	6.567	5.934	5.067	5.033	4.983	5.633	5.179
13	90.8	5.817	6.684	6.684	7.300	6.621	5.817	5.833	5.750	6.267	5.917
14	96.5	6.234	7.134	7.250	7.800	7.105	6.217	6.300	6.250	6.650	6.354

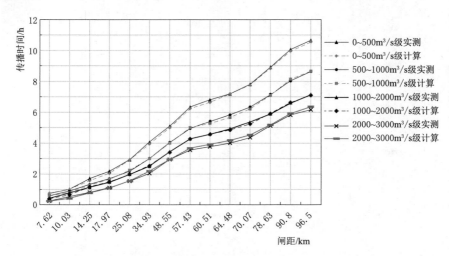

图 4.4.3　锦屏二级不同泄水量级情况下沿程各站点的洪峰传播时间

从表 4.4.17、表 4.4.18 和图 4.4.3 中可看出，不同泄水量级下的模型模拟与实测的洪峰沿程传播时间变化曲线都基本一致，但不同量级的泄水其传播时间差异较为明显，并且这种差异呈沿程逐渐累积趋势。

综合来看，利用图 4.4.3 成果可对不同泄水量级下的洪峰到达时间进行快速预测。

第5章 基于双协同策略的梯级水库群中长期发电调度技术

在雅砻江水库群实际调度工作中，年、月及旬调度计划的制定是核心工作之一。而随着调度期的延长，调度决策过程中的可靠信息量减少，径流不确定性、设备检修等突发事件可能性以及主观因素不确定性均逐渐增大，使得中长期调度计划编制与执行过程中的风险逐步累积。因此年调度计划的编制与执行面临的风险问题最为突出。本书提出了基于年径流丰枯转换分析的末蓄能组合期望效益量化方法，建立基于双协同策略的梯级水库群中长期发电调度技术，从而对风险进行有效的控制，增强雅砻江水库群发电调度的抗风险能力。

"双协同策略"即"风险与效益协同"与"当前效益与远期效益协同"（图5.0.1）。在风险与效益协同层面，风险主要指的是年内径流不确定性、消落水位不到位以及线路受阻等因素导致的发电损失，效益主要指水库群发电期望效益。在满足防洪安全、生态基本用水的边界条件下，最大化梯级水库群期望发电效益，降低预期发电目标未达成的风险概率，实现雅砻江梯级水库群联合调度风险与效益的协同优化。在当前效益与远期效益协同层面，近期效益主要是指风险与效益协同下的年内发电综合效益，远期效益主要指受来水不确定性影响的来年发电期望效益。充分考虑年径流丰枯转换特性及其不确定性，通过对具有较强调节能力的水库年末蓄水位的组合控制，实现雅砻江梯级水库群联合调度当前效益与远期效益协同优化。

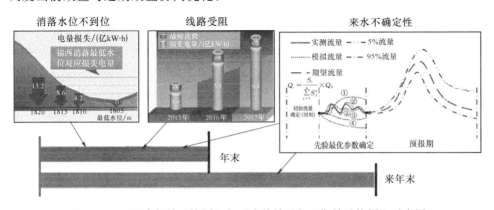

图 5.0.1 "风险与效益协同"与"当前效益与远期效益协同"示意图

5.1　基于模糊信息－Copula 函数法的年径流丰枯转换预测

基于模糊信息－Copula 函数法的年径流丰枯转换预测基本思路：首先利用模糊 c 均值聚类算法（FCM）对年径流等级进行划分，然后利用 Copula 函数法推导出年径流丰枯转移概率的理论计算公式。实际中，获取到第一年的径流信息之后，可以根据丰枯转移矩阵对来年径流的丰枯不确定性进行定量预测。

5.1.1　模糊 c 均值聚类算法（FCM）径流等级划分

在硬 c 聚类算法基础上结合模糊理论发展起来的 FCM 聚类算法是一种能够对样本集进行自动分类的方法。该方法在聚类分析过程并不是直接得到样本点的所属的类，而是需要先通过优化准则函数计算各样本点相对聚类中心的隶属度，再采用去模糊化的方法最终确定样本所属的类，基本原理如下：

$X = \{x_1, x_2, \cdots, x_i, \cdots, x_n\}$ 为样本集，其中元素 x_i 有 l 个特征，即 $x_i = \{x_{i1}, x_{i2}, \cdots, x_{il}\}$，而分类数为 $c(2 \leqslant c \leqslant n)$，并设聚类中心向量 $\boldsymbol{V} = \{v_1, v_2, \cdots, v_c\}$，其中 $v_i = \{v_{i1}, v_{i2}, \cdots, v_{il}\}$，$\boldsymbol{U} = \{u_{ij}\}$ 为隶属度矩阵，则根据聚类准则可将 FCM 聚类算法描述为如下的约束优化问题：

$$目标函数: \min J(\boldsymbol{X}, \boldsymbol{U}, \boldsymbol{V}) = \sum_{i=1}^{c} \sum_{j=1}^{n} u_{ij}^m (d_{ij})^2$$

$$\left. \begin{array}{l} d_{ij} = \sqrt{\sum_{k=1}^{l} (x_{jk} - v_{ik})^2} \\ \sum_{i=1}^{c} u_{ij} = 1 \end{array} \right\} \tag{5.1.1}$$

式中：d_{ij} 为样本 x_j 与聚类中心 v_i 的欧式距离；u_{ij} 为样本 x_j 相对聚类中心 v_i 的隶属度；m 为模糊权重指数，用来控制聚类分析结果模糊度，$m \in [1, \infty)$，一般可取 $m \in [1.5, 2.5]$。

采用 Lagrange 乘数法对式（5.1.1）所描述的最小优化问题进行求解，可得到 u_{ij} 和 v_i 的计算公式：

$$u_{ij} = \begin{cases} \left(\dfrac{d_{ij}}{\sum\limits_{j=1}^{c} d_{ik}} \right)^{-\frac{2}{m-1}} & (d_{ik} > 0, \ 1 \leqslant k \leqslant c) \\ 1 & (d_{ij} > 0, \ 1 \leqslant i \leqslant c) \\ 0 & (\exists k, \ k \neq i, \ d_{ik} = 0) \end{cases} \tag{5.1.2}$$

$$v_i = \frac{\sum\limits_{j=1}^{n} (u_{ij}^m x_j)}{\sum\limits_{j=1}^{c} u_{ij}} \tag{5.1.3}$$

FCM 算法的具体步骤如下：

（1）设定类别数 $c(2 \leqslant c \leqslant n)$、模糊权数 m（一般取 2）、迭代收敛阈值 ε 以及迭代次数 H，并初始化聚类中心 P^0。

（2）根据式（5.1.2）更新 u_{ij}^{h+1}，得

$$U^{h+1} = \left(\frac{d_{ij}^h}{\sum\limits_{k=1}^{c} d_{ik}^h} \right)^{-\frac{2}{m-1}} \tag{5.1.4}$$

（3）根据式（5.1.3）更新 v_i^{h+1}，得

$$v_i^{h+1} = \frac{\sum\limits_{j=1}^{n} (u_{ij}^h)^m x_k}{\sum\limits_{j=1}^{n} (u_{ij}^h)^m} \tag{5.1.5}$$

（4）如果 v_i^{h+1} 的收敛判断小于阈值 ε，则停止迭代；否则取 $h=h+1$，转到步骤（2）进行下一循环计算。

5.1.2 基于 Copula 函数法的径流丰枯转移预测

5.1.2.1 Copula 函数理论

假设随机变量 X，Y 的边缘分布分别为

$$F_X(x) = P(X \leqslant x) \tag{5.1.6}$$
$$F_Y(y) = P(Y \leqslant y) \tag{5.1.7}$$

X，Y 的联合分布为

$$F(x,y) = P(X \leqslant x, Y \leqslant y) \tag{5.1.8}$$

Sklar 定理：令 F 为一个二维分布函数，其边缘分布为 $F_X(x)$，$F_Y(y)$。则存在一个二维 Copula 函数 C，使得对任意 x，$y \in \overline{R}$ 有

$$F(x,y) = C[F_X(x), F_Y(y)] \tag{5.1.9}$$

Sklar 定理是 Copula 函数理论的核心，也是该理论在统计学领域应用的基础。如果分布函数 $F_X(x)$，$F_Y(y)$ 是连续的，则 C 是唯一的；相反地，如果 C 是一个二维 Copula 函数，则式（5.1.9）中所定义的函数 F 是一个二维分布函数，其边缘分布为 $F_X(x)$，$F_Y(y)$。

Copula 函数本质上是边缘分布为 $F_X(x)$，$F_Y(y)$ 的随机变量 X，Y 的二元联合分布函数。获取联合分布函数 F 的问题转化为确定 Copula 函数 C，Copula 函数为求取联合分布函数提供了一种便捷的方法。

5.1.2.2 水文领域常见的几种 Copula 函数

1. Archimedean Copula

Archimedean Copula 是一类重要的 Copula 函数，由于其构造方便、容易使用等优点，在很多领域都有应用。当两个随机变量满足式（5.1.10），则其

Copula 函数属于 Archimedean Copula 家族：

$$C(u,v) = \varphi^{-1}[\varphi(u) + \varphi(v)], \quad u,v \in [0,1] \qquad (5.1.10)$$

式中：$\varphi(\cdot)$ 为 Copula 函数的生成函数，它是一个连续递减的凸函数，$\varphi(1) = 0$，$\varphi(0) = \infty$；φ^{-1} 为其反函数。

Nelson 对 Archimedean Copula 及其性质等进行了详细的介绍，本书仅列出在水文及相关领域文献里经常出现的 3 种 Archimedean Copula 函数。

2. Gumbel - Hougaard Copula

Gumbel - Hougaard Copula（简称为 Gumbel Copula）与 Gumbel 逻辑模型的结构完全相同，其表达式为

$$C_\theta(u,v) = \exp\left\{-\left[(-\ln u)^\theta + (-\ln v)^\theta\right]^{\frac{1}{\theta}}\right\}, \quad \theta \in [1, \infty) \qquad (5.1.11)$$

式中：θ 为 Copula 函数的结构相关参数。Gumbel Copula 比较适用于构造变量之间存在正相关关系的联合分布。

3. Clayton Copula

Clayton Copula 与 Gumbel Copula 一样，仅适用于描述正相关的随机变量，其表达式为

$$C_\theta(u,v) = (u^{-\theta} + v^{-\theta} - 1)^{-\frac{1}{\theta}}, \quad \theta \in (0, \infty) \qquad (5.1.12)$$

4. Frank Copula

Frank Copula 既能描述正相关的随机变量，也能描述存在负相关关系的随机变量，且它对相关性的程度没有限制，其表达式为

$$C_\theta(u,v) = -\frac{1}{\theta}\ln\left[1 + \frac{(e^{-\theta u} - 1)(e^{-\theta v} - 1)}{e^{-\theta} - 1}\right], \theta \in R \qquad (5.1.13)$$

如果随机变量 X 和 Y 的 Archimedean Copula 函数的生成函数为 $\varphi(t)$，则 $\varphi(t)$ 与 Kendall 秩相关系数（τ）存在下面的关系：

$$\tau = 1 + 4\int_0^1 \frac{\varphi(t)}{\varphi'(t)} \mathrm{d}t \qquad (5.1.14)$$

利用式（5.1.14）可推导出 θ 与 τ 的函数关系（表 5.1.1）。

对于一对随机变量，当其中一个变量呈现增大/减小趋势，另外一个变量也倾向于增大/减小时，表明这两个变量存在一致性。例如，(x_i, y_i) 和 (x_j, y_j) 表示随机变量 (X, Y) 的两个观测值，如果 $x_i < x_j$ 且 $y_i < y_j$，或者 $x_i > x_j$ 且 $y_i > y_j$，则称 (x_i, y_i) 和 (x_j, y_j) 是一致的。相反，如果 $x_i > x_j$ 且 $y_i < y_j$，或者 $x_i < x_j$ 且 $y_i > y_j$，则称 (x_i, y_i) 和 (x_j, y_j) 是不一致的。Kendall 秩相关系数为变量一致的概率减去变量不一致的概率，可以根据样本估算。令 $\{(x_1, y_1), \cdots, (x_n, y_n)\}$ 表示从连续随机变量 (X, Y) 中抽取的 n 个观测值的随机样本，则在样本中有 C_n^2 种不同的观测值组合 (x_i, y_i) 和 (x_j, y_j)。Kendall 秩相关系数 τ 可表示为

$$\tau = \frac{2}{n(n-1)} \sum_{i=1}^{n-1} \sum_{j=i+1}^{n} \text{sign}\left[(x_i - x_j)(y_i - y_j)\right] \tag{5.1.15}$$

式中：sign( ) 为符号函数。

$$\text{sign} = \begin{cases} 1, & (x_i - x_j)(y_i - y_j) > 0 \\ 0, & (x_i - x_j)(y_i - y_j) = 0 \\ -1, & (x_i - x_j)(y_i - y_j) < 0 \end{cases} \tag{5.1.16}$$

当计算出 τ 之后，可根据 θ 与 τ 的函数关系推导出 θ。

表 5.1.1　　　　常见 **Archimedean Copula** 函数的特征信息

Archimedean Copula	$C_\theta(u,v)$	$\varphi(t)$	τ
Goumbel Copula	$\exp\left\{-\left[(-\ln u)^\theta + (-\ln v)^\theta\right]^{\frac{1}{\theta}}\right\}$	$(-\ln t)^\theta$	$(\theta - 1)/\theta$
Clayton Copula	$\max\left[(u^{-\theta} + v^{-\theta} - 1)^{\frac{-1}{\theta}}, 0\right]$	$(t^{-\theta} - 1)/\theta$	$\theta/(\theta+2)$
Frank Copula	$-\frac{1}{\theta}\ln\left[1 + \frac{(e^{-\theta u}-1)(e^{-\theta v}-1)}{e^{-\theta}-1}\right]$	$-\ln\frac{e^{-\theta t}-1}{e^{-\theta}-1}$	$1 + \frac{4}{\theta}\left[D_1(\theta)-1\right]$

注　$D_k(x)$ 为德拜函数，对任意正整数 k 满足 $D_k(k) = \frac{k}{x^k}\int_0^x \frac{t^k}{e^t-1}\mathrm{d}t$。

5.1.2.3　状态转移概率计算公式

假定径流 q_t 和 q_{t+1} 的边缘分布分别为 $F(q_t)$ 和 $F(q_{t+1})$，根据 Sklar 定理，它们的联合分布 $F_{q_t, q_{t+1}}(q_t, q_{t+1})$ 可以表示为

$$F_{q_t, q_{t+1}}(q_t, q_{t+1}) = C(u,v) = C[F(q_t), F(q_{t+1})] \tag{5.1.17}$$

$$u = F(q_t) \tag{5.1.18}$$

$$v = F(q_{t+1}) \tag{5.1.19}$$

给定 $x_1 < q_t \leqslant x_2$，$q_{t+1} \leqslant y_2$ 的条件概率为

$$P(q_{t+1} \leqslant y_2 \mid x_1 < q_t \leqslant x_2) = \frac{F_{q_t, q_{t+1}}(x_2, y_2) - F_{q_t, q_{t+1}}(x_1, y_2)}{F_{q_t}(x_2) - F_{q_t}(x_1)}$$

$$= \frac{C(u_2, v_2) - C(u_1, v_2)}{u_2 - u_1} \tag{5.1.20}$$

式中：$C(*)$ 为一种给定的 Copula 函数；$u = F(q_t)$ 和 $v = F(q_{t+1})$ 为 q_t 和 q_{t+1} 的边缘分布；$u_i = F(x_i)$，$v_i = F(y_i)$，$i = 1, 2$。给定时段 t 的径流等级 $q_t \in (x_1, x_2]$，$q_{t+1} \in (y_1, y_2]$ 的条件概率可通过式 (5.1.21) 计算。

$$P(y_1 < q_{t+1} \leqslant y_2 \mid x_1 < q_t \leqslant x_2) = P(q_{t+1} \leqslant y_2 \mid x_1 < q_t \leqslant x_2) -$$
$$P(q_{t+1} \leqslant y_1 \mid x_1 < q_t \leqslant x_2) \tag{5.1.21}$$

求解丰枯转换不确定性本质上是已知本年度径流等级时，求来年径流处于各个等级的概率，可直接利用条件概率公式式 (5.1.21) 计算。

5.1.3　雅砻江流域年径流丰枯转化关系分析

通常流域水文丰平枯分析应以全流域年平均降雨序列为基础，但是由于要

准确掌握流域的降雨信息具有一定的难度，而流域出口点的流量基本反映了全流域水资源的丰枯状态，因此也可以采用流域出口点水文序列作为替代进行代表性分析。

1. 出口点流量分级代表性分析

由于雅砻江流域形状为狭长带状，区间来水的影响不可忽视，因此有必要对流域出口点径流序分级的代表性进行分析。

本节采用 1953—2012 年 60 年年均来水信息，分别对锦西上游、官地区间、二滩区间以及桐子林区间进行径流分级。

表 5.1.2 给出了详细的分级对比统计结果，可以看出"锦西上游"径流占总净流量比重较大，达到 64.76%，对出口流量的影响较大，因此分级结果与流域出口径流分级相似度最高，"等级别比例"为 68.33%，而"偏差 1 级比例"则高达 98.33%。而其他区间径流量分别占总径流的 10% 作用，因此分级相似度偏低，但"偏差 1 级比例"均在 70% 以上。雅砻江流域出口点径流主要由锦屏一级上游来水组成，可以预判其分类效果较好。同时出口点径流也涵盖了官地、二滩及桐子林的区间来水，出口点径流的分类结果也能够包含区间径流对全流域来水的影响信息。因此可以认为雅砻江流域出口点流量分级具有较强的代表性，可作为雅砻江流域水文代表性分析的依据。

表 5.1.2　　　　　　　　雅砻江流域区间径流分级结果对比统计表

来水区间	年均来水 /(m³/s)	占全流域来水比例 /%	等级别比例 /%	偏差 1 级比例 /%
锦屏一级上游	1229.20	64.76	68.33	98.33
官地区间	205.78	10.94	31.67	80.00
二滩区间	210.44	11.00	35.00	85.00
桐子林区间	256.49	13.59	43.33	73.33

2. 出口点流量分级及转换关系分析

采用模糊 c 均值聚类算法对流域出口点 1953—2012 年历史年均径流数据进行分级计算，分级结果见图 5.1.1、表 5.1.3 及表 5.1.4。图 5.1.1 显示的年径

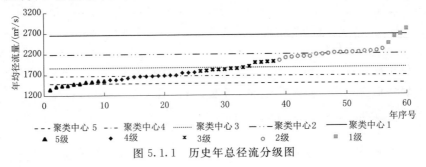

图 5.1.1　历史年总径流分级图

流序列分级图及聚类中心，表 5.1.3 显示的是相对隶属度矩阵以及聚类中心，表 5.1.4 则展示了各年份的分级结果。

表 5.1.3　　　　　　　　　　聚类分析参数结果表

参数	年份	聚类 5	聚类 4	聚类 3	聚类 2	聚类 1
相对隶属度	1953	0.03896	0.09221	0.52680	0.31720	0.02481
	1954	0.00000	0.00000	0.00000	0.00000	1.00000
	1955	0.01381	0.02305	0.04920	0.84740	0.06657
	⋮	⋮	⋮	⋮	⋮	⋮
	2010	0.05835	0.61040	0.30540	0.02103	0.00491
	2011	0.78490	0.13660	0.05143	0.01921	0.00786
	2012	0.00995	0.01955	0.06095	0.89560	0.01396
聚类中心/(m³/s)		1485	1667	1864	2188	2658

表 5.1.4　　　　　　　　　　历史年总径流分级结果

年份	分级	年份	分级	年份	分级	年份	分级	年份	分级	年份	分级
1953	3	1963	3	1973	5	1983	5	1993	2	2003	4
1954	1	1964	2	1974	1	1984	5	1994	5	2004	2
1955	2	1965	1	1975	4	1985	3	1995	3	2005	2
1956	4	1966	2	1976	4	1986	4	1996	3	2006	5
1957	2	1967	5	1977	4	1987	2	1997	4	2007	5
1958	3	1968	2	1978	3	1988	3	1998	1	2008	3
1959	4	1969	4	1979	2	1989	2	1999	2	2009	3
1960	3	1970	3	1980	2	1990	2	2000	2	2010	4
1961	4	1971	4	1981	3	1991	2	2001	2	2011	5
1962	2	1972	5	1982	4	1992	5	2002	4	2012	2

　　为了更加真实地反映原水文序列的特性，在采用历史径流序列进行分级的同时，本节也采用了随机模拟序列进行聚类分析。基于随机生成 1000 年径流序列进行聚类分析，结果见表 5.1.5 及图 5.1.2。由表 5.1.5 可以看出，对比随机模拟序列与历史序列聚类中心，聚类 2、聚类 3、聚类 4 偏差较小，而聚类 1 和聚类 5 偏差较大。采用随机模拟序列聚类中心结果对历史序列重新定级，见表 5.1.6，60 年中有 53 年一致，占总年数 88%，偏差 ≤1 级比例为 98%。

表 5.1.5   聚类中心结果对比表   单位：m³/s

序列类型	聚类 1	聚类 2	聚类 3	聚类 4	聚类 5
历史序列	2658	2188	1864	1667	1485
随机模拟序列	2485	2164	1923	1676	1375

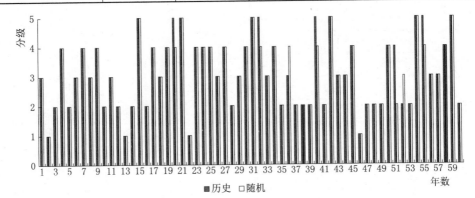

图 5.1.2　聚类中心结果对比图

表 5.1.6   历史序列定级对比表

参数	一致	偏差 1 级	偏差 2 级
个数	53	6	1
比例/%	88.33	10.00	1.67

在此基础上以 Copula 函数为工具，基于历史年总径流分级结果计算得到了雅砻江年径流丰枯转移概率理论结果，如图 5.1.3 所示。

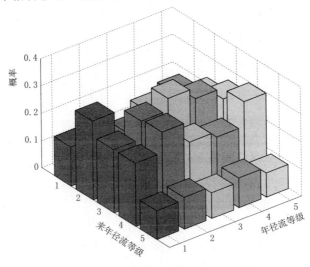

图 5.1.3　雅砻江年径流丰枯转移关系

5.2 基于双协同策略的梯级水库群调度技术

5.2.1 技术框架

梯级水库群发电风险分析技术主要包括三部分：常规风险效益分析、末蓄能效益分析以及年发电调度风险分析。

1. 常规风险效益分析

假设初末水位均为正常蓄水位，基于历史径流随机模拟序列，分析梯级水库群年发电效益的概率密度函数。

常规分析基本步骤如下，如图 5.2.1 所示。

（1）基于历史径流序列进行随机模拟，获得 1000 组径流模拟序列，每组径流序列为一个调度周期。

（2）循环 1000 组径流场景，采用固定的初末水位对每一组径流场景采用 DPSA 算法建立水库群优化调度模型进行优化计算，并统计获得发电效益值序列。

（3）采用蒙特卡罗风险估计模型对发电效益值序列进行分析，得到历史径流模拟序列发电效益的概率密度函数。

（4）根据发电效益的概率密度函数，采用式（5.2.13），进行风险与效益协调优化计算。

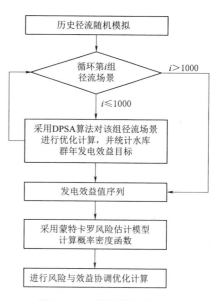

图 5.2.1 常规分析流程图

2. 末蓄能效益分析

将梯级水库群中拥有季调节以上能力的水库库容离散，组成初始库容组合（为了减少计算量，本章设定各水库从死库容至蓄满库容离散为 10 组库容数据），同时假定年末库容为蓄满情况。末蓄能状态时评价未来发电效益的关键指标，因此假定年末库容为蓄满情况，能够有效地屏蔽远期发电效益的影响（即从计划年度开始第三年以后年份发电效益的影响），从而仅考虑第二年发电效益来量化末蓄能效益，如图 5.2.2 所示。

对于不同的末库容组合，末蓄能效益分析模型的构建包括以下两种方式：

（1）采用常规分析的方法进行末蓄能效益分析。

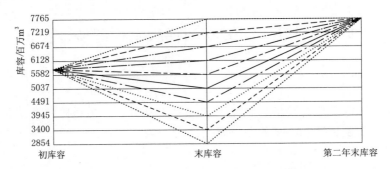

图 5.2.2　末蓄能效益分析水位离散示意图

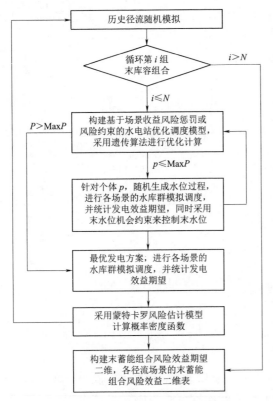

图 5.2.3　末蓄能效益分析流程图

（2）基于历史径流随机模拟序列，构建水库群风险与效益协调优化调度模型，进行风险与效益协调优化，获得发电效益期望及发电效益值序列，并构建基于蒙特卡罗法的风险估计模型计算概率密度函数。

采用第二种方式的末蓄能效益分析基本步骤如下，如图5.2.3所示：

（1）采用 PARMA 模型进行历史径流随机模拟，获得1000组径流模拟序列，每组径流序列为一个调度周期。

（2）从水库群中选取季调节以上能力的水库进行库容离散，得到末蓄能组合。

（3）针对一组末库容组合，构建水库群发电调度风险与效益协调优化模型，以水位过程为优化变量，采用改进智能算法进行

优化，优化目标为考虑风险惩罚的发电效益期望最大化，得到该目标最大化情况下的调度方案，并统计获得发电效益值序列。

（4）采用蒙特卡罗风险估计模型对发电效益值序列进行分析，得到各组末库容组合情境下历史径流模拟序列发电效益的概率密度函数。根据发电效益的

概率密度函数，采用式，进行风险与效益协调优化计算。

（5）根据发电效益期望构建末蓄能组合风险效益期望二维表，以及各径流场景的末蓄能组合风险效益二维表。

3. 年发电调度风险分析

采用实测初始库容，基于中长期概率预报生成的随机模拟序列，进行来年的年计划发电量风险与效益的协调优化。末库容作为优化变量，并根据末蓄能效益分析表差值计算不同末库容的蓄能效益。末蓄能效益的计算采用以下两种方式：

（1）基于库容组合蓄能效益期望值表，计算末蓄能效益。

（2）根据年径流预报以及年径流丰枯转移矩阵，计算第二年发生不同级别来水概率，结合不同库容组合的发电效益概率密度函数，计算末蓄能效益。

年发电调度风险分析基本步骤如下，如图 5.2.4 所示。

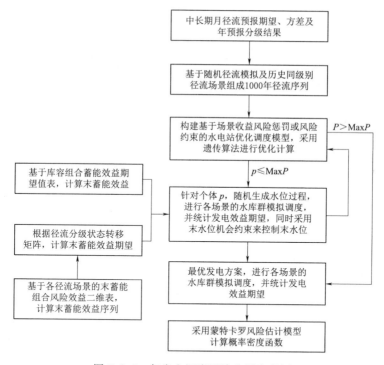

图 5.2.4　年发电调度风险分析流程图

（1）基于中长期概率预报期望及方差进行随机模拟，获得 1000 组径流模拟序列，每组径流序列为一个调度周期。

（2）构建水库群发电调度风险与效益协调优化模型，以水位过程为优化变量，采用改进智能算法进行优化，优化目标为考虑风险惩罚的发电效益期望最大化。

（3）针对每一个体，发电效益期望目标的计算包括两部分，一部分是考虑风险惩罚的年度发电效益期望，另一部分是末库容效益值。末库容效益值的计算采用末蓄能效益分析中生成的末蓄能组合风险效益二维表进行插值计算。当根据年径流丰枯转移矩阵进行计算时，需要根据各径流场景的末蓄能组合风险效益二维表插值计算出各径流场景下的发电效益，在进行统计分析得到考虑风险惩罚的发电效益期望。

（4）得到发电效益期望目标最大化情况下的调度方案，并统计获得发电效益值序列。

（5）采用蒙特卡罗风险估计模型对发电效益值序列进行分析，得到各组末库容组合情境下历史径流模拟序列发电效益的概率密度函数。根据发电效益的概率密度函数，采用式（5.2.13），进行风险与效益协调优化计算。

5.2.2　关键模型算法

1. 基于蒙特卡罗法的风险估计

如图 5.2.5 所示为年最优发电量样本的概率密度函数，c 为置信水平，$1-c$ 为发电风险，基于蒙特卡罗法的风险估计工作主要包括：①根据已知置信水平 c，确定一定风险水平下发电目标 E；②已知发电目标 E，确定该发电目标下风险水平。因此，年最优发电量样本的概率密度函数的估计是风险估计的关键步骤。

（1）蒙特卡罗法。蒙特卡罗方法是一种以概率和统计理论方法为基础的随机模拟方法，通过模拟或抽样的方式直接对系统的运行进行模拟，避免了对系统的内部特征进行描述，从而降低了风险估计问题的难度。针对梯级水库群风险调度问题的蒙特卡罗方法风险估计的思路如图 5.2.6 所示，主要包括四个层面：①入库径流随机模拟，包括两类，一类是基于历史径流数据进行随机模拟，

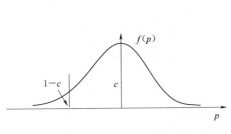

图 5.2.5　年最优发电量样本的概率
密度函数示例

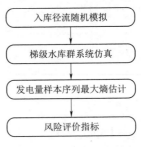

图 5.2.6　蒙特卡罗系统
风险估计概化图

代表水文系统的不确定性，一类是基于概率预报结果进行的随机模拟，代表预报得不确定性，在随机模拟过程中重点关注的是随机序列的典型性与代表性，这对后期的发电风险调度研究的合理性起到决定作用；②梯级水库群系统仿真，以随机模拟径流序列为输入，通过建立梯级水库群模拟模型，进行不同径流场景的调度过程模拟，从而得到发电调度风险估计所需要的年发电量样本序列，其中梯级水库群模拟模型能否真实地反映实际的研究对象是需要重点验证的问题；③采用最大熵估计模型对年发电量样本序列进行估计，得到概率密度函数；④根据年发电量样本序列概率密度函数计算发电风险调度的风险指标，用于风险分析工作。

（2）最大熵估计。设随机变量 ξ 定义在区间 I 上，ξ 的概率密度函数为 $f(x)$，且 $f(x)$ 满足以下约束条件：

$$p\int_I^i f(x)\mathrm{d}x = 1 \tag{5.2.1}$$

$$\int_I^i u_i(x)f(x)\mathrm{d}x = M_i \quad (i=1,2,\cdots,m) \tag{5.2.2}$$

式中：M_i 为常数。

则随机变量 ξ 的最大熵分布的密度函数为 $f(x)=\exp[\lambda_0 + \sum_{i=1}^m \lambda_i u_i(x)]$，其中 λ_i 为拉格朗日乘子。

求最大熵解 $f(x)$ 的关键是求势函数 $\Gamma(\lambda_1,\cdots,\lambda_N)$ 的最小点。在 $N>1$ 时必须用数值解法。原则上，各种最优化算法（寻找目标泛函的最小值）都可以利用。牛顿算法是一个成功的例子。

根据牛顿算法，从某个初始值 $\lambda_n^{(0)}$（0 或小正数，$n=1,\cdots,N$）开始，迭代公式是

$$\lambda_n^{(k+1)}=\lambda_n^{(k)}-a_n \quad (n=1,\cdots,N) \tag{5.2.3}$$

其中，改变量 a_n 是线性方程组

$$\sum_{m=1}^N \boldsymbol{H}_{nm}a_m = \mu_n - \langle x^n\rangle_N \quad (n=1,\cdots,N) \tag{5.2.4}$$

的解。其中，a_m 等价于 a_n。方程组的系数矩阵 $\boldsymbol{H}_{nm}$ 为 Γ 的 Hessian 矩阵，其元素为

$$H_{nm}=\frac{\partial^2\Gamma}{\partial\lambda_n\partial\lambda_m} \tag{5.2.5}$$

H_{nm} 可以用迭代得到的矩来表示：

$$H_{nm}=\langle x^{n+m}\rangle_N - \langle x^n\rangle_N\langle x^m\rangle_N \quad (n,m=1,\cdots,N) \tag{5.2.6}$$

n 阶矩 $\langle x^n\rangle_N$ 用第 k 次迭代的 $\lambda_n^{(k)}$ 计算。迭代进行到每个计算得到的矩 $\langle x^n\rangle_N$ 与所给 μ_n 的误差或每个 $\lambda_n^{(k+1)}$ 与 $\lambda_n^{(k)}$ 的误差（相对误差或绝对误差）小于某一预定的小正数 ε 停止。

2. 水库群发电调度风险与效益协调优化调度模型

(1) 基本模型约束。

$$Z_{t,\min} \leqslant Z_t \leqslant Z_{t,\max} \tag{5.2.7}$$

式中：$Z_{t,\max}$、$Z_{t,\min}$ 分别为水库 t 时段水位上限、下限值，m；Z_t 表示水库 t 时段水位值，m。

(2) 流量约束。

$$Q_{t,\min} \leqslant Q_t \leqslant Q_{t,\max} \tag{5.2.8}$$

式中：$Q_{t,\max}$、$Q_{t,\min}$ 分别为水库 t 时段最大最小允许出库流量，m^3/s；Q_t 为水库 t 时段出库流量 m^3/s。

(3) 出力约束。

$$N_t \leqslant N_{t,\max} \tag{5.2.9}$$

式中：$N_{t,\max}$ 为水库 t 时段机组相应水头下的最大出力，MW；N_t 为水库 t 时段出力，MW。

(4) 水位库容关系曲线。

$$\left. \begin{array}{l} Z_t = f(V_t) \\ V_t = f(Z_t) \end{array} \right\} \tag{5.2.10}$$

(5) 尾水位流量关系曲线。

$$\left. \begin{array}{l} Q_t = f(Z_{\mathrm{dr},t}) \\ Z_{\mathrm{dr},t} = f(Q_t) \end{array} \right\} \tag{5.2.11}$$

式中：$Z_{\mathrm{dr},t}$ 表示水库 t 时段尾水位，m。

(6) 末水位机会约束。在采用智能算法优化时，由于生成的水位变量在基于随机水文序列的水库调度模拟过程中常常存在不可行的状况，因此本书采用的水库调度模拟模型能够自动对不合理的水位进行调整，而调整后的末水位极有可能与算法生成的末水位不相等甚至偏差很大，这在很大程度上给末蓄能效益的计算带来不便。针对这一问题，为了尽可能降低模拟模型水位调整机制对末水位不确定性产生的影响，引入末水位机会约束：

$$P(Z_{\mathrm{ad,end}} \neq Z_{\mathrm{v,end}}) \leqslant 1 - c \tag{5.2.12}$$

式中：$Z_{\mathrm{ad,end}}$、$Z_{\mathrm{v,end}}$ 分别为水库进行水位调整后的末水位及算法生成的末水位，m；c 为末水位稳定性的置信水平；$P(Z_{\mathrm{ad,end}} \neq Z_{\mathrm{v,end}})$ 为调整后末水位与算法生成末水位不相等的概率。

末水位机会约束的根本作用是保证算法生成的水位变量中末水位变量的稳定性，从而便于末蓄能效益的统一计算，这也符合水库调度中年末水位控制的基本概念。

（7）风险管理策略。目标函数在考虑发电效益最大化的同时，对期望下方风险增加惩罚系数，从而得到在优先保证发电效益最优的情况下得到风险最小化的调度方案，此时水电商的目标函数表示为

$$\max \sum_{s=1}^{S} \pi(s) P(s) - M \sum_{s=1}^{S} \pi(s) \tag{5.2.13}$$

式中：$\pi(s)$ 为情景 s 下的风险损失；$P(s)$ 为情景 s 的发生概率；M 为惩罚系数。

决策者可通过调整惩罚系数 M 来控制在调度方案中考虑风险的力度，原则上 M 取值范围为 $[0, \infty)$，而为了避免过度考虑风险而影响发电效益，一般情况下可取 $M \in [0, 1]$。当 $M = 0$ 时为常规优化调度方案，即不考虑风险因素；当 $M > 0$ 时，为风险与效益协调优化方案，而 M 取值大小则代表了决策者对风险的重视程度。

5.3　优化算法通用并行化框架开发

并行计算（parallel computing）是相对串行计算而提出的计算机科学的新概念，是近年来在并行计算机基础上发展起来的计算机求解技术，能够充分利用并行计算机强大的运算能力，从而提高单一问题的计算效率。而并行计算机是指拥有多处理器并且具备并行计算环境的计算机系统，具体可分为多处理器计算机和计算机集群系统两类。其中，多处理器计算机的优势是 CPU 共享全局内存，集成的更加紧密，处理器之间通过消息传递来的方式实现通信，通信效率较高，缺点是求解问题的规模受到计算机自身能力的限制；而计算机集群系统是通过互联网络实现多台计算机之间的通信，而计算机内部则采用 CPU 共享内存的消息传递方式进行通信，优点是能够处理更大规模的计算问题，缺点是计算效率受网络质量的影响较大。并行程序设计则是指基于并行编程环境，采用编程语言完成计算问题在不同处理器上实现，基本思路是：首先将待求解问题抽象为一个数值或优化计算问题；其次针对计算问题的特点进行并行化开发设计，并进行编程实现；最后在软硬件条件满足并行计算需求的计算机平台上进行求解计算。

MPI 是目前使用最为广泛的并行编程标准环境之一，从程序结构上可以分为主从模式（master - slave）、单程序多数据模式（single program multiple data，SPMD）和多程序多数据模式（multiple programs multiple data，MPMD）。主从模式主要应用于某些动态负载平衡的问题，但处理大规模并行程序计算时难度较大，并行可扩展性差。SPMD 模式不区分主从进程，当 MPI 程序编译生

成可执行程序后，各进程同时运行相同的程序并根据进程号来自动确定各自执行的 MPI 程序中的指令路径，因此拥有较强的可扩展性，适用于大规模并行计算问题。尽管没有主从进程之分，但 SPMD 模式通常会设定一个总进程负责流程控制及结果汇总等任务。而 MPMD 模式则会编译成多个 MPI 程序，各进程执行不同的 MPI 程序，而消息传递过程与 SPMD 模式是一致的。图 5.3.1 展示了 SPMD 模式和 MPMD 模式的流程图。

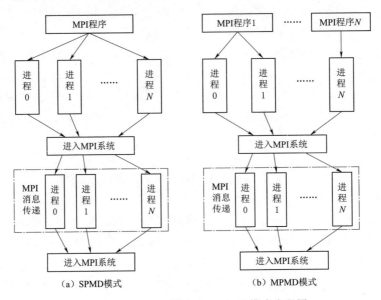

图 5.3.1　SPMD 模式和 MPMD 模式流程图

MPI 并行程序设计需要结合具体应用问题的特征来选择合适的并行编程模式，但一般情况下为了降低并行应用软件使用和维护的成本，通常会选择 SPMD 模式进行并行程序开发。在本文进行优化算法通用并行化框架开发研究中涉及的优化算法有 DP、GA 以及 SCE - UA 等，各算法的并行化设计除在消息传递机制以及数据处理方面有所差异外，基本的设计思路和计算流程是一致的。因此，本文采用 SPMD 模式来实现各优化算法的并行化编程。

5.3.1　优化算法通用并行化框架设计

优化算法通用并行化框架如图 5.3.2 所示，由图可以看出优化算法通用并行化框架是基于改进智能算法通用开发框架实现的并行化开发，由于本文实现的模型算法开都是基于通用化理念进行的，因此在结构上两者并没有太大差距，也是分为接口与内部结构两部分。

主要的工作集中于内部结构部分的并行化。并行优化算法的主类涵盖了全部非并行化函数，同时需要基于 MIPCH2 的框架开发并行参数输入、并行初始化、并行结束以及 MPI 通信通用函数。子类需要继承主类的参数及函数，也需要对部分函数进行重构，关键是要根据各子类算法并行化思路开发专有 MPI 通信函数。

已实现并行化开发的算法有 MPI_DP、MPI_GA2、MPI_SCEUA 以及 MPI_NSGA2 等算法，而 DDS 算法属于单染色体进化算法，不适合做并行化开发。

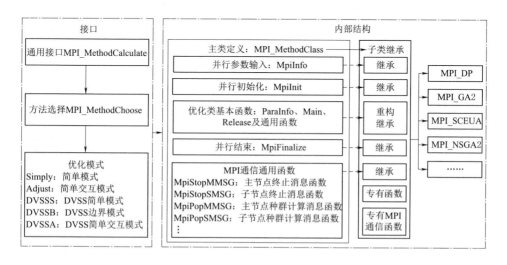

图 5.3.2　通用并行化框架设计

5.3.2　动态规划算法并行化开发

动态规划算法并行化开发如图 5.3.3 所示，主要包括三部分：DP 并行算法、通用接口以及外部程序三部分。其中通用接口以及外部程序功能与基于 DVSS 的改进 NSGA－Ⅱ算法中的说明是一致的。

本节重点介绍 DP 并行算法流程。并行计算节点数由外部程序输入，当进程 ProcsID＝0 时为主几点，其余为子节点，主节点负责完成信息的分割与汇集，子节点负责接收主点发送的局部信息，完成计算并向主节点返回计算结果。DP 并行算法的主节点与子节点的计算流程以及之间的数据交互如图 5.3.3 所示。

主节点与子节点分别执行 MpiInfo、MpiInit 开始并行计算，主节点根据 DP 算法的流程倒序执行 MpiDPlastMMSG、MpiDPstageMMSG，子节点的 MpiDPlastSMSG、MpiDPstageSMSG 函数接收到主节点发送的数据，完成计算工作并将计算结果返回主节点。MpiDPlastMMSG、MpiDPstageMMSG 函数收到子节点返回结果后，完成当前的数据交互。当主节点执行 MpiStopMMSG 后向子节点发布停止信息，之后主节点与子节点分别执行 MpiFinalize 完成并行计算。

需要说明的是，每次主节点向各子节点发送数据后，只有当收到各子节点返回结果才算是完成一组数据交换，之后才能进行下一组数据交换。当计算过程中，某一次数据交换的子节点计算过程出现问题无法正确返回计算结果，则模型数据流将陷入堵塞，导致模型无法计算，而并行算法开发的关键之一就是避免数据堵塞的情况出现。

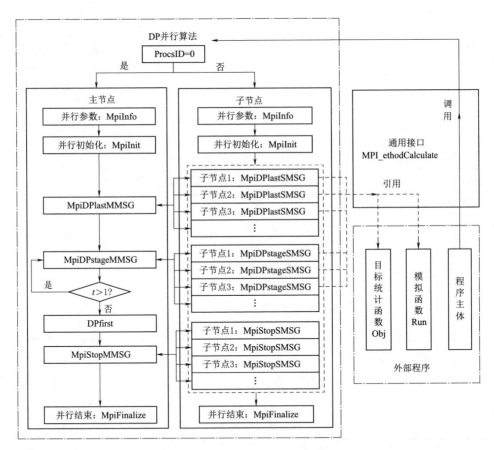

图 5.3.3　动态规划算法并行化开发

5.3.3　遗传算法并行化开发

遗传算法并行化开发如图 5.3.4 所示，主要包括三部分：GA/NSGA‐Ⅱ并行算法、通用接口以及外部程序。算法的整体设计思路与动态规划算法并行化设计思路一致，区别在于进行数据交换的阶段不同。而 GA/NSGA-Ⅱ并行算法的一个关键区别在于每一代进化前都需要进行调用 MpiStopMMSG 进行计算停止判断，如果 allcurp＞maxp 则向子节点返回停止信息，相反进行进化计算，而子节点会向主节点发送当前子节点已抽样样本点个数，由主节点进行汇总计算 allcurp 用于下一代进化前的停止判断。GA/NSGA-Ⅱ并行算法中只需要反复调用 MpiPopMMSG 与 MpiPopSMSG 进行数据交换，因此该方法并行化实现相对简单。

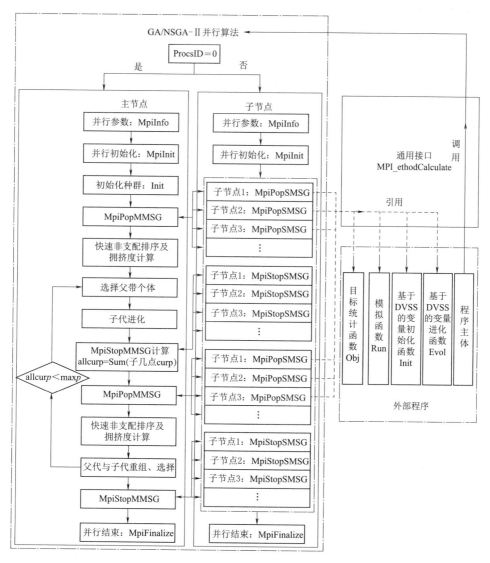

图 5.3.4　遗传算法并行化开发

5.3.4　SCE – UA 算法并行化开发

SCE – UA 算法并行化开发如图 5.3.5 所示，它与遗传算法并行化开发比较类似，但并行化实现在几类算法中难度最大。本书基于对 SCE – UA 算法并行化的思路是将复合型计算过程划分至子节点中，子节点各自独立的调用单纯型计算函数 CCEUA 进行计算，是几类算法中子节点计算复杂度最高的并行化算法。

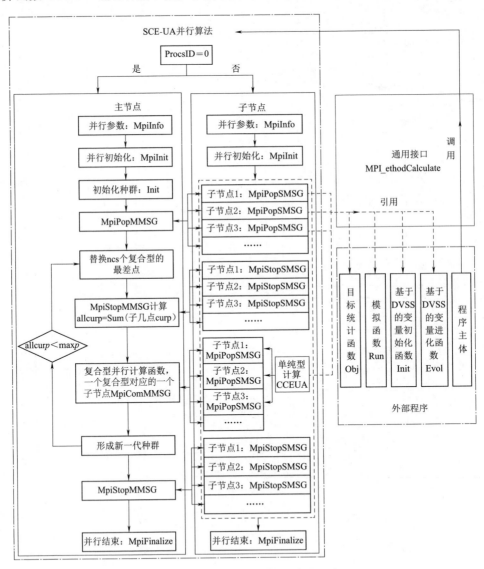

图 5.3.5　SCE – UA 算法并行化开发

　　SCE－UA 并行算法执行过程中也需要反复调用 MpiStopMMSG，并根据 allcurp 值进行计算停止判断。而关键步骤是需要调用调用 MpiPopMMSG 与 MpiPopSMSG 进行初始化种群，然后每一代计算需调用 MpiComMMSG 与 MpiComSMSG 进行数据交换。MpiComMMSG 负责将种群数据进行复合型划分，并将数据传递给子节点，而子节点则通过 MpiComSMSG 函数接收这部分信息，并调用 CCEUA 函数进行计算。

5.3.5　案例应用

　　本章开展优化算法通用并行化开发尚处于框架设计与开发阶段，为了保证开发工作进行的灵活性，本章所涉及各个算法测试平台 PC 单机（ThinkpadT410，双核，内存 4g），测试案例的计算规模也相对较小，采用 MPI＿GA 或 MPI＿SCE－UA 等算法时，往往计算效率不会有所提高，甚至在大多情况下有所降低。因此本节仅就并行 DP 算法的计算效率进行验证。计算结果见表 5.3.1，通过对比可以发现，并行 DP 算法并不会影响优化效果，同时能够有效地减少计算时间。在水位离散数为 200 时，计算时间减少了 1.42%，而把水位离散数提高十倍，则计算时间将减少 33.40%。

表 5.3.1　　　　　　　　　　　并行 DP 算法计算效率表

水位离散数	最优值/(亿 kW·h)		计算时间/s		
	非并行	并行	非并行	并行	变幅
200	173.37	173.37	1.41	1.39	−1.42
2000	173.37	173.37	140.02	93.26	−33.40

5.4　雅砻江流域下游水库群风险调度应用

5.4.1　基于风险与效益协同的发电调度计算

　　（1）随机生成 1000 年梯级各水库逐月径流过程，采用 DPSA 进行逐年梯级发电过程优化，得到样本数为 1000 的梯级年均总发电量过程，并对样本进行正态化处理 $x=\dfrac{x-\mu}{\sigma^2}$，同时在（−3，3）范围内绘制直方图。

　　（2）基于这一样本过程，构建最大熵估计模型。

　　（3）最大熵估计的一个关键参数是 λ_n 中的 n，在雅砻江下游梯级发电量风险估计中，当 $n \geqslant 5$ 时，牛顿迭代算法不收敛。

　　（4）如图 5.4.1 所示，$n=2$ 时前半部分偏差较小，$n=3$、$n=4$ 时后半部分偏差较小，但是 $n=3$ 时第一组偏差比较大，最后取 $n=2$，4 时分布加权结果作为分布估计结果。

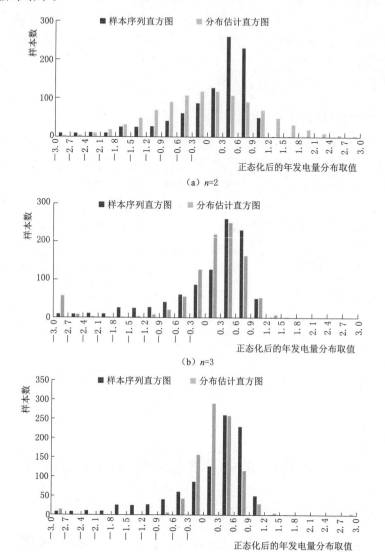

（a）$n=2$

（b）$n=3$

（c）$n=4$

图 5.4.1　最大熵估计不同参数下概率密度函数分布直方图

因此，雅砻江下游梯级水库群年发电量序列概率密度函数见式（5.4.1），概率密度函数直方图如图 5.4.2 所示。

$$f_N(x) = 0.5\exp\{-0.9305 - 0.4855x^2\} +$$
$$0.5\exp\{-0.7685 + 0.898x - 0.8848x^2 - 0.3596x^3\} \quad (5.4.1)$$

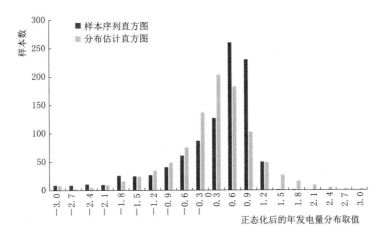

图 5.4.2　雅砻江下游梯级水库群年发电量概率密度函数直方图

雅砻江下游梯级水库群年发电量序列概率密度函数曲线如图 5.4.3 所示，在置信水平 $c=0.95$ 的情况下，经计算发电不足风险率 $P=5\%$ 的条件下目标发电量为 702 亿 kW·h。

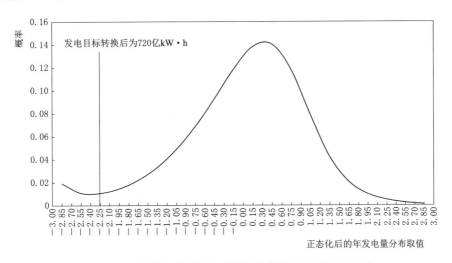

图 5.4.3　雅砻江下游梯级水库群年发电量概率密度函数

5.4.2　水库群年末蓄能组合期望效益分析

1. 末蓄能组合设置

根据本文的研究工作主要针对雅砻江流域下游水库群调度开展，包含锦西、锦东、官地、二滩及桐子林等五座串联型水库，雅砻江流域下游水库群中锦西为年调节水库，二滩为季调节水库，各水库从死库容至蓄满库容离散为 10 组库容，数据见表 5.4.1，因此形成 100 组库容组合。

表 5.4.1　　　　　　　　锦西、二滩水库库容离散值表　　　　　　　单位：百万 m³

水库	编　号									
	1	2	3	4	5	6	7	8	9	10
锦西	2854	3399.67	3945.33	4491	5067	5582.33	6128	6673.67	7233	7765
二滩	2400	2945.67	3491.33	4037	4582.67	5128.33	5674	6219.67	6765.33	7311

2. 末蓄能组合期望效益分析

对雅砻江流域下游水库群 100 组末蓄能组合分别进行末蓄能效益分析。首先采用 SAMS2007 采用基于历史径流序列生成的 1000 组径流随机模拟序列作为末蓄能组合风险效益分析的输入，本文采用方式 1 进行应用分析。采用 DPSA 算法对每一组末蓄能组合情境下的每组径流场景进行优化调度计算，总计进行 10 万次模型计算，耗时 3 天。

如图 5.4.4 和图 5.4.5 所示为末蓄能组合期望效益响应曲面及变化曲线，可以看到随着锦西及二滩库容的提高，发电效益期望呈线性增长的趋势。

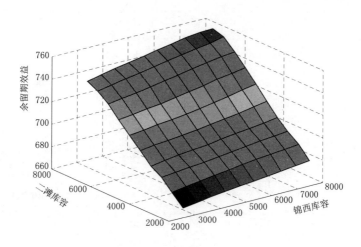

图 5.4.4　末蓄能组合期望效益响应曲面（单位：亿 kw・h）

表 5.4.2 为第 10 组径流场景的末蓄能组合风险效益期望二维表，随着锦西及二滩库容的提高，发电效益也呈线性增长的趋势。

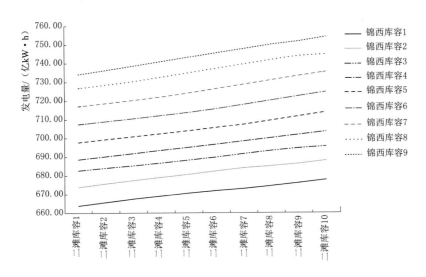

图 5.4.5　锦西不同库容情况下末蓄能组合风险效益期望随二滩库容变化曲线

表 5.4.2　　　　　第 10 组径流场景的末蓄能组合风险效益二维表　　单位：亿 kW·h

锦西库容编号	二 滩 库 容 编 号									
	1	2	3	4	5	6	7	8	9	10
1	669.99	671.53	673.17	674.85	676.56	678.30	678.68	680.28	681.91	683.55
2	680.02	681.65	683.32	685.01	686.74	688.49	690.26	692.06	691.98	693.62
3	690.19	691.83	693.51	695.23	696.96	698.73	700.52	702.32	704.14	705.38
4	691.38	691.80	693.39	695.00	696.65	698.30	710.79	712.62	703.64	705.84
5	699.95	701.56	703.17	704.81	706.49	708.16	709.81	712.09	714.32	716.54
6	709.70	711.34	712.98	714.65	716.34	718.29	720.55	722.82	725.06	727.28
7	719.49	721.16	722.83	724.52	726.79	729.07	731.34	733.62	735.85	738.22
8	729.30	731.01	732.94	735.28	737.61	739.90	742.18	744.43	746.82	746.76
9	736.27	738.59	740.93	743.28	745.62	747.90	750.17	752.44	753.25	756.59
10	740.87	743.29	745.66	748.01	750.33	752.62	754.89	757.59	758.48	758.53

如图 5.4.6 和图 5.4.7 所示为第 10 末蓄能组合风险效益序列概率密度函数直方图及曲线图，函数式见式（5.4.2）。

$$f_N(x) = 0.5\exp(-0.9305 - 0.4855x^2) +$$
$$0.5\exp(-0.7511 + 0.9591x - 0.9387x^2 - 0.3888x^3) \quad (5.4.2)$$

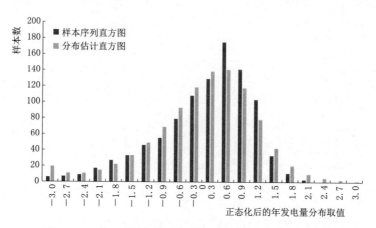

图 5.4.6　第 10 末蓄能组合发电量概率密度函数直方图

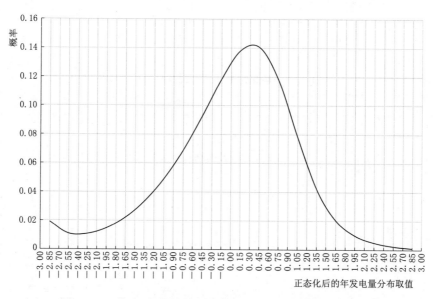

图 5.4.7　第 10 末蓄能组合风险效益序列概率密度函数曲线

5.4.3　基于双协同策略的发电调度方案

1. 基于末蓄能效组合益期望的年发电风险分析

根据表可直接插值计算得到末水位蓄能组合效益，在此基础上水库群风险与效益协调优化调度模型，并采用遗传算法进行优化。遗传算法参数设置为：种群大小 $p = 100$，最大种子抽样数 $\max p = 5000$，变异系数 $\gamma = 0.1$，交叉系数 $\omega = 0.9$。模型的目标函数为年内发电效益期望与末水位变量对应的末水位蓄能效益期望之和。经过模型优化得到综合考虑年内发电效益以及末蓄能效益的综合风险最小的水库水位过程，如图 5.4.8 所示。同时，模型能够得到在不同径流场景下的综合效益序列，采用常规分析方法，可以得到该序列的概率密度函数如图 5.4.9 所示。根据该概率密度函数，可以计算得出，在 95% 置信水平下，雅砻江下游梯级最大发电目标为 702 亿 kW·h。

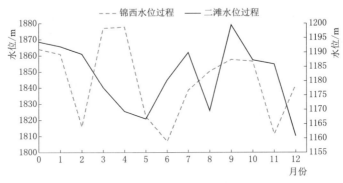

图 5.4.8　锦西与二滩水位过程

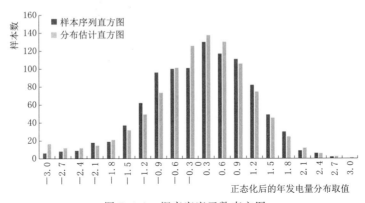

图 5.4.9　概率密度函数直方图

2. 基于年径流丰枯转移矩阵及场景末蓄能效益表的发电风险分析

根据随机模拟序列及年径流分析预报结果计算得到年径流丰枯转移矩阵 $\boldsymbol{\Psi}$ 见表 5.4.3，分级预报误差向量 $\boldsymbol{\Sigma}=[0.3333，0.5417，0.1250]$，分别对应同级别、偏差 1 级和偏差 2 级的比例。

在发电风险分析中，针对不同的末水位变量，末蓄能效益计算步骤如下：

（1）根据年径流分级预报结果将 $\boldsymbol{\Psi}$ 合并为 3×5 的矩阵 $\boldsymbol{\Psi}'$，见表 5.4.4。

（2）根据 1000 组径流场景的末蓄能组合风险效益二维表，插值计算各径流场景下对应当前末水位变量的末蓄能效益值，得到长度为 1000 的末蓄能效益值向量。

表 5.4.3　　　　　　　　　年径流丰枯转移矩阵

编号	1	2	3	4	5
1	0.1442	0.2885	0.2308	0.2308	0.1058
2	0.0868	0.1942	0.2975	0.3058	0.1157
3	0.0900	0.2467	0.3400	0.2300	0.0933
4	0.1084	0.2731	0.3012	0.2088	0.1084
5	0.1346	0.2212	0.2596	0.2981	0.0865

表 5.4.4　　　　　　　年径流丰枯转移矩阵修正 $\boldsymbol{\Psi}'$

编号	1	2	3	4	5
1，2	0.2310	0.4827	0.5283	0.5366	0.2215
3，5	0.2246	0.4679	0.5996	0.5281	0.1798
4	0.1084	0.2731	0.3012	0.2088	0.1084

（3）按分级级别计算末蓄能效益值向量的效益期望，得到末蓄能效益期望向量 $\boldsymbol{K}$。

（4）根据公式：$\boldsymbol{E} = \boldsymbol{\Sigma}^{\mathrm{T}} \boldsymbol{\Psi}' \boldsymbol{K}$ 计算对应末水位变量的蓄能效益值之后，采用（1）中的优化模型进行综合效益优化。水库水位过程如图 5.4.10 所示。同时，模型能够得到在不同径流场景下的综合效益序列，采用常规分析方法，可以得到该序列的概率密度函数如图 5.4.11 所示。根据该概率密度函数，可以计算得出，在 95% 置信水平下，雅砻江下游梯级最大发电目标为 709 亿 kW·h，见表 5.4.5。相比与（1）中的发电目标增加了 7 亿 kW·h，发电目标有所增加，同时年末蓄水位也有所提高，因此可以得出以下结论：采用基于年径流丰枯转移矩阵与场景末蓄能效益表进行发电风险效益分析，能够有效提高 95% 置信水平下的发电目标及末蓄能效益。

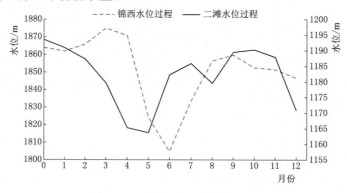

图 5.4.10　锦西与二滩水位过程

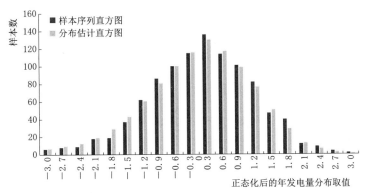

图 5.4.11　概率密度函数直方图

表 5.4.5　　　　　　　　　　风险调度效益对比表

情景	名　　称	95％置信水平下发电目标/（亿 kW·h）	锦西末水位/m	二滩末水位/m
情景一	基于末蓄能效益期望表	702	1841.76	1160.79
情景二	基于年径流丰枯转移矩阵与场景末蓄能效益表	709	1846.63	1170.35

3. 比较分析

采用 2017 年中长期径流预报结果以及实测径流数据进行优化调度以及比较分析，见表 5.4.6。本节以基于实测的 DP 优化方案为基础方案，分别计算了基于预报的设计调度图方案、优化调度图方案、风险调度方案。由表 5.4.6 计算结果可以看出，基于预报的设计调度图方案年发电量最小，占 DP 最优方案优化结果的 85.62％；基于预报的优化调度图方案年发电量的"DP 比例"为 87.14％，相对方案一的增幅为 1.77％；而基于预报的风险调度方案的"DP 比例"为 89.41％，相对方案一的增幅为 4.42％。由此可以看出，设计调度图方案是最保守方案，而优化调度图方案与风险调度方案的发电效益相对较高，说明通过考虑径流预报不确定性能够在合理的范围内提高水库群运行调度的预期效益，进一步在设定发电不足风险率为 5％的可接受条件下，通过风险调度能够进一步提高预期效益。

表 5.4.6　　　　　考虑预报的梯级水库群优化调度结果对比表

方案编号	名　　称	年发电量/（亿 kW·h）	DP 比例/％	增幅/％
方案一	基于预报的设计调度图方案	679	85.62	
方案二	基于预报的优化调度图方案	691	87.14	1.77
方案三	基于预报的风险调度方案	709	89.41	4.42
方案四	基于实测的 DP 优化方案	793		16.79

5.4.4　措施与建议

基于以上结果分析，针对雅砻江中下游梯级水库群风险调度工作，提出以下对策建议：

（1）采用逐年水库群的实际运行结果对该情景下末蓄能组合风险效益二维表进行修正。在采用基于年径流丰枯转移矩阵及场景末蓄能效益表的发电风险分析方式时，虽然理论上能够有效提高预期发电效益，但对各情景下末蓄能组合风险效益二维表值的合理性要求更高。因此，需要根据逐年水库群的实际运行情况，对相同径流情景下的末蓄能组合风险效益二维表进行人工修整，从而提高考虑年末蓄能组合效益的年发电风险分析结果的可靠性。

（2）由于 GA 等智能优化算法通常存在优化效果不稳定等问题，在年内发电调度方案计算中可采用人工经验设定水位法等方法得到多组调度方案以及考虑年末蓄能组合效益的年发电风险分析结果，通过比选来确定一套风险小、发电效益高、稳定性强的调度方案。

（3）在实时调度中，应采用滚动修正的方式实时计算考虑年末蓄能组合效益的年内余留期的发电风险分析结果，从而提高调度结果的合理性与可靠性，同时也保证了调度方案的可执行性。

（4）两河口建成后，雅砻江中下游水库群具备较强调蓄能力的水库增加至三座，因此本文提出的末蓄能组合风险效益二维表的形式已经无法满足应用要求，可根据实际工作需要建立三水库的末蓄能组合风险效益三维表，或者以三库初始水位为参数拟合末蓄能组合风险效益函数，从而实现两河口建成后考虑年末蓄能组合效益的年发电风险分析。

第6章 水电站群短期精细化发电计划编制及适应性调整策略

雅砻江梯级水库群数目众多，电力外送涉及四川、重庆、华东等多个省级和区域电网以及多条特高压直流外送通道，流域梯级水电站间存在复杂的水力和电力联系，加上径流和电网负荷需求的不确定性扰动以及电力市场对水电运行的影响，使得雅砻江梯级水电站发电计划编制既要考虑复杂电力外送方式下的多电网负荷需求、电网负荷频繁调整等问题，又要兼顾梯级水电站发电的经济效益以及保证中长期的水位控制目标。为满足雅砻江梯级水电站短期发电计划编制以及发电计划负荷调整的实际工程需求，本章首先系统地分析了雅砻江梯级水电站送点电网负荷特性及负荷需求，进而提出了兼顾多电网负荷需求以及梯级水电站经济效益的短期发电计划编制模型，最后系统地分析了雅砻江梯级水电站短期发电计划负荷频繁调整的原因并提出了适应性的负荷调整策略，以使雅砻江梯级水电站的发电效益最大化，为雅砻江梯级水电站的实时调度提供了技术支撑。

6.1 雅砻江梯级水电站送电电网负荷特性及负荷需求分析

6.1.1 四川电力市场现状

1. 能源资源

四川能源资源的特点是：水能是四川能源资源的最大优势，煤炭资源比较贫乏，天然气资源相对较为富余。从能源资源分布来看，水能资源主要分布在川西，四川的煤炭和天然气资源分布较广，其中川南火电最为集中。

四川水力资源相当丰富，其理论蕴藏量仅次于西藏，居全国第二位，而技术可开发量则位居全国第一。根据第三次四川省水力资源复查结果，全省水力资源在 1 万 kW 以上的河流有 755 条，水力资源理论蕴藏量为 14351.47 万 kW，技术可开发装机容量 12004.00 万 kW，经济可开发装机容量 10327.07 万 kW。四川西部的金沙江、雅砻江、大渡河三大江河流域可开发容量占全省水电资源的 81.2%，并且水电富集地主要集中在阿坝州、甘孜和凉山州等少数民族地区。四川水力资源具有的特点是：①可建的水电站大、中、小齐全；②分布集中、

147

适宜筑坝建库；③径流丰沛而稳定，落差大且集中，淹没损失小。

四川省煤炭资源相对比较贫乏，目前全省已探明煤炭资源量为 135.3 亿 t，其中保有基础储量 120.8 亿 t。全省探明储量居全国第 13 位，约占全国储量的 1%，人均占有煤炭资源量仅约全国人均的 1/7。四川的煤炭资源分布较广，全省 21 个市（州）有 75 个县（市）有煤炭资源，但以川南宜宾、泸州等地区最为集中，约占全省的 2/3，是四川唯一的一个可供开发的大型煤炭基地。从四川煤炭资源的开发潜力来看，预计四川省煤炭产量在 8000 万～10000 万 t/年，如果按 40%～50% 作为电煤发电，利用四川本省的煤炭资源在中长期可支撑 1800 万～2200 万 kW 的煤电装机。

四川石油资源贫乏而天然气资源丰富。根据全国第二次油气资源评价结果，四川盆地天然气总资源量为 71851 亿 m³。

2. 装机容量

截至 2013 年年底，四川全省装机容量 6862.35 万 kW。其中水电站 2762 座，装机 5266.23 万 kW；火电站 223 座，装机 1581.85 万 kW（含垃圾发电 12.2 万 kW）；风电站 1 座，装机 10.95 万 kW；新增太阳能电站 3 座，装机 3.32 万 kW。

其中，6000kW 及以上电站共计 612 座，总装机容量为 6453.88 万 kW，其中水电占 75.89%，火电占 23.89%，风电占 0.17%，太阳能占 0.05%。

3. 四川电网现状与发展

2010 年，四川 500 kV 电网目标网架的基本框架已经形成。一批大型水火电源将以 500 kV 电压直接接入四川 500 kV 网架。届时，四川电网将形成省际区域全国联网、各等级电网协调发展的大型电网。电网系统二次作为现代电网的有机组成部分，是保障和实现电网安全、稳定、优质、经济运行的重要基础设施和重要技术手段。

全网共有 500kV 变电站 19 座，总变电容量 2350 万 kVA。220kV 变电站 119 座（含用户站 15 座），220kV 开关站 4 座，总变电容量 2693.8 万 kVA（含用户变容量 343.3 万 kVA），已建成并投运 500kV 输电线路 49 条，共 5443km（产权长度）；220kV 输电线路 356 条，220kV 线路全长 12032km。

2011 年川渝断面仅维持目前的 4 回 500kV 交流联络线。2012 年及以后，随着川渝电网 1000kV 交流特高压工程的投产，以及锦屏—苏南±800kV 特高压直流工程的建成投产，四川电网的外送市场由华中电网延伸至华东电网，具体如下：

（1）四川外送华中电网（含重庆和华中东四省）规模：均通过交流通道外送。

（2）四川外送华东电网规模：通过交流和直流通道外送。

1）通过交流通道：2012 年开始送电，规模为 200 万 kW，到 2015 年增加至 400 万 kW，到 2020 年增加至 800 万 kW。

2）通过直流通道：锦屏—苏南 ±800kV 直流；向家坝—上海 ±800kV 直流；溪洛渡—浙西 ±800kV 直流；乌东德—华东 ±1000kV 直流；白鹤滩—华中 ±800kV 直流。

（3）四川外送西北规模：通过直流通道外送。具体为：自"十一五"末期四川与西北通过德阳—宝鸡 ±500kV 直流工程联网后，川陕直流规划采用反调峰运行方式，丰期四川季节性水电送西北，枯期西北返送四川相同的电力电量火电。

4. 用电负荷及其特性

四川地域广阔，人口众多，发展差异很大。国民经济的发展离不开电力生产与消费的增长，在不断推进城市化、工业化、现代化的进程中，生产的发展与用电量之间的关系更加紧密。经济发展形态与电量增长态势呈强相关关系是我国当前电力市场需求发展的基本特点，经济增长的质量、经济结构的改变也可以通过用电量的分布与模式进行探析。随着经济发展质量受到人们越来越多的关注，我国产业发展政策出现偏移，在四川省提高经济发展质量、改善经济结构的同时，其电力市场需求侧的电量增长及其消费模式也发生了一定改变。

具体而言，四川电网用电负荷主要受工业和民用电影响，全网负荷随气温、人体舒适度等气象要素变化的特征十分明显，此外数量众多的地方小水电对全网的网供用电量影响也很突出。由于省内水电站大部分为径流式电站，水库无调节能力，枯水期发电能力仅能达到装机容量的 30% 左右，导致四川电网丰、枯期供电能力悬殊。

2010 年，四川电网日最高负荷为 2094 万 kW，日最高发电出力为 2664 万 kW，日均最大负荷为 1696 万 kW，最大峰谷差为 768 万 kW，最大峰谷差率为 39.6%，平均峰谷差率为 28.8%，平均最小负荷率为 70.5%，日最大发电量为 5.67 亿 kW·h，最高日用电量为 4.25 亿 kW·h。

2011 年，四川电网日最高负荷为 2360 万 kW，日最高发电出力为 2810 万 kW，日均最大负荷为 1696 万 kW，日最大发电量为 5.99 亿 kW·h，最高日用电量为 4.81 亿 kW·h。

从负荷特性分析，历史上四川电网最大负荷基本上出现在年末的 11 月、12 月，主要原因是：各生产企业为了完成当年的生产任务，在年末期间加紧生产，造成了四川电网负荷的上升。另外，年末适值冬季，宾馆、饭店和居民取暖负荷的增加，使负荷上升。再者，地方电网比重较大，并以水电居多，丰水期地方电网出力较大，枯水期又主要依靠统调电网供电，致使在年末期间负荷上升。

从近几年的发展趋势来看，四川电网负荷特性呈以下变化趋势：

（1）随着用电结构的调整，生活用电和第三产业用电比重逐步上升，负荷曲线的峰谷差加大，日最小负荷率及日平均负荷率呈下降的趋势。但随着电网规模的不断扩大，负荷需求侧管理技术的应用，以及分时电价的普遍推广等，又将促使负荷率上升。

（2）为充分利用丰水季节廉价的弃水电量，四川加强了负荷需求侧管理，如出台丰枯期不同电价等，这些措施将会促使一些季节性负荷发展起来，增大夏季负荷。

（3）四川地处秦岭以南，气候潮湿，夏季闷热，冬季湿冷，而长江以南省份没有暖气设施。四川盆地气候和人民生活水平的不断提高，使四川夏季降温与冬季取暖空调负荷不断提高，近几年有在夏季（7—9月）及冬季12月出现了双高峰的趋势。春季与秋季气温适宜，负荷曲线相对平缓。

总之，四川省统调电网最大负荷有从年末转向夏季7月、8月的趋势，而且根据历史数据统计，四川统调电网夏季日平均负荷率在0.7～0.8之间变化，最小负荷率在0.5～0.6之间变化，最大负荷一般出现在21点左右。冬季日平均负荷率在0.7～0.8之间变化，最小负荷率在0.5～0.6之间变化，最大负荷一般出现在20点左右。

5. 电力系统存在的主要问题

（1）四川省电源装机之中水电装机比重大，化石能源所占比例逐渐降低、水电等清洁能源占据主导地位。

（2）受到电源结构和水火电源空间分布的影响，丰水期都有大量的电力自西向东送往负荷中心并向区外输送，枯水期则更多依靠煤电和外来电源，以水电为主的电力供需形势受季节与气候影响较大，对电网吞吐能力和与外区联网要求较高。

（3）四川500kV、220kV电网初具规模，但电网高低两端网架发展有所滞后。一方面与外区大量电力交换能力受到限制，电网稳定水平较低，更高等级电网（交直流特高压电网）亟待早日建成投产；另一方面110kV以下配电网建设有所滞后，配网网架和供电能力有待于进一步加强。

（4）电网负荷峰谷差大，为了满足系统调峰需求，降低火电的单位供电煤耗、提高其运行经济性，丰水期水电存在弃水调峰。

6.1.2　重庆电力市场现状

1. 能源资源

重庆市为能源相对缺乏的地区，常规能源主要有煤炭、水电、天然气三类。重庆市虽有一定的煤炭资源数量，但人均占有煤炭资源量远低于全国平均水平，属贫煤区。同时，重庆市煤炭资源品质普遍不高，主要是高硫高灰分煤，80％煤炭的含硫量都在3％以上。由于重庆市煤炭资源的不足，且煤炭品质较差，根据国家的能源政策和环保政策，重庆市今后煤炭资源的开发利用将会受到限制。

重庆市境内江河纵横，主要河流有长江、嘉陵江、乌江、涪江、綦江、龙河、磨刀溪、大宁河等大中小河流200余条，水能资源理论蕴藏量2296.4万kW，技术可开发量980.8万kW。目前重庆市已开发的水电共4139MW，占全市水能技术可开发量的42％左右，主要集中在乌江、嘉陵江干流及一些中小河流上，长江干流上的水电项目尚未开发。重庆市有一定的水能资源，但总量较小，开发前景十分有限。

重庆市天然气储量较丰富，且不断有新发现，资源总量还在不断增加中。目前，天然气探明储量3970亿m^3，可采储量2930亿m^3，资源可支持建设100亿m^3生产能力。天然气资源主要分布在渝东北的忠县、开县、云阳、垫江等地。重庆市有天然气资源优势，但发展面临较大阻碍。主要体现在天然气体制尚未理顺，天然气开发存在严重的体制约束，加上体制也制约了相关工业的发展。

重庆市地处四川盆地东部，为典型的丘陵地带，风电理论蕴藏量较少，仅为300MW左右，可开发容量约240MW，目前尚未进行开发。重庆市因长年潮湿多雾，太阳能资源不丰富，目前没有开发和利用计划。

长远来看，重庆属能源缺乏地区，为满足重庆经济对能源不断增长的需求，在加大开发境内水力资源的同时，积极引进四川水电，是促进重庆市能源供需可持续发展的重要举措。

2. 装机容量

截至2011年10月底，全市发电总装机容量12810MW，其中火电装机容量6950MW，占总装机容量的54.25％；水电装机容量：5810MW，占总装机容量的45.36％；风电装机容量47MW，占总装机容量的0.37％；生物质能装机容量2MW，占总装机容量的0.02％。

3. 网络概况

重庆电网东联湖北、西接四川，是华中电网的组成部分之一。

目前，重庆市供电由统调电网（重庆电力公司、重庆电力公司控股供电有限责任公司）、其他地方电源及企业自备电源共同承担。按电网供电区域划分为一小时经济圈供区（含重庆市城区及周边共17区6县、所辖面积约2.87万km^2、人口约占56％）、东北部供区（以万州为中心，共1区10县、所辖面积约3.39万km^2、人口约占33％）、东南部供区（以黔江为中心，共1区5县、所辖面积约1.98万km^2、人口约占11％）共三个供区。

重庆电网已于 2007 年建成 500kV "日" 字形环网，骨干网架实现了由 220kV 向 500kV 的转型升级；220kV 主干网络已覆盖全市大部分地区。

截至 2010 年年底，统调电网共有 500kV 变电站 10 座，变压器 22 台，变电容量 18000MVA，500kV 线路 34 条，总长度 2668.507km。共有 220kV 变电站 66 座（含天泰、重钢、川维、江南站、长岭牵、罗田牵），变压器 124 台，变电容量 20580MVA，220kV 线路 187 条，总长度约 5059.752km。

介于四川与重庆电力的相互关系，形成一个紧密电网，即川渝电网将具有更大的科学性。四川电网外送以送华中、华东为主，在 2015 年左右可有部分电力送广东，其中有网对网和点对网 2 种方式，考虑周边联网能改善电能质量，提高电网效益，最终川渝电网将是一个向外区呈辐射状的电网，其特点是 "远送近联"，即远处以送电为主，近处以取得联网效益为主。

日前，随着重庆 500kV 张家坝开关站以及张家坝开关站至恩施变双回 500kV 线路工程的投运，川渝电网与华中主网的联系实现了四回双通道的格局，四川电网可靠运行从而得到了全面保障。该工程中的 500kV 恩施变电站的投运从根本上解决了恩施水电外送卡口的问题，同时，也是重庆电网 500kV "日" 字形环网形成的一个重要节点；作为渝鄂第二通道的全线贯通，则大大增加了重庆 500kV 电网的输电能力，有效增强了渝东南地区电网的稳定性。随着这一通道的建成，华中电网以湖北为中心，与河南、湖南、江西、川渝电网都实现了 3 至 4 回 500kV 输电线路联络，华中区域电网覆盖鄂、渝、湘、赣、川、渝从物理连接上得以真正体现。从华中电网公司所做的 2007 年冬季电网方式计算来看，华中主网送重庆电网、四川电网的输送极限可增至 270 万 kW。这将在很大程度上对以后四川电网参与整个华中电网的电力起到十分积极的作用，从而更大程度上能够保障四川电网安全运行。且 2012 年及以后，川渝电网 1000kV 交流特高压工程将投产。

4. 负荷特性

"十一五" 期间，重庆电网继续维持以第二产业为主导的用电结构。以 2008 年和 2009 年为例。2008 年，在全球遭受国际金融危机的大背景下，第二产业用电仅增长 6.6%，增速较上年下降 9 个百分点；第一产业用电为负增长，为 −0.8%；第三产业用电增长 10.3%，增幅较上年下降 3.1 个百分点；生活用电增长 13.3%，增幅较上年增加 15.1 个百分点。2009 年，随着经济回暖，第二产业用电有所回升，用电增长 8.4%，增速较上年增加 1.8 个百分点；第一产业用电继续维持负增长，为 −34.2%，增幅较上年下降 33.4 个百分点；第三产业用电增长 14.8%，增幅较上年增加 1.5 个百分点；生活用电增长 11.1%，较上年下降 2.2 个百分点。

2010 年，重庆全社会用电量 626.44 亿 kW·h，增长 17.36%。全市最大发电负荷 12500MW，同比增长 11.6%。其中，统调电网发购电量 488.1 亿 kW·h，同比增长 13%，最大负荷 10250MW，同比增长 15.7%。

2011 年，重庆电网全网最大用电负荷 11880MW，同比增长 15.9%（扣除拉限电因素，最大负荷需求 12600MW，同比增长 22.93%）；最大日用电量达到 2.41 亿 kW·h，同比增长了 12.85%；统调负荷有 28 天超过 10000MW，较 2010 年增加 25 天。受电力需求增长较快、装机不足、来水偏枯、电煤短缺等因素的影响，重庆电网电力供应十分紧张并出现了较大的供电缺口。2011 年，重庆电网共限电 87 天，较 2010 年同期增加 40 天；累计限电 8.46 亿 kW·h，是 2010 年同期 4.1 倍；重庆地区已从季节性、局部性缺电转变为全年性、全市范围（所有供电单位均发生了拉限电）的缺电，限电持续时间及限电电量规模均创重庆市直辖以来新高。

2013 年，重庆电网最高负荷达 1405 万 kW，同比增长 18.1%，统调用电量为 666 亿 kW·h，同比增长 17.5%。外购电量 202 亿 kW·h，火电发电量 342.4 亿 kW·h，呈上升趋势；水电来水偏枯，发电量 119.2 亿 kW·h，风电和地方上网电量 5.8 亿 kW·h，同比有所下降。

历史统计数据表明，重庆市电网年内最大负荷一般出现在 7 月或 8 月，少数出现在 9 月。主要原因在于重庆市夏季气候炎热，且 7 月、8 月容易出现伏旱及极端高温天气，持续的高温及旱情将导致空调等降温负荷及农灌负荷持续上升。年内第二高峰一般出现在 12 月或 1 月，主要原因在于：一是企业为完成当年任务，加紧生产，使负荷上升；二是取暖负荷增加等。年内最小负荷一般出现在春季 4 月、5 月，主要受气候及小水电出力的影响。

5. 电力系统存在的主要问题

重庆电力系统中，火主水辅，火电比例过高，电源结构不合理，每年耗用大量燃料（煤、柴油、重油）发电，环境污染严重；火电受技术最小出力限制，调峰能力有限，电网调峰非常困难；受能源资源限制，仅仅依靠本地电源建设不能满足电力增长的需要，必须从外地购电；电网 500kV 网架缺乏骨干电源支撑。

6.1.3 华东电力市场现状

1. 能源资源

华东四省一市能源资源比较匮乏，区内主要生产煤炭、少量的石油和天然气，可再生能源商业化利用刚刚进入起步阶段。区内一次能源生产量占全国能源产量比例一直都比较低，保持在 5.5% 左右。

区内能源资源的特点决定了区内能源生产结构以煤炭为主。除上海外，区内其他四省均有煤炭产出。从 1995 年到 2007 年，区内煤炭生产总量由 8354.4

万 t 增加到 1.39 亿 t，年均增长 4.3%，低于同期全国煤炭产量的增长速度 1 个百分点。2000 年至 2007 年，区内煤炭产量年均增长速度达到 9%，依然低于全国平均增速 1 个百分点。其中，江苏是区内第二大煤炭生产省份。2006 年达到产量最高峰 3047.5 万 t。近两年，随着煤炭资源保障能力的降低，加之实行严格的关闭小煤矿政策，江苏的煤炭产量出现下降趋势，2007 年煤炭产量较 2006年下降了近 550 万 t，为 2500 万 t。总的来看，近十几年来，江苏煤炭产量在区内比例总体上一直保持下降的态势，由 1995 年的 36% 下降到 2007 年的 18%，降低 18 个百分点。除本区自产的煤炭外，华东地区的煤炭约 80% 来自区外，区外用煤主要来自山西大同、晋东南、神府东胜、内蒙古及平顶山等，接受煤炭的路径为：从山西、陕西、内蒙古等地通过铁路从京沪线、陇海线和京九线到厂，水路通过铁路运输至秦皇岛、青岛、石臼所等转运电厂。另一种方式于区外矿区建厂，向华东电网送电。受运力限制，区外来煤的数量也是一定的，因此煤电的发展受到资源与运输的双重制约。

华东地区陆域风能资源技术开发储量约为 1000 万 kW，近海风电场技术可开发量约 9000 万 kW，其中，上海、江苏、浙江和福建是风力资源较为富集地区。其中，江苏省内陆及沿海地区风能资源总储量约 3469 万 kW，其中陆地风电技术可开发量约 300 万 kW，近海风电场技术可开发量约 1800 万 kW。

华东地区含油气盆地主要有苏北油气区和东海气区，这两个油气区规模较小，油气量有限。东海气田的开发和西气东输的实施为华东地区利用天然气发电提供了条件。

华东地区水能资源稀少，主要集中在浙、皖、闽三省。其中，浙江、安徽两省开发程度已超过 80%，可供持续开发的资源有限；福建尚有一定规模的开发空间。

华东地区陆域风能资源技术可开发存储量约为 1000 万 kW，近海风电场技术可开发量约 9000 万 kW，其中，上海、江苏、浙江和福建省是风力资源较为富集地区。其中，江苏省内陆及沿海地区风能资源总储量约 3469 万 kW，其中陆地风电加上可开发量约 300 万 kW，近海风电场技术可开发量约 1800 万 kW。

华东的大部分地区处于国家划定的酸雨和二氧化硫双控制区，环保空间有限。从发展趋势分析，巨大的环保和能源不足压力制约了华东电力的可持续发展，接受区外送电是华东地区经济可持续发展和满足人民生活用电的一个有效途径。

2. 装机容量

截至 2010 年年底，华东全网统调装机容量 18329.18 万 kW（未含阳城），其中火电装机容量 15622.8 万 kW，占 85.2%，含 60 万 kW 及以上机组8984.76 万 kW，占火电装机的 57.5%；水电装机容量 1916.62 万 kW，占

10.5%（含抽水蓄能机组容量 478 万 kW，占 2.6%）；核电装机容量为 573.76 万 kW，占 3.1%；其他新能源装机容量为 216 万 kW，占统调容量的 1.2%。

2010 年全网统调最高用电负荷为 16605.9 万 kW，发生在 8 月 4 日，比 2009 年统调最高用电负荷 14385.2 万 kW 增长 15.44%。因最高负荷时段全网各省市政府合计安排错避峰电力 380 万 kW，还原后 2010 年全网统调最高用电需求为 16985.9 万 kW。

3. 电网概况

截至 2010 年，华东电网 500kV 和 220kV 统调线路总长度为 77771.5km，3184 条。其中，500kV 统调线路长度为 21450km，351 条；220kV 统调线路长度为 56321.5km，2833 条。

华东电网 500kV 和 220kV 变电站、开关站共 1081 座（不含国调管辖部分），变压器共 2162 台，变电总容量 500150MVA。500kV 厂站共 150 座（不含国调管辖厂站），其中，变电站 100 座，开关站 4 座（即三林、太仓、河沥、常熟），电厂 46 座。500kV 变压器（不含机组升压器）共 216 台，变电容量 181650MVA。220kV 变电站共 983 座，变压器共 1946 台，变电容量 318500MVA。

馈入华东电网的跨区直流共有四回，总额定容量 13560MW。分别为 ±500kV 葛南直流、龙政直流、宜华直流，以及 2010 年投产的 ±800kV 特高压复奉直流，直流双极额定容量分别为：1160MW、3000MW、3000MW 和 6400MW，其中葛南直流、宜华直流和复奉直流均接入上海电网，龙政直流接入苏南电网。

4. 负荷特性

华东地区经济增长主要依靠第二产业的增长，工业化发展（安徽、福建）、制造业升级（江苏、浙江）构成了华东地区经济成长的主要内容。

预测表明，2015—2020 年华东 GDP 增速为 6.8%～9.1%，2020—2030 年华东 GDP 增速为 5%～5.6%。2015 年前，华东地区经济增长仍将依靠第二产业，整个华东地区第二产业的比重仍会趋于上升，第三产业比重会呈现"U"字形的变化；2015 年后，产业结构会逐步轻型化，三产比重逐步超过二产，2030 年三产比重将超过 50%。对电网的负荷特性影响较大。第三产业和居民生活用电比重增加、受气温影响较大的季节性负荷大幅度上升等因素的影响，电力系统的负荷特性指标基本将稳步小幅下降。由于第三产业、生活用电的用电比重不断提高，受气温影响较大的季节性负荷将大幅度上升，用电负荷率进一步降低，峰谷差进一步加大。年最大负荷日的最大负荷呈现逐年提高的态势。日负荷率和日最小负荷率将逐年下降，预测得 2015 年、2020 年日负荷率分别为 87.6%、85%，日最小负荷率分别为 70.5%、66%。

5．电力系统存在的主要问题

华东地区一次能源资源匮乏，水力资源和煤炭储量分别仅占全国的 3.6% 和 4.2%，地区资源远远满足不了地区发展需要，使得华东地区内部发电能力有限。

随着地区经济的不断增长，华东电网电力负荷逐年上升，且峰谷差不断增大。由于华东电网是以火电为主的电网，而最近几年投入的电源又以高温高压大容量火电机组为主，造成水电在系统中所占比重越来越小，使得其调峰应变能力不足。在电网出现大机组跳闸或其他突发事件时，其发电机组出力调整跟不上负荷变化，使得电网不能满足系统调峰要求，对电网的安全、稳定、经济运行产生不利影响。

6.1.4　雅砻江梯级水电站送电电网负荷及电量需求

由《四川电网"十二五"规划设计报告（2010 年）》和《锦屏官地水电站调度模式与电力电量消纳方案研究报告》得到四川电网 2014—2015 年的发电负荷和备用容量、2014—2015 年各年系统需要电量及负荷电量，见表 6.1.1 和表 6.1.2。

表 6.1.1　　　　　　　四川电网 2014—2015 年的各月负荷情况　　　　　单位：MW

年份	月份	1	2	3	4	5	6	7	8	9	10	11	12
2014	四川省需要容量	40677	37101	37548	37548	37548	40677	43359	44253	40677	37548	41571	43806
	发电负荷	35909	32752	33146	33146	33146	35909	38276	39065	35909	33146	36698	38671
	备用容量	4768	4349	4402	4402	4402	4768	5083	5188	4768	4402	4873	5135
	月份	1	2	3	4	5	6	7	8	9	10	11	12
2015	四川省需要容量	45063	41102	41597	41597	41597	45063	48034	48530	45063	41597	46054	48530
	发电负荷	39858	36354	36792	36792	36792	39858	42486	42924	39858	36792	40734	42924
	备用容量	5205	4748	4805	4805	4805	5205	5548	5606	5205	4805	5320	5606

表 6.1.2　　　　四川电网 2014—2015 年各年系统需要电量及负荷电量　单位：亿 kW·h

年份	月份	1	2	3	4	5	6	7	8	9	10	11	12
2014	系统需要电量	320	292	295	295	295	320	341	348	320	295	327	345
	1. 负荷电量	190	174	176	176	176	190	203	207	190	176	195	205
	2. 外送电量	130	118	120	120	120	130	138	141	130	120	132	140
	月份	1	2	3	4	5	6	7	8	9	10	11	12
2015	系统需要电量	348	317	321	321	321	348	371	375	348	321	356	375
	1. 负荷电量	211	192	195	195	195	211	225	227	211	195	216	227
	2. 外送电量	137	125	126	126	126	137	146	147	137	126	140	147

　　由《重庆电网"十二五"规划设计报告（2010 年)》和《锦屏官地水电站调度模式与电力电量消纳方案研究报告》得到重庆电网 2014—2015 年的最高发电负荷和备用容量以及 2014—2015 年的系统需要电量和外购电量，见表 6.1.3 和表 6.1.4。

表 6.1.3　重庆电网 2014—2015 年的最高发电负荷和备用容量　　　　单位：MW

年份	月份	1	2	3	4	5	6	7	8	9	10	11	12
2014	重庆市需要容量	17691	16162	16162	15070	16818	18128	19875	21623	17910	16162	17473	19220
	发电负荷	15002	13706	13706	12779	14261	15372	16854	18336	15187	13706	14817	16298
	备用容量	2689	2457	2457	2291	2556	2756	3021	3287	2722	2457	2656	2922
2015	月份	1	2	3	4	5	6	7	8	9	10	11	12
	重庆市需要容量	19984	18257	18504	17024	18997	20478	22452	24672	20478	18504	19738	21711
	最高发电负荷	16686	15244	15450	14214	15862	17098	18746	20600	17098	15450	16480	18128
	备用容量	3298	3013	3054	2810	3135	3380	3706	4072	3380	3054	3258	3583

表 6.1.4　重庆电网 2014—2015 年的系统需要电量和外购电量　　单位：亿 kW·h

年份	月份	1	2	3	4	5	6	7	8	9	10	11	12
2014	系统需要电量	78	71	71	66	74	80	88	95	79	71	77	85
	负荷电量	78	71	71	66	74	80	88	95	79	71	77	85
	外购电量	14	13	13	12	14	15	16	18	15	13	14	16
2015	月份	1	2	3	4	5	6	7	8	9	10	11	12
	系统需要电量	87	80	81	74	83	89	98	108	89	81	86	95
	负荷电量	87	80	81	74	83	89	98	108	89	81	86	95
	外购电量	23	21	22	20	22	24	26	29	24	22	23	25

　　由《国投电力华东电网调研材料》和《锦屏官地水电站调度模式与电力电量消纳方案研究报告》得到华东电网 2014—2015 年的需要容量和发电负荷情况及 2014—2015 年的需要容量和发电负荷情况，见表 6.1.5 和表 6.1.6。

表 6.1.5　华东电网 2014—2015 年的需要容量和发电负荷情况　　　　单位：MW

年份	月份	1	2	3	4	5	6	7	8	9	10	11	12
2014	需要容量	213964	205838	219380	216672	219380	227506	262715	270840	246464	230214	241048	232922
	发电负荷	178303	171532	182817	180560	182817	189588	218929	225700	205387	191845	200873	194102
	备用容量	35661	34306	36563	36112	36563	37918	43786	45140	41077	38369	40175	38820
2015	月份	1	2	3	4	5	6	7	8	9	10	11	12
	需要容量	230400	221760	236160	230400	236160	244800	282240	288000	262080	247680	259200	250560
	发电负荷	192000	184800	196800	192000	196800	204000	235200	240000	218400	206400	216000	208800
	备用容量	38400	36960	39360	38400	39360	40800	47040	48000	43680	41280	43200	41760

表 6.1.6　华东电网 2014—2015 年的需要容量和发电负荷情况　单位：亿 kW·h

年份	月份	1	2	3	4	5	6	7	8	9	10	11	12
2014	系统需要电量	1025	986	1051	1038	1051	1090	1258	1297	1181	1103	1155	1116
	1. 区内电量	901	867	924	913	924	958	1107	1141	1038	970	1015	981
	2. 区外电量	124	119	127	125	127	132	152	157	143	133	139	135
2015	月份	1	2	3	4	5	6	7	8	9	10	11	12
	系统需要电量	1094	1053	1122	1094	1122	1163	1341	1368	1245	1176	1231	1190
	1. 区内电量	931	896	955	931	955	990	1141	1164	1059	1001	1048	1013
	2. 区外电量	163	157	167	163	167	173	200	204	186	175	183	177

6.2　基于负荷自动分配策略的梯级水电站短期精细化发电计划编制模型

6.2.1　水电站负荷自动分配策略设计及均匀效益分析

6.2.1.1　水电站负荷自动分配策略设计

1. 约束条件

根据《2017 年国调直调安全自动装置调度运行管理规定》。正常方式下，锦屏二级水电站并网运行机组中安排 1 台计划出力最低的机组不投切机压板（称保留机组），其余运行机组投切机压板（称可切机组）；开机台数为 4 台及以上时，投切机压板的机组单机出力应不低于 50 万 kW。

锦屏二级水电站机组振动区为 24 万～38 万 kW。在该区域内不宜安排机组长期运行吗，在符合分配过程中，会避开区域。由于振动区的上限 38 万低于 50 万，当开机台数为 4 台及以上时，可切机组均应不低于 50kW。

2. 实际分配策略

实际调度过程中，锦屏二级水电站在满足《2017 年国调直调安全自动分配装置调度运行管理规定》的前提下，为了保证电力系统具备足够的事故切机容量，常常采取脚步均匀的负荷分配策略。即，将可切机组的出力尽量设置为较大出力，接近或达到额定满发状态；同时使得保留机组的出力较低。在遵循此原则的基础上，各机组的具体出力设置没有明确的规定，依靠人工经验操作，具有一定的自由度。表 6.2.1 为典型的实际负荷运行分配情况。

一般认为各台机组出力趋于平均化，有利于节水发电，目前的分配策略存在优化的空间。

3. 自动分配流程

居于平均化的设计理念，在去除人工设置的随意性时，将保留机组的负荷设计为相同。在开机台数选取时，选择最少的可满足出力计划的台数。

表 6.2.1 实际负荷运行分配典型情况 单位：万 kW

总出力	1 号机组	2 号机组	3 号机组	4 号机组	5 号机组	6 号机组	7 号机组	8 号机组
76.3				16.3		60		
275.7	57.8	57.9	57.9	44.2			57.9	
332.8	57.9	57.8	58	58.2			57.9	43
396.3	57.9	58.4		58.3	48.2	58.1	58.3	58.1
321.1	52		51.7	52	9.2	52.1	52.1	52

方法：首先确定开机台数（出力在振动区以上的台数 X，出力在振动区以下的台数 Y），X、Y 为自然数，Y 取值为 0 或 1。根据振动区边界出力值，以及最小出力 2 万 kW，额定出力 60 万 kW 要求，利用区间叠加的方法，可以确定每一种开机组合对应的总出力计划区间，见表 6.2.2。

表 6.2.2 电站总出力与开机台数对应关系

序数 i	台数 X	台数 Y	出力量小 a_i	出力量多 b_i	出力上界 1c_i	出力上界 2d_i
1	1	1	61	83	84	78
2	2	0	78	120	121	121
3	2	1	121	143	144	121
4	3	0	121	180	181	181
5	3	1	181	203	204	201
6	4	0	181	203	204	201
7	4	1	241	263	264	251
8	5	0	241	300	301	301
9	5	1	301	323	324	301
10	6	0	301	360	361	361
11	6	1	361	383	384	361
12	7	0	361	420	421	421
13	7	1	421	443	444	421
14	8	0	421	480	…	…

由于可行区间在重叠现象，可采取两种策略去除重叠区域，边界 c_i 为优先选择保留机组出力低于振动区下边界的策略；边界 d_i 为优先选择保留机组出力高于振动区上边界的策略。

$$a_i = \max[2x_i + 39y_i, (X+Y-1) \times 60] \rbrace$$
$$b_i = 23X + 60y_i$$
$$c_i = \max(b_i + 1, a_{i+l})$$
$$d_i = \min(b_i + 1, a_{i+l})$$

159

如果开机台数达到 4 台及以上，c_i，d_i 应不小于 $1+50(X+1)$，由此判断条件修改了 d_5，d_7。

表 6.2.2 中出现连续两个相等边界的情况，重复边界的最后一行才会被选取。比如序号第 8、9 行的出力边界 2 数值相同，则大于 301 万 kW 时，直接采用 6 台机出力均高于振动区上边界的策略。

在确定出力区间与开机方式关联之后，同一个出力数据仍然存在多种出力组合方式。现设计出两种极端的分配策略。最不均匀策略可描述为，当保留机组出力在振动区以下，且不低于最小出力 2 万 kW 时，可切机组出力选取不超过额定出力的最大值；当保留机组在振动区以上，且不低于振动区上沿出力 39 万 kW 时，可切机组出力选取不超过额定出力的最大值：

$$x = \min\left(60, \frac{P-2}{x}\right), \quad Y=1$$

$$x = \min\left(60, \frac{P-2}{X}\right), \quad Y=1$$

$$y = P - Xx$$

该策略应选取 c_i 作为区间边界，对出力从 61 万～480 万 kW 进行负荷分配。

最均匀分配策略可描述为当保留机组出力在振动区以下时，优先使保留机组为振动区下沿，若此时可切机组处于振动区，则可调整可切机组出力至振动区上沿，同时调减保留机组；当保留机组在振动区以上时，保留机组与可切机组负荷相同：

$$x = \max\left(39, \frac{P-23}{X}\right), \quad Y=1$$

$$x = \frac{P}{X}, \quad Y=0$$

$$y = P - Xx$$

该策略应选取 d_i 作为区间边界，对出力从 61 万～480 万 kW 进行负荷分配。

4. 不同负荷分配策略经济性能分析

首先选取锦屏二级水电站 2016 年 5 月平均水头 312.7m，对 61 万～480 万 kW，采用"3 自动分配流程"中设计的两种分配策略，计算发电用流量，并得到差值。最均匀的负荷分配策略发电用水始终低于最不均匀的负荷分配策略发电用水。经统计，总出力上升为 61 万～280 万 kW，流量差值平均 $7.35\text{m}^3/\text{s}$，最大差异 $26.35\text{m}^3/\text{s}$。存在较大差异的地方主要集中在总出力为 $60X+2$ 的情形。

定义最均匀负荷分配策略的均匀效益系数为 100%，最不均匀分配策略的均匀效益系数为 0%。两种策略的发电流量差异为基准值，任意策略与最不均匀分配策略发电流量的差异为考察值，考察值与基准值的百分比为该策略的均匀效益系数：

$$\bigcap = \frac{Q_{max} - Q}{Q_{max} - Q_{min}}\%$$

式中：Q_{max}、Q_{min} 和 Q 分别为最不均匀策略、最均匀策略和考察策略的发电流量，m^3/s。

5. 自动分配策略

按照"3 自动分配流程"的自动分配策略设计思路，可以通过改变出力区间、最小出力约束，制作出不同的分配策略。自动分配策略充分考虑了约束条件，运行机组避开了机组振动区，且可切机组均保持了较大的出力，亦满足电网系统保持较大切机容量的原则。

自动分配策略的推广，有利于改进 AGC，推进标准化作业，有利于水位预测和计划编制。在出力计划编制过程中，已开始使用自动分配策略，提高了工作效率。

6.2.1.2　电站运行均匀效益系数

提取 2016 年 5 月锦屏二级水电站总出力及发电用水小时值，采用设计的分配策略计算发电用水（表 6.2.3），计算均匀效益系数。

表 6.2.3　　　　　　　　典型运行情况及月均值策略对比

时　　间	总出力 /万 kW	最均匀策略 /(m³/s)	实际流量 /(m³/s)	最不均匀策略 /(m³/s)	水头 /m
2016－05－01 01：00	76.3	280	284	286	315.6
2016－05－09 14：00	275.7	1010	1014	1017	311.2
2016－05－18 10：00	332.8	1212	1216	1219	312.7
2016－05－31 17：00	396.3	1449	1452	1458	312.1
2016－06－01 00：00	321.1	1170	1180	1184	313.1
月均值	291.2	1064.8	1066.6	1071.1	312.7

均匀效益系数计算值为 71.9%。

通过流量差值和平均耗水率，可以计算可优化增发的电量。由于忽略了水头变化的因素，实际可优化的空间应比计算结果略大。

电站出力均匀效益系数反映了电站负荷经济分配的优化程度。在目前调度要求电站为系统提供较大可切容量的背景下，锦屏二级水电站保持的均匀效益已相当可观。

6.2.1.3　小结

本结对电站负荷自动分配策略及均匀效益进行了研究，得到以下结论：

（1）通过设置避开振动区的出力区间与开机方式关联，可以设计出可行的自动分配策略。自动分配策略有利于提高工作效率，推进作业标准化，并为提高水库运行水位预测和控制水平提供支持。

（2）均匀效益系数可以反映电站负荷经济分配的优化程度，实际可优化电量与具体出力计划相关。在计划编制、调度运行中，兼顾负荷分配的均匀程度，有利于电站节水发电。

（3）锦屏二级水电站在当前调度环境下保持了较高的均匀效益。电站可以将当前人工操作经验升级为标准化操作规范，进一步提高均匀效益和自动化水平。

6.2.2　雅砻江下游梯级水电站短期精细化发电计划编制模型

梯级水电站短期发电优化调度是在充分考虑短期调度水力、电力等各项约束条件的基础上，建立能够充分反映系统物理特征和运行约束的优化调度模型，寻找满足调度时效性和合理性要求的模型求解算法。短期调度周期较短，更接近水库水电站实际的运行状况。其任务是，在综合考虑当时水电系统的运行状态（各水库水位、入库流量、机组状况等）和电网的实际状况的基础上，确定各水电站在未来一个调度期逐时段的运行状态或电网负荷在各电站间的分配。一般情况下，梯级水电站短期发电优化调度采用的模型及优化算法与中长期优化调度基本相同。与梯级水电站中长期发电优化调度相比，短期优化调度的显著特点在于，调度计算在考虑常规约束的基础上，同时需考虑梯级每座电站和水库的水力与电力、区间水流时滞、电站机组出力分配等多项约束条件。短期调度模型需考虑的变量数目增多，且某些约束条件随着机组运行工况的不同而不断变化，由此使得该问题是一个多变量、多约束、非线性、含时滞的更为复杂的系统优化问题。

6.2.2.1　梯级水电站发电收益最大模型

1. 目标函数

雅砻江下游梯级电站向多个受电区域送电，且有些区域实行分时电价。在这样的背景下，如何合理安排各水库的运行计划及合理分配各受电区域售电电量，实现短期（日）发电收益最大化便成为发电企业追求的目标。因此，在假定各水库来水及各受电区域电价已知的情况下，选择梯级水电站短期发电收入最大作为优化目标，意在考虑不同受电区域电价差异和同一受电区域电网峰、平、谷上网电价不同的情况下，通过水库调节，使梯级电站在尽可能增加峰段发电收入的同时，增大平、谷期的发电收益，从而确保发电业主的发电收入。

$$W = \text{Max} \sum_{i=1}^{N} \sum_{t=1}^{T} (N_{i,t} \Delta t P_{i,t}) \qquad (6.2.1)$$

式中：$N(i,t)$ 为第 i 梯级水库 t 时段平均出力，MW；Δt 为时段长；N 为梯级水电站数目；$P_{i,t}$ 为第 i 梯级水库 t 时段电价；T 为时段数目。

2. 约束条件

（1）各梯级库容（水位）约束：

$$V_{i,\min} \leqslant \underline{V_i} \leqslant V_{i,t} \leqslant \overline{V_i} \leqslant V_{i,\max} \quad (\forall i \in N, \quad t \in T) \tag{6.2.2}$$

式中：$V_{i,t}$ 为 i 梯级水库 t 时段末的蓄水量，m^3；$\overline{V_i}$、$\underline{V_i}$ 分别为 i 梯级水库调度期的蓄水上、下限，汛期可考虑为防洪限制水位的蓄水量，也可根据调度需要"动态"的逐步控制，m^3；$V_{i,\max}$、$V_{i,\min}$ 分别为第 i 梯级水库的允许最大、最小蓄水限制，m^3。

（2）各梯级出力约束：

$$N_{i,\min} \leqslant N_{i,t} \leqslant N_{i,\max} \tag{6.2.3}$$

式中：$N_{i,t}$ 为 i 电站 t 时段的平均出力，MW；$N_{i,\min}$ 为电站最小出力，MW；$N_{i,\max}$ 为考虑各水电站的机组检修的电网可调度最大容量，MW；对机组的防汽蚀、防震动最小出力可以适当考虑到此约束中。

（3）各梯级流量约束：

$$Q(i,t) \geqslant Q_{i\min} \tag{6.2.4}$$

$$QF(i,t) \leqslant QD_{i\max} \tag{6.2.5}$$

式中：$Q(i,t)$ 和 $QF(i,t)$ 分别为第 i 水库 t 时段的平均出库流量和发电流量，m^3/s；$Q_{i\min}$ 为满足综合利用要求最小出库流量（生态流量），m^3/s；$QD_{i\max}$ 为第 i 梯级水库电站最大过机流量，m^3/s。

（4）水量平衡约束：

$$V(i,t+1) = V(i,t) + [Qr(i,t) - Q(i,t)]\Delta t \quad (\forall i \in N, \quad t \in T) \tag{6.2.6}$$

$$Q(i,t) = QF(i,t) + QS(i,t) \quad (\forall i \in N, \quad t \in T) \tag{6.2.7}$$

$$Qr(i,t) = Q(i-1,t) + Qu(i,t) \quad (\forall i \in N, \quad t \in T) \tag{6.2.8}$$

式中：$Qr(i,t)$、$Qu(i,t)$ 和 $QS(i,t)$ 分别为 i 梯级水库 t 时段平均入库流量、区间入流和弃水流量，m^3/s。

当进行短期调度时，如果调度时段长度很短则需要考虑水流时滞的影响，即上级水电站的下泄流量到达下级水电站的时间，则式（6.2.8）可表示为

$$Qr(i,t) = Q(i-1,t-\tau_i) + Qu(i,t) \quad (\forall i \in N, \quad t \in T) \tag{6.2.9}$$

式中：τ_i 为 i 水库与 $i-1$ 水库之间的水流传播时间。

（5）水电站振动区约束：

$$[N_i^t - \overline{NS_{i,t,k}}(Z_i^t, Z_i^{t+1}, Zd_i^t)][N_i^t - \underline{NS_{i,t,k}}(Z_i^t, Z_i^{t+1}, Zd_i^t)] \geqslant 0 \tag{6.2.10}$$

式中：$\overline{NS_{i,t,k}}$，$\underline{NS_{i,t,k}}$ 为 i 电站 t 时段第 k 个出力振动区的上、下限，与 i 电站 t 时段初末水位 Z_i^t、Z_i^{t+1} 及 i 电站 t 时段平均尾水位 Zd_i^t 有关，MW。

（6）水电站出力爬坡限制：

$$|N_i^t - N_i^{t-1}| \leqslant \overline{\Delta N_i} \tag{6.2.11}$$

式中：$\overline{\Delta N_i}$ 为 i 电站相邻时段最大出力升降限制，MW。

（7）日水位变幅约束：

当水位上升时：

$$Z_i^t - Z_i^0 \leqslant \Delta Z_i^{up} \tag{6.2.12}$$

当日水位下降时：

$$Z_i^0 - Z_i^t \leqslant \Delta Z_i^{down} \tag{6.2.13}$$

式中：ΔZ_i^{up} 为 i 电站每日水位允许上升的上限，m；ΔZ_i^{down} 为 i 电站每日水位允许下降的下限，m。

对于锦屏一级、锦屏二级、官地电站，ΔZ_i^{up} 与 ΔZ_i^{down} 相等，二滩电站两者不等。

（8）切机容量约束：

$$N_i^t \geqslant N_{q,i}^t \tag{6.2.14}$$

式中：N_i^t 为第 i 个电站的 t 时段的平均出力，MW；$N_{q,i}^t$ 为第 i 个电站 t 时段的切机容量，MW。

（9）调峰容量约束：

$$\overline{N_i^f} - \overline{N_i^g} \geqslant N_i^{tf} \tag{6.2.15}$$

式中：$\overline{N_i^f}$ 为 i 电站每日峰段的平均出力，MW；$\overline{N_i^g}$ 为 i 电站每日谷段的平均出力，MW；N_i^{tf} 为 i 电站的调峰容量，MW。

（10）其他非负约束。

3. 模型求解

由于雅砻江下游梯级电站间存在较长的流达时间，再加之约束条件多，针对传统 POA 算法做如下改进：在每个两阶段寻优过程中，目标函数不再是两阶段发电量最大，而是当前水位状态下所有计算时段发电量最大；在寻优计算中，需要对出力、水位、振动区、爬坡限制约束进行判断，当不满足约束时，在目标函数中加入惩罚函数 $f(x)$，x 代表每个两阶段寻优过程中的水位、流量或出力值，x_{min} 或者 x_{max} 为电站约束要求对该值的最小或最大限制，当实际值 x 小于最小限制 x_{min} 时，惩罚函数为 $f(x) = A(x - x_{min})$，当实际值 x 大于最大限制 x_{max} 时，惩罚函数为 $f(x) = A(x_{max} - x)$，A 为惩罚因子，各种综合约束条件对应的惩罚因子不同，A 为常数，各约束条件对应惩罚因子的大小可以反映该综合利用约束条件的重要性，则各时段目标函数变为

$$E = \max \sum_{i=1}^{N} \sum_{t=1}^{T} N(i,t)\Delta t + f(x) \quad (\forall\, i \in N, \quad t \in T) \qquad (6.2.16)$$

某时段出力下的机组开机方式和负荷分配采用 6.2.1 节中所述负荷自动分配策略。

4. 结果计算及分析

（1）锦官组计算。为说明模型的可行性，这里选取某代表日，龙头水库锦屏一级水库的起始水位设为 1840m，日末水位设为 1839.7m；锦屏二级初末水位为 1644m；官地初始水位为 1329m，末水位为 1328.6m。锦屏一级天然来水 500m³/s，锦屏二级—官地区间来水 50m³/s。

另外考虑到上游电站的下泄流量流达下游电站的滞时影响，选取梯级电站在优化调度开始时刻前 12h 的下泄流量，即优化日期前一天的 12：00—24：00 的下泄流量假定如下：锦屏一级电站的发电流量在 12：00—24：00 为 800m³/s，所有时段弃水为 0；锦屏二级电站的发电流量在 12：00—24：00 为 900m³/s，所有时段弃水为 0；官地电站的发电流量在 12：00—24：00 为 900m³/s，所有时段弃水为 0。锦屏一级、官地调峰容量为 500MW。

锦屏一级、锦屏二级、官地的受电区域为华东区地，上网电价为 0.32 元，无分时电价。

计算结果见表 6.2.4～表 6.2.6、图 6.2.1～图 6.2.4。

表 6.2.4　　　雅砻江下游梯级电站锦官组短期优化调度结果表（一）

时段 /15min	锦西水位 /m	锦东水位 /m	官地水位 /m	锦西出力 /MW	锦东出力 /MW	官地出力 /MW	锦官组总出力/MW
0	1840	1644	1329.02	1150.39	1726.77	727.34	3604.5
1	1840	1644	1329.03	1150.39	1726.77	727.34	3604.5
2	1839.99	1644	1329.05	1150.39	1726.77	727.34	3604.5
3	1839.99	1644	1329.07	1150.39	1726.77	727.34	3604.5
4	1839.99	1644	1329.08	1150.39	1726.77	727.34	3604.5
5	1839.99	1644	1329.1	1150.39	1726.77	727.34	3604.5
6	1839.99	1644	1329.12	1150.39	1726.77	727.34	3604.5
7	1839.99	1644	1329.13	1150.39	1726.77	727.34	3604.5
8	1839.98	1644	1329.15	1150.39	1726.77	727.34	3604.5
9	1839.98	1644	1329.17	1150.39	1726.77	727.34	3604.5
10	1839.98	1644	1329.18	1150.39	1726.77	727.34	3604.5
11	1839.98	1644	1329.2	1150.39	1726.77	727.34	3604.5
12	1839.98	1644	1329.2	1150.39	1726.77	727.34	3604.5

续表

时段 /15min	锦西水位 /m	锦东水位 /m	官地水位 /m	锦西出力 /MW	锦东出力 /MW	官地出力 /MW	锦官组总出力/MW
13	1839.97	1644	1329.2	1150.39	1726.77	727.34	3604.5
14	1839.97	1644	1329.2	1150.39	1726.77	727.34	3604.5
15	1839.97	1644	1329.2	1150.39	1726.77	727.34	3604.5
16	1839.97	1644	1329.2	1150.39	1726.77	727.34	3604.5
17	1839.97	1644	1329.2	1150.39	1726.77	727.34	3604.5
18	1839.97	1644	1329.19	1150.39	1726.77	727.34	3604.5
19	1839.96	1644	1329.19	1150.39	1726.77	727.34	3604.5
20	1839.96	1644	1329.19	1150.39	1726.77	727.34	3604.5
21	1839.96	1644	1329.19	1150.39	1726.77	727.34	3604.5
22	1839.96	1644	1329.19	1150.39	1726.77	727.34	3604.5
23	1839.96	1644	1329.19	1150.39	1726.77	727.34	3604.5
24	1839.96	1644	1329.19	1150.39	1726.77	727.34	3604.5
25	1839.95	1644	1329.19	1150.39	1726.77	727.34	3604.5
26	1839.95	1644	1329.19	1150.39	1726.77	727.34	3604.5
27	1839.95	1644	1329.19	1150.39	1726.77	727.34	3604.5
28	1839.94	1644	1329.16	1650.39	2473.45	1227.34	5351.18
29	1839.94	1644	1329.13	1650.39	2473.45	1227.34	5351.18
30	1839.93	1644	1329.1	1650.39	2473.45	1227.34	5351.18
31	1839.93	1644	1329.07	1650.39	2473.45	1227.34	5351.18
32	1839.92	1644	1329.04	1650.39	2473.45	1227.34	5351.18
33	1839.91	1644	1329.01	1650.39	2473.45	1227.34	5351.18
34	1839.91	1644	1328.98	1650.39	2473.45	1227.34	5351.18
35	1839.9	1644	1328.95	1650.39	2473.45	1227.34	5351.18
36	1839.9	1644	1328.92	1650.39	2473.45	1227.34	5351.18
37	1839.89	1644	1328.89	1650.39	2473.45	1227.34	5351.18
38	1839.89	1644	1328.86	1650.39	2473.45	1227.34	5351.18
39	1839.88	1644	1328.83	1650.39	2476.19	1227.34	5353.92
40	1839.87	1644	1328.81	1650.39	2476.19	1227.34	5353.92
41	1839.87	1644	1328.8	1650.39	2476.19	1227.34	5353.92
42	1839.86	1644	1328.79	1650.39	2476.19	1227.34	5353.92
43	1839.86	1644	1328.78	1650.39	2476.19	1227.34	5353.92

时段 /15min	锦西水位 /m	锦东水位 /m	官地水位 /m	锦西出力 /MW	锦东出力 /MW	官地出力 /MW	锦官组总 出力/MW
44	1839.86	1644	1328.79	1150.39	1726.77	727.34	3604.5
45	1839.85	1644	1328.81	1150.39	1726.77	727.34	3604.5
46	1839.85	1644	1328.82	1150.39	1726.77	727.34	3604.5
47	1839.85	1644	1328.84	1150.39	1726.77	727.34	3604.5
48	1839.85	1644	1328.86	1150.39	1726.77	727.34	3604.5
49	1839.85	1644	1328.87	1150.39	1726.77	727.34	3604.5
50	1839.84	1644	1328.89	1150.39	1726.77	727.34	3604.5
51	1839.84	1644	1328.91	1150.39	1726.77	727.34	3604.5
52	1839.84	1644	1328.92	1150.39	1726.77	727.34	3604.5
53	1839.84	1644	1328.94	1150.39	1726.77	727.34	3604.5
54	1839.84	1644	1328.96	1150.39	1726.77	727.34	3604.5
55	1839.84	1644	1328.97	1150.39	1726.77	727.34	3604.5
56	1839.83	1644	1328.97	1150.39	1726.77	727.34	3604.5
57	1839.83	1644	1328.97	1150.39	1726.77	727.34	3604.5
58	1839.83	1644	1328.97	1150.39	1726.77	727.34	3604.5
59	1839.83	1644	1328.97	1150.39	1726.77	727.34	3604.5
60	1839.83	1644	1328.97	1150.39	1726.77	727.34	3604.5
61	1839.82	1644	1328.97	1150.39	1726.77	727.34	3604.5
62	1839.82	1644	1328.97	1150.39	1726.77	727.34	3604.5
63	1839.82	1644	1328.97	1150.39	1726.77	727.34	3604.5
64	1839.82	1644	1328.97	1150.39	1726.77	727.34	3604.5
65	1839.82	1644	1328.97	1150.39	1726.77	727.34	3604.5
66	1839.82	1644	1328.97	1150.39	1726.77	727.34	3604.5
67	1839.81	1644	1328.96	1150.39	1726.77	727.34	3604.5
68	1839.81	1644	1328.96	1150.39	1726.77	727.34	3604.5
69	1839.81	1644	1328.96	1150.39	1726.77	727.34	3604.5
70	1839.81	1644	1328.96	1150.39	1726.77	727.34	3604.5
71	1839.81	1644	1328.96	1150.39	1726.77	727.34	3604.5
72	1839.8	1644	1328.96	1150.39	1726.77	727.34	3604.5
73	1839.8	1644	1328.96	1150.39	1726.77	727.34	3604.5
74	1839.8	1644	1328.96	1150.39	1726.77	727.34	3604.5

续表

时段 /15min	锦西水位 /m	锦东水位 /m	官地水位 /m	锦西出力 /MW	锦东出力 /MW	官地出力 /MW	锦官组总 出力/MW
75	1839.8	1644	1328.96	1150.39	1726.77	727.34	3604.5
76	1839.79	1644	1328.93	1650.39	2476.19	1227.34	5353.92
77	1839.79	1644	1328.9	1650.39	2476.19	1227.34	5353.92
78	1839.78	1644	1328.87	1650.39	2476.19	1227.34	5353.92
79	1839.78	1644	1328.84	1650.39	2476.19	1227.34	5353.92
80	1839.77	1644	1328.8	1650.39	2476.19	1227.34	5353.92
81	1839.76	1644	1328.77	1650.39	2476.19	1227.34	5353.92
82	1839.76	1644	1328.74	1650.39	2476.19	1227.34	5353.92
83	1839.75	1644	1328.71	1650.39	2476.19	1227.34	5353.92
84	1839.75	1644	1328.68	1650.39	2476.19	1227.34	5353.92
85	1839.74	1644	1328.65	1650.39	2476.19	1227.34	5353.92
86	1839.74	1644	1328.62	1650.39	2476.19	1227.34	5353.92
87	1839.73	1644	1328.59	1650.39	2476.19	1227.34	5353.92
88	1839.72	1644	1328.58	1650.39	2476.19	1227.34	5353.92
89	1839.72	1644	1328.56	1650.39	2476.19	1227.34	5353.92
90	1839.71	1644	1328.55	1650.39	2476.19	1227.34	5353.92
91	1839.71	1644	1328.54	1650.39	2476.19	1227.34	5353.92
92	1839.7	1644	1328.55	1150.39	1729.34	727.34	3607.07
93	1839.7	1644	1328.57	1150.39	1729.34	727.34	3607.07
94	1839.7	1644	1328.59	1150.39	1729.34	727.34	3607.07
95	1839.7	1644	1328.6	1150.39	1729.34	727.34	3607.07

表 6.2.5　雅砻江下游梯级电站锦官组短期优化调度结果表（二）　　　单位：m³/s

时段 /15min	锦一入库 流量	锦一发电 流量	锦一弃水 流量	锦二入库 流量	锦二发电 流量	锦二弃水 流量	官地入库 流量	官地发电 流量	官地弃水 流量
0	500	621.09	0	621	621.09	0	950	683.59	0
1	500	621.09	0	621	621.09	0	950	683.59	0
2	500	621.09	0	621	621.09	0	950	683.59	0
3	500	621.09	0	621	621.09	0	950	682.62	0
4	500	621.09	0	621	621.09	0	950	682.62	0
5	500	621.09	0	621	621.09	0	950	682.62	0

时段 /15min	锦一入库 流量	锦一发电 流量	锦一弃水 流量	锦二入库 流量	锦二发电 流量	锦二弃水 流量	官地入库 流量	官地发电 流量	官地弃水 流量
6	500	621.09	0	621	621.09	0	950	682.62	0
7	500	621.09	0	621	621.09	0	950	682.62	0
8	500	621.09	0	621	621.09	0	950	681.64	0
9	500	621.09	0	621	621.09	0	950	681.64	0
10	500	621.09	0	621	621.09	0	950	681.64	0
11	500	621.09	0	621	621.09	0	950	681.64	0
12	500	621.09	0	621	621.09	0	671	681.64	0
13	500	621.09	0	621	621.09	0	671	681.64	0
14	500	621.09	0	621	621.09	0	671	681.64	0
15	500	621.09	0	621	621.09	0	671	681.64	0
16	500	621.09	0	621	621.09	0	671	681.64	0
17	500	621.09	0	621	621.09	0	671	681.64	0
18	500	621.09	0	621	621.09	0	671	681.64	0
19	500	621.09	0	621	621.09	0	671	681.64	0
20	500	621.09	0	621	621.09	0	671	681.64	0
21	500	621.09	0	621	621.09	0	671	681.64	0
22	500	621.09	0	621	621.09	0	671	681.64	0
23	500	621.09	0	621	621.09	0	671	681.64	0
24	500	621.09	0	621	621.09	0	671	681.64	0
25	500	621.09	0	621	621.09	0	671	681.64	0
26	500	621.09	0	621	621.09	0	671	681.64	0
27	500	621.09	0	621	621.09	0	671	681.64	0
28	500	891.6	0	892	891.6	0	671	1145.51	0
29	500	891.6	0	892	891.6	0	671	1146.48	0
30	500	891.6	0	892	891.6	0	671	1146.48	0
31	500	891.6	0	892	891.6	0	671	1146.48	0
32	500	891.6	0	892	891.6	0	671	1146.48	0
33	500	891.6	0	892	891.6	0	671	1146.48	0
34	500	891.6	0	892	891.6	0	671	1146.48	0
35	500	891.6	0	892	891.6	0	671	1147.46	0
36	500	891.6	0	892	891.6	0	671	1148.44	0

时段 /15min	锦一入库 流量	锦一发电 流量	锦一弃水 流量	锦二入库 流量	锦二发电 流量	锦二弃水 流量	官地入库 流量	官地发电 流量	官地弃水 流量
37	500	891.6	0	892	891.6	0	671	1148.44	0
38	500	891.6	0	892	891.6	0	671	1148.44	0
39	500	892.58	0	893	892.58	0	671	1148.44	0
40	500	892.58	0	893	892.58	0	942	1148.44	0
41	500	892.58	0	893	892.58	0	942	1148.44	0
42	500	892.58	0	893	892.58	0	942	1148.44	0
43	500	892.58	0	893	892.58	0	942	1148.44	0
44	500	621.09	0	621	621.09	0	942	683.59	0
45	500	621.09	0	621	621.09	0	942	683.59	0
46	500	621.09	0	621	621.09	0	942	683.59	0
47	500	621.09	0	621	621.09	0	942	683.59	0
48	500	621.09	0	621	621.09	0	942	683.59	0
49	500	621.09	0	621	621.09	0	942	683.59	0
50	500	621.09	0	621	621.09	0	942	683.59	0
51	500	621.09	0	621	621.09	0	943	683.59	0
52	500	621.09	0	621	621.09	0	943	683.59	0
53	500	621.09	0	621	621.09	0	943	683.59	0
54	500	621.09	0	621	621.09	0	943	683.59	0
55	500	621.09	0	621	621.09	0	943	683.59	0
56	500	621.09	0	621	621.09	0	671	683.59	0
57	500	621.09	0	621	621.09	0	671	683.59	0
58	500	621.09	0	621	621.09	0	671	683.59	0
59	500	621.09	0	621	621.09	0	671	683.59	0
60	500	621.09	0	621	621.09	0	671	683.59	0
61	500	621.09	0	621	621.09	0	671	683.59	0
62	500	621.09	0	621	621.09	0	671	683.59	0
63	500	621.09	0	621	621.09	0	671	683.59	0
64	500	621.09	0	621	621.09	0	671	683.59	0
65	500	621.09	0	621	621.09	0	671	683.59	0
66	500	621.09	0	621	621.09	0	671	683.59	0

续表

时段 /15min	锦一入库流量	锦一发电流量	锦一弃水流量	锦二入库流量	锦二发电流量	锦二弃水流量	官地入库流量	官地发电流量	官地弃水流量
67	500	621.09	0	621	621.09	0	671	683.59	0
68	500	621.09	0	621	621.09	0	671	683.59	0
69	500	621.09	0	621	621.09	0	671	683.59	0
70	500	621.09	0	621	621.09	0	671	683.59	0
71	500	621.09	0	621	621.09	0	671	683.59	0
72	500	621.09	0	621	621.09	0	671	683.59	0
73	500	621.09	0	621	621.09	0	671	683.59	0
74	500	621.09	0	621	621.09	0	671	683.59	0
75	500	621.09	0	621	621.09	0	671	683.59	0
76	500	892.58	0	893	892.58	0	671	1148.44	0
77	500	892.58	0	893	892.58	0	671	1148.44	0
78	500	892.58	0	893	892.58	0	671	1148.44	0
79	500	892.58	0	893	892.58	0	671	1148.44	0
80	500	892.58	0	893	892.58	0	671	1148.44	0
81	500	892.58	0	893	892.58	0	671	1148.44	0
82	500	892.58	0	893	892.58	0	671	1149.41	0
83	500	892.58	0	893	892.58	0	671	1150.39	0
84	500	892.58	0	893	892.58	0	671	1150.39	0
85	500	892.58	0	893	892.58	0	671	1150.39	0
86	500	892.58	0	893	892.58	0	671	1150.39	0
87	500	892.58	0	893	892.58	0	671	1150.39	0
88	500	892.58	0	893	892.58	0	943	1150.39	0
89	500	892.58	0	893	892.58	0	943	1150.39	0
90	500	892.58	0	893	892.58	0	943	1151.37	0
91	500	892.58	0	893	892.58	0	943	1151.37	0
92	500	622.07	0	622	622.07	0	943	685.55	0
93	500	622.07	0	622	622.07	0	943	685.55	0
94	500	622.07	0	622	622.07	0	943	685.55	0
95	500	622.07	0	622	622.07	0	943	685.55	0

表 6.2.6　雅砻江下游梯级电站锦官组短期优化调度结果表（三）

项　目	水电站	峰段	平段	谷段	合计
电量/(MW·h)	锦屏一级电量	13203	9203	9203	31609
	锦屏二级电量	19810	13835	13835	47480
	官地电量	9819	5819	5819	21457
	锦官组总电量	42832	28857	28857	100546
收入/万元	锦屏一级收入	422.50	294.50	294.50	1011.49
	锦屏二级收入	633.92	442.72	442.72	1519.36
	官地收入	314.2	186.2	186.2	686.624
	锦官组总收入	1370.6	923.4	923.4	3217.5

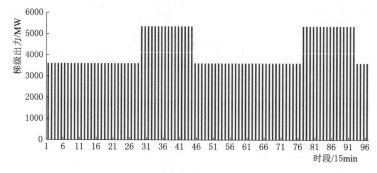

图 6.2.1　锦官组总出力过程图

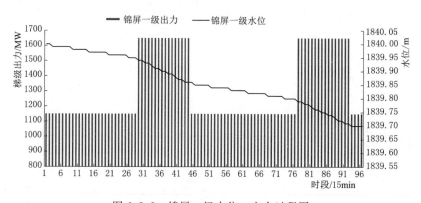

图 6.2.2　锦屏一级水位、出力过程图

（2）二桐组计算。二滩、桐子林水库初始水位分别为 1160m、1013.5m，末水位分别为 1659.85m、1012.5m。官地—二滩区间来水 100m³/s，二滩—桐子林区间来水 50m³/s。

另外考虑到上游电站的下泄流量流达下游电站的滞时影响，选取梯级电站

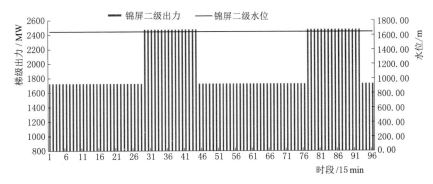

图 6.2.3 锦屏二级水位、出力过程图

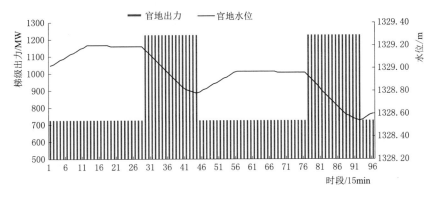

图 6.2.4 官地水位、出力过程图

在优化调度开始时刻前 12h 的下泄流量，即优化日期前一天的 12：00—24：00 的下泄流量假定如下：二滩电站的发电流量在 12：00—24：00 为 1200m³/s，所有时段弃水为 0。

二滩考虑丰枯、峰谷分时电价影响，此处设定枯水期峰、平、谷段电价分别为 0.32 元/(kW·h)、0.25 元/(kW·h)、0.25 元/(kW·h)；桐子林考虑丰枯、峰谷分时电价影响，此处设定枯水期峰、平、谷段电价分别为 0.32 元/(kW·h)、0.25 元/(kW·h)、0.25 元/(kW·h)。

计算结果见表 6.2.7～表 6.2.9、图 6.2.5～图 6.2.7。

表 6.2.7 雅砻江下游梯级电站二桐组短期优化调度结果表（一）

时段/15min	二滩水位/m	桐子林水位/m	二滩出力/MW	桐子林出力/MW	二桐组总出力/MW
0	1160	1013.49	1192.19	229.96	1422.15
1	1160	1013.48	1192.19	229.91	1422.1
2	1160	1013.47	1192.19	229.86	1422.05

时段/15min	二滩水位/m	桐子林水位/m	二滩出力/MW	桐子林出力/MW	二桐组总出力/MW
3	1160.01	1013.46	1192.19	229.8	1421.99
4	1160.01	1013.45	1192.19	229.75	1421.94
5	1160.01	1013.44	1192.19	229.7	1421.89
6	1160.01	1013.43	1192.19	229.65	1421.84
7	1160.01	1013.42	1192.19	229.57	1421.76
8	1160.01	1013.41	1192.19	229.47	1421.66
9	1160.02	1013.4	1192.19	229.36	1421.55
10	1160.02	1013.39	1192.19	229.26	1421.45
11	1160.02	1013.38	1192.19	229.15	1421.34
12	1160.02	1013.36	1192.19	229.05	1421.24
13	1160.01	1013.35	1192.19	228.94	1421.13
14	1160.01	1013.34	1192.19	228.84	1421.03
15	1160.01	1013.33	1192.19	228.74	1420.93
16	1160.01	1013.32	1192.19	228.63	1420.82
17	1160.01	1013.31	1192.19	228.53	1420.72
18	1160.01	1013.3	1192.19	228.42	1420.61
19	1160.01	1013.29	1192.19	228.32	1420.51
20	1160	1013.28	1192.19	228.22	1420.41
21	1160	1013.27	1192.19	228.11	1420.3
22	1160	1013.26	1192.19	228.01	1420.2
23	1160	1013.25	1192.19	227.9	1420.09
24	1160	1013.24	1192.19	227.8	1419.99
25	1160	1013.23	1192.19	227.69	1419.88
26	1159.99	1013.22	1192.19	227.59	1419.78
27	1159.99	1013.21	1192.19	227.49	1419.68
28	1159.98	1013.2	1692.19	305.4	1997.59
29	1159.98	1013.19	1692.19	305.46	1997.65
30	1159.97	1013.18	1692.19	305.33	1997.52
31	1159.96	1013.17	1692.19	305.2	1997.39
32	1159.95	1013.16	1692.19	305.07	1997.26
33	1159.94	1013.15	1692.19	304.94	1997.13
34	1159.93	1013.14	1692.19	304.81	1997
35	1159.93	1013.13	1692.19	304.68	1996.87
36	1159.92	1013.11	1692.19	304.55	1996.74
37	1159.91	1013.1	1692.19	304.42	1996.61
38	1159.9	1013.09	1692.19	304.29	1996.48

时段/15min	二滩水位/m	桐子林水位/m	二滩出力/MW	桐子林出力/MW	二桐组总出力/MW
39	1159.89	1013.08	1692.19	304.16	1996.35
40	1159.89	1013.07	1692.19	304.03	1996.22
41	1159.89	1013.06	1692.19	303.9	1996.09
42	1159.89	1013.05	1692.19	303.76	1995.95
43	1159.89	1013.04	1692.19	303.63	1995.82
44	1159.9	1013.03	1192.19	225.9	1418.09
45	1159.9	1013.02	1192.19	225.82	1418.01
46	1159.91	1013.01	1192.19	225.72	1417.91
47	1159.91	1013	1192.19	225.62	1417.81
48	1159.92	1012.99	1192.19	224.86	1417.05
49	1159.93	1012.98	1192.19	224.76	1416.95
50	1159.93	1012.97	1192.19	224.67	1416.86
51	1159.94	1012.96	1192.19	224.57	1416.76
52	1159.95	1012.95	1192.19	224.47	1416.66
53	1159.95	1012.94	1192.19	224.37	1416.56
54	1159.96	1012.93	1192.19	224.27	1416.46
55	1159.96	1012.92	1192.19	224.17	1416.36
56	1159.96	1012.91	1192.19	224.09	1416.28
57	1159.96	1012.9	1192.19	224.01	1416.2
58	1159.96	1012.89	1192.19	223.93	1416.12
59	1159.96	1012.88	1192.19	223.85	1416.04
60	1159.95	1012.86	1192.19	223.76	1415.95
61	1159.95	1012.85	1192.19	223.68	1415.87
62	1159.95	1012.84	1192.19	223.6	1415.79
63	1159.95	1012.83	1192.19	223.51	1415.7
64	1159.95	1012.82	1192.19	223.43	1415.62
65	1159.94	1012.81	1192.19	223.34	1415.53
66	1159.94	1012.8	1192.19	223.23	1415.42
67	1159.94	1012.79	1192.19	223.13	1415.32
68	1159.94	1012.78	1192.19	223.02	1415.21
69	1159.94	1012.77	1192.19	222.92	1415.11
70	1159.94	1012.76	1192.19	222.82	1415.01
71	1159.93	1012.75	1192.19	222.71	1414.9
72	1159.93	1012.74	1192.19	222.61	1414.8
73	1159.93	1012.73	1192.19	222.5	1414.69
74	1159.93	1012.72	1192.19	222.4	1414.59

续表

时段/15min	二滩水位/m	桐子林水位/m	二滩出力/MW	桐子林出力/MW	二桐组总出力/MW
75	1159.93	1012.71	1192.19	222.29	1414.48
76	1159.92	1012.7	1692.19	298.78	1990.97
77	1159.91	1012.69	1692.19	298.65	1990.84
78	1159.9	1012.68	1692.19	298.52	1990.71
79	1159.89	1012.67	1692.19	298.39	1990.58
80	1159.88	1012.66	1692.19	298.25	1990.44
81	1159.88	1012.65	1692.19	298.12	1990.31
82	1159.87	1012.64	1692.19	297.99	1990.18
83	1159.86	1012.63	1692.19	297.86	1990.05
84	1159.85	1012.61	1692.19	297.73	1989.92
85	1159.84	1012.6	1692.19	297.6	1989.79
86	1159.83	1012.59	1692.19	297.47	1989.66
87	1159.83	1012.58	1692.19	297.34	1989.53
88	1159.83	1012.57	1692.19	297.21	1989.4
89	1159.83	1012.56	1692.19	297.08	1989.27
90	1159.83	1012.55	1692.19	296.95	1989.14
91	1159.83	1012.54	1692.19	296.82	1989.01
92	1159.83	1012.53	1192.19	221.13	1413.32
93	1159.84	1012.52	1192.19	221.08	1413.27
94	1159.84	1012.51	1192.19	220.99	1413.18
95	1159.85	1012.5	1192.19	220.89	1413.08

表 6.2.8　　雅砻江下游梯级电站二桐组短期优化调度结果表（二）　　单位：m³/s

时段/15min	二滩入库流量	二滩发电流量	二滩弃水流量	桐子林入库流量	桐子林发电流量	桐子林弃水流量
0	1000	892.58	0	943	998	0
1	1000	892.58	0	943	998	0
2	1000	892.58	0	943	998	0
3	1000	892.58	0	943	998	0
4	1000	892.58	0	943	998	0
5	1000	892.58	0	943	998	0
6	1000	892.58	0	943	998	0
7	1000	892.58	0	943	998	0
8	1000	892.58	0	943	998	0
9	1000	892.58	0	943	998	0
10	1000	892.58	0	943	998	0

时段 /15min	二滩入库 流量	二滩发电 流量	二滩弃水 流量	桐子林入库 流量	桐子林发电 流量	桐子林弃水 流量
11	1000	892.58	0	943	998	0
12	784	892.58	0	943	998	0
13	784	892.58	0	943	998	0
14	784	892.58	0	943	998	0
15	783	892.58	0	943	998	0
16	783	892.58	0	943	998	0
17	783	892.58	0	943	998	0
18	783	892.58	0	943	998	0
19	783	892.58	0	943	998	0
20	782	892.58	0	943	998	0
21	782	892.58	0	943	998	0
22	782	892.58	0	943	998	0
23	782	892.58	0	943	998	0
24	782	892.58	0	943	998	0
25	782	892.58	0	943	998	0
26	782	892.58	0	943	998	0
27	782	892.58	0	943	998	0
28	782	1266.6	0	1317	1373	0
29	782	1267.58	0	1318	1373	0
30	782	1267.58	0	1318	1373	0
31	782	1267.58	0	1318	1373	0
32	782	1267.58	0	1318	1373	0
33	782	1267.58	0	1318	1373	0
34	782	1267.58	0	1318	1373	0
35	782	1267.58	0	1318	1373	0
36	782	1267.58	0	1318	1373	0
37	782	1267.58	0	1318	1373	0
38	782	1267.58	0	1318	1373	0
39	782	1267.58	0	1318	1373	0
40	1246	1267.58	0	1318	1373	0
41	1246	1267.58	0	1318	1373	0
42	1246	1267.58	0	1318	1373	0
43	1246	1267.58	0	1318	1373	0
44	1246	892.58	0	943	998	0
45	1246	892.58	0	943	998	0

续表

时段 /15min	二滩入库 流量	二滩发电 流量	二滩弃水 流量	桐子林入库 流量	桐子林发电 流量	桐子林弃水 流量
46	1246	892.58	0	943	998	0
47	1247	892.58	0	943	998	0
48	1248	892.58	0	943	995	0
49	1248	892.58	0	943	995	0
50	1248	892.58	0	943	995	0
51	1248	892.58	0	943	995	0
52	1248	892.58	0	943	995	0
53	1248	892.58	0	943	995	0
54	1248	892.58	0	943	995	0
55	1248	892.58	0	943	995	0
56	784	892.58	0	943	995	0
57	784	892.58	0	943	995	0
58	784	892.58	0	943	995	0
59	784	892.58	0	943	995	0
60	784	892.58	0	943	995	0
61	784	892.58	0	943	995	0
62	784	892.58	0	943	995	0
63	784	892.58	0	943	995	0
64	784	892.58	0	943	995	0
65	784	892.58	0	943	995	0
66	784	892.58	0	943	995	0
67	784	892.58	0	943	995	0
68	784	892.58	0	943	995	0
69	784	892.58	0	943	995	0
70	784	892.58	0	943	995	0
71	784	892.58	0	943	995	0
72	784	892.58	0	943	995	0
73	784	892.58	0	943	995	0
74	784	892.58	0	943	995	0
75	784	892.58	0	943	995	0
76	784	1267.58	0	1318	1370	0
77	784	1267.58	0	1318	1370	0
78	784	1267.58	0	1318	1370	0
79	784	1267.58	0	1318	1370	0
80	784	1267.58	0	1318	1370	0

时段/15min	二滩入库流量	二滩发电流量	二滩弃水流量	桐子林入库流量	桐子林发电流量	桐子林弃水流量
81	784	1267.58	0	1318	1370	0
82	784	1267.58	0	1318	1370	0
83	784	1267.58	0	1318	1370	0
84	784	1267.58	0	1318	1370	0
85	784	1267.58	0	1318	1370	0
86	784	1267.58	0	1318	1370	0
87	784	1267.58	0	1318	1370	0
88	1248	1267.58	0	1318	1370	0
89	1248	1267.58	0	1318	1370	0
90	1248	1267.58	0	1318	1370	0
91	1248	1267.58	0	1318	1370	0
92	1248	893.55	0	944	996	0
93	1248	893.55	0	944	996	0
94	1249	893.55	0	944	996	0
95	1250	893.55	0	944	996	0

表 6.2.9　　雅砻江下游梯级电站二桐组短期优化调度结果表（三）

项　目	水电站	峰段	平段	谷段	合计
电量/(MW·h)	二滩电量	13538	9538	9538	32614
	桐子林电量	2412	1790	1800	6002
	二桐组总电量	15950	11328	11338	38616
收入/万元	二滩收入	433.22	238.45	238.45	910.12
	桐子林收入	77.184	44.75	45	166.934
	二桐组总收入	510.4	283.2	283.45	1077.05

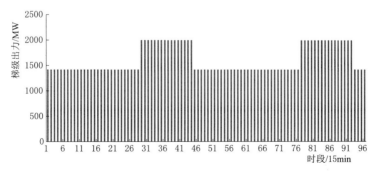

图 6.2.5　二桐组总出力过程图

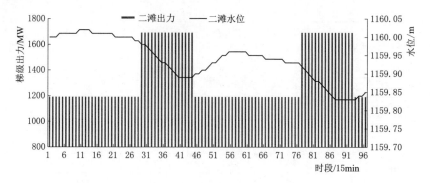

图 6.2.6　二滩水位、出力过程图

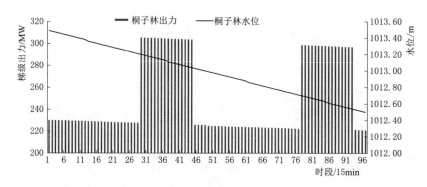

图 6.2.7　桐子林水位、出力过程图

从优化结果中可以看出，所制定梯级水电站日发电计划，梯级各电站都没有发生不合理弃水，梯级出力过程平稳，锦官组日总电量为 100546MW·h，日发电收入 3217.5 万元；二桐组日总电量 38616MW·h，日发电收入 1077 万元。具有日调节能力的锦屏二级能较长时间在高水位区运行，出力过程与锦屏一级电站基本同步；锦屏一级、二滩电站由于水库库容大，日水位过程在约束条件内变化，满足调峰容量的约束；官地电站的水位、出力过程较平稳；桐子林电站受二滩下泄流量的影响，在考虑滞时的情况下与二滩电站出力保持一致。总体看来，各电站均满足日末水位控制要求，水位、出力过程满足约束条件，二滩、桐子林电站能在电价高的高峰段多发点，优化的 96 点调度过程能实现梯级发电收益的最大化。

6.2.2.2　梯级水电站发电量最大模型

1. 目标函数

在调度期水库始、末水位及短期预报入库径流已知的情况下，考虑各水库电站实际情况及电网综合约束，寻求梯级各电站的短期联合运行方式，使调度期内梯级电站的总发电量最大。

$$E = \max \sum_{i=1}^{N} \sum_{t=1}^{T} N(i,t) \Delta t \quad (\forall i \in N, \quad t \in T) \qquad (6.2.17)$$

式中：E 为调度期内梯级总发电量，MW·h；$N(i,t)$ 为第 i 梯级水库 t 时段平均出力，MW；Δt 为时段长；N 为梯级水电站数目；T 为时段数目。

2. 约束条件

模型约束条件与梯级日发电量最大模型相同。

3. 模型求解

模型求解采用改进的逐步优化算法（POA 算法），某时段出力下的机组开机方式和负荷分配采用 6.2.1 节中所述负荷自动分配策略。

4. 结果计算及分析

（1）锦官组实例计算。为说明模型的可行性，这里选汛期取代表日，龙头水库锦屏一级水库的起始水位设为 1857.25m，日末水位设为 1857.37m，锦屏二级、官地初始水位分别为 1643.88m、1326.28m，末水位分别为 1643.94m、1325.51m。锦屏一级平均入库流量 1950m³/s，锦屏二级—官地区间来水 330m³/s。

考虑到上游电站的下泄流量流达下游电站的滞时影响，选取梯级电站在优化调度开始时刻前 12h 的下泄流量，即优化日期前一天的 12：00—24：00 的下泄流量假定如下：锦屏一级电站的发电流量在 12：00—24：00 为 1821m³/s，所有时段弃水为 0m³/s；锦屏二级电站的发电流量在 12：00—24：00 为 1330m³/s，所有时段弃水为 491m³/s；官地电站的发电流量在 12：00—24：00 为 2265m³/s，所有时段弃水为 0。

计算结果见表 6.2.10～表 6.2.12、图 6.2.8～图 6.2.11。

表 6.2.10　　雅砻江下游梯级电站锦官组短期优化调度结果表（一）

时段 /15min	锦西水位 /m	锦东水位 /m	官地水位 /m	锦西出力 /m	锦东出力 /MW	官地出力 /MW	锦官组总出力 /MW
0	1857.25	1643.88	1326.27	3600	3600	2332.71	9532.71
1	1857.25	1643.88	1326.26	3600	3600	2332.55	9532.55
2	1857.26	1643.88	1326.26	3600	3600	2332.39	9532.39
3	1857.26	1643.88	1326.25	3600	3600	2332.22	9532.22
4	1857.26	1643.88	1326.24	3600	3600	2332.04	9532.04
5	1857.26	1643.88	1326.23	3600	3600	2331.86	9531.86
6	1857.27	1643.88	1326.22	3600	3600	2331.68	9531.68
7	1857.27	1643.89	1326.22	3600	3600	2331.5	9531.5
8	1857.27	1643.89	1326.21	3600	3600	2331.32	9531.32
9	1857.27	1643.89	1326.2	3600	3600	2331.14	9531.14

时段 /15min	锦西水位 /m	锦东水位 /m	官地水位 /m	锦西出力 /m	锦东出力 /MW	官地出力 /MW	锦官组总出力 /MW
10	1857.28	1643.89	1326.19	3600	3600	2330.96	9530.96
11	1857.28	1643.89	1326.18	3600	3600	2330.78	9530.78
12	1857.28	1643.89	1326.18	3600	3600	2321.57	9521.57
13	1857.28	1643.89	1326.17	3600	3600	2321.39	9521.39
14	1857.28	1643.89	1326.16	3600	3600	2321.21	9521.21
15	1857.29	1643.89	1326.15	3600	3600	2321.02	9521.02
16	1857.29	1643.89	1326.14	3600	3600	2320.84	9520.84
17	1857.29	1643.89	1326.14	3600	3600	2320.66	9520.66
18	1857.29	1643.89	1326.13	3600	3600	2320.48	9520.48
19	1857.3	1643.89	1326.12	3600	3600	2320.31	9520.31
20	1857.3	1643.89	1326.11	3600	3600	2320.16	9520.16
21	1857.3	1643.89	1326.1	3600	3600	2320	9520
22	1857.3	1643.89	1326.1	3600	3600	2319.83	9519.83
23	1857.3	1643.9	1326.09	3600	3600	2319.66	9519.66
24	1857.31	1643.9	1326.08	3600	3600	2319.48	9519.48
25	1857.31	1643.9	1326.07	3600	3600	2319.31	9519.31
26	1857.31	1643.9	1326.06	3600	3600	2319.14	9519.14
27	1857.31	1643.9	1326.06	3600	3600	2318.97	9518.97
28	1857.31	1643.9	1326.05	3600	3600	2318.8	9518.8
29	1857.32	1643.9	1326.04	3600	3600	2318.62	9518.62
30	1857.32	1643.9	1326.03	3600	3600	2318.45	9518.45
31	1857.32	1643.9	1326.02	3600	3600	2318.27	9518.27
32	1857.32	1643.9	1326.02	3600	3600	2318.07	9518.07
33	1857.32	1643.9	1326.01	3600	3600	2317.87	9517.87
34	1857.33	1643.9	1326	3600	3600	2317.41	9517.41
35	1857.33	1643.9	1325.99	3600	3600	2314.53	9514.53
36	1857.33	1643.9	1325.98	3600	3600	2314.33	9514.33
37	1857.33	1643.9	1325.98	3600	3600	2314.14	9514.14
38	1857.33	1643.9	1325.97	3600	3600	2313.94	9513.94
39	1857.33	1643.91	1325.96	3600	3600	2313.75	9513.75
40	1857.33	1643.91	1325.95	3600	3600	2313.55	9513.55
41	1857.33	1643.91	1325.94	3600	3600	2313.36	9513.36

续表

时段 /15min	锦西水位 /m	锦东水位 /m	官地水位 /m	锦西出力 /m	锦东出力 /MW	官地出力 /MW	锦官组总出力 /MW
42	1857.34	1643.91	1325.94	3600	3600	2313.16	9513.16
43	1857.34	1643.91	1325.93	3600	3600	2312.97	9512.97
44	1857.34	1643.91	1325.92	3600	3600	2312.78	9512.78
45	1857.34	1643.91	1325.91	3600	3600	2312.6	9512.6
46	1857.34	1643.91	1325.9	3600	3600	2312.43	9512.43
47	1857.34	1643.91	1325.9	3600	3600	2312.26	9512.26
48	1857.34	1643.91	1325.89	3600	3600	2311.76	9511.76
49	1857.34	1643.91	1325.88	3600	3600	2311.58	9511.58
50	1857.34	1643.91	1325.87	3600	3600	2311.4	9511.4
51	1857.34	1643.91	1325.86	3600	3600	2311.22	9511.22
52	1857.34	1643.91	1325.85	3600	3600	2311.04	9511.04
53	1857.35	1643.91	1325.85	3600	3600	2310.86	9510.86
54	1857.35	1643.91	1325.84	3600	3600	2310.68	9510.68
55	1857.35	1643.91	1325.83	3600	3600	2310.5	9510.5
56	1857.35	1643.92	1325.82	3600	3600	2310.32	9510.32
57	1857.35	1643.92	1325.81	3600	3600	2310.14	9510.14
58	1857.35	1643.92	1325.81	3600	3600	2309.94	9509.94
59	1857.35	1643.92	1325.8	3600	3600	2309.74	9509.74
60	1857.35	1643.92	1325.79	3600	3600	2309.54	9509.54
61	1857.35	1643.92	1325.78	3600	3600	2309.34	9509.34
62	1857.35	1643.92	1325.77	3600	3600	2309.14	9509.14
63	1857.35	1643.92	1325.77	3600	3600	2308.93	9508.93
64	1857.35	1643.92	1325.76	3600	3600	2308.72	9508.72
65	1857.35	1643.92	1325.75	3600	3600	2308.51	9508.51
66	1857.35	1643.92	1325.74	3600	3600	2308.3	9508.3
67	1857.35	1643.92	1325.73	3600	3600	2308.09	9508.09
68	1857.35	1643.92	1325.73	3600	3600	2307.89	9507.89
69	1857.35	1643.92	1325.72	3600	3600	2307.68	9507.68
70	1857.35	1643.92	1325.71	3600	3600	2307.47	9507.47
71	1857.35	1643.92	1325.7	3600	3600	2307.25	9507.25
72	1857.35	1643.93	1325.69	3600	3600	2307.04	9507.04
73	1857.35	1643.93	1325.69	3600	3600	2306.81	9506.81

续表

时段 /15min	锦西水位 /m	锦东水位 /m	官地水位 /m	锦西出力 /m	锦东出力 /MW	官地出力 /MW	锦官组总出力 /MW
74	1857.36	1643.93	1325.68	3600	3600	2306.6	9506.6
75	1857.36	1643.93	1325.67	3600	3600	2306.39	9506.39
76	1857.36	1643.93	1325.66	3600	3600	2306.17	9506.17
77	1857.36	1643.93	1325.65	3600	3600	2305.96	9505.96
78	1857.36	1643.93	1325.65	3600	3600	2305.75	9505.75
79	1857.36	1643.93	1325.64	3600	3600	2305.53	9505.53
80	1857.36	1643.93	1325.63	3600	3600	2305.32	9505.32
81	1857.36	1643.93	1325.62	3600	3600	2305.1	9505.1
82	1857.36	1643.93	1325.61	3600	3600	2304.89	9504.89
83	1857.36	1643.93	1325.61	3600	3600	2304.71	9504.71
84	1857.36	1643.93	1325.6	3600	3600	2304.52	9504.52
85	1857.36	1643.93	1325.59	3600	3600	2304.3	9504.3
86	1857.36	1643.93	1325.58	3600	3600	2304.13	9504.13
87	1857.36	1643.93	1325.57	3600	3600	2303.95	9503.95
88	1857.36	1643.94	1325.57	3600	3600	2303.77	9503.77
89	1857.37	1643.94	1325.56	3600	3600	2303.6	9503.6
90	1857.37	1643.94	1325.55	3600	3600	2303.42	9503.42
91	1857.37	1643.94	1325.54	3600	3600	2303.25	9503.25
92	1857.37	1643.94	1325.53	3600	3600	2303.07	9503.07
93	1857.37	1643.94	1325.53	3600	3600	2302.9	9502.9
94	1857.37	1643.94	1325.52	3600	3600	2302.72	9502.72
95	1857.37	1643.94	1325.51	3600	3600	2302.54	9502.54

表 6.2.11　雅砻江下游梯级电站锦官组短期优化调度结果表（二）　单位：m^3/s

时段 /15min	锦一入库 流量	锦一发电 流量	锦一弃水 流量	锦二入库 流量	锦二发电 流量	锦二弃水 流量	官地入库 流量	官地发电 流量	官地弃水 流量
0	2000	1809.21	0	1809	1318.03	490.6	2151	2279.34	0
1	2000	1809.19	0	1809	1318.02	490.59	2151	2279.34	0
2	2000	1809.18	0	1809	1318.02	490.58	2151	2279.34	0
3	2000	1809.16	0	1809	1318.02	490.57	2151	2279.34	0
4	2000	1809.15	0	1809	1318.01	490.56	2151	2279.34	0
5	1990	1809.13	0	1809	1318.01	490.54	2151	2279.34	0

续表

时段/15min	锦一入库流量	锦一发电流量	锦一弃水流量	锦二入库流量	锦二发电流量	锦二弃水流量	官地入库流量	官地发电流量	官地弃水流量
6	1990	1809.11	0	1809	1318	490.53	2151	2279.34	0
7	1990	1809.1	0	1809	1318	490.52	2151	2279.34	0
8	1990	1809.09	0	1809	1318	490.51	2151	2279.34	0
9	1990	1809.07	0	1809	1317.99	490.5	2151	2279.34	0
10	1990	1809.06	0	1809	1317.99	490.49	2151	2279.34	0
11	1990	1809.04	0	1809	1317.98	490.48	2151	2279.34	0
12	1990	1809.03	0	1809	1317.98	490.47	2139	2267.36	0
13	1990	1809.02	0	1809	1317.98	490.46	2139	2267.36	0
14	1990	1809	0	1809	1317.97	490.45	2139	2267.36	0
15	1990	1808.98	0	1809	1317.97	490.43	2139	2267.35	0
16	1990	1808.95	0	1809	1317.96	490.41	2139	2267.35	0
17	1980	1808.91	0	1809	1317.96	490.37	2139	2267.34	0
18	1980	1808.88	0	1809	1317.96	490.35	2139	2267.34	0
19	1980	1808.86	0	1809	1317.95	490.33	2139	2267.34	0
20	1980	1808.83	0	1809	1317.95	490.31	2139	2267.33	0
21	1980	1808.81	0	1809	1317.94	490.28	2139	2267.33	0
22	1980	1808.78	0	1809	1317.94	490.26	2139	2267.32	0
23	1980	1808.75	0	1809	1317.93	490.24	2139	2267.32	0
24	1980	1808.73	0	1809	1317.93	490.22	2139	2267.32	0
25	1970	1808.69	0	1809	1317.93	490.19	2139	2267.31	0
26	1970	1808.67	0	1809	1317.92	490.17	2139	2267.31	0
27	1970	1808.64	0	1809	1317.92	490.15	2139	2267.3	0
28	1970	1808.62	0	1809	1317.91	490.12	2139	2267.3	0
29	1970	1808.59	0	1809	1317.91	490.1	2139	2267.3	0
30	1970	1808.57	0	1809	1317.9	490.08	2139	2267.29	0
31	1970	1808.54	0	1809	1317.9	490.06	2139	2267.29	0
32	1970	1808.52	0	1809	1317.9	490.04	2139	2267.28	0
33	1960	1808.48	0	1808	1317.89	490.01	2139	2267.28	0
34	1960	1808.46	0	1808	1317.89	489.99	2139	2266.96	0
35	1960	1808.44	0	1808	1317.88	489.97	2139	2263.71	0
36	1960	1808.41	0	1808	1317.88	489.95	2139	2263.7	0
37	1880	1808.34	0	1808	1317.87	489.89	2139	2263.7	0

时段 /15min	锦一入库 流量	锦一发电 流量	锦一弃水 流量	锦二入库 流量	锦二发电 流量	锦二弃水 流量	官地入库 流量	官地发电 流量	官地弃水 流量
38	1880	1808.33	0	1808	1317.87	489.88	2139	2263.69	0
39	1880	1808.32	0	1808	1317.87	489.88	2139	2263.69	0
40	1880	1808.31	0	1808	1317.86	489.87	2139	2263.68	0
41	1880	1808.3	0	1808	1317.86	489.86	2139	2263.68	0
42	1880	1808.29	0	1808	1317.85	489.85	2139	2263.68	0
43	1880	1808.28	0	1808	1317.85	489.85	2139	2263.67	0
44	1880	1808.27	0	1808	1317.85	489.84	2139	2263.67	0
45	1880	1808.25	0	1808	1317.84	489.83	2139	2263.66	0
46	1880	1808.24	0	1808	1317.84	489.83	2139	2263.66	0
47	1880	1808.23	0	1808	1317.84	489.82	2139	2263.66	0
48	1880	1808.22	0	1808	1317.83	489.81	2138	2263.25	0
49	1870	1808.2	0	1808	1317.83	489.8	2138	2263.24	0
50	1870	1808.2	0	1808	1317.82	489.79	2138	2263.22	0
51	1870	1808.19	0	1808	1317.82	489.79	2138	2263.21	0
52	1870	1808.18	0	1808	1317.82	489.78	2138	2263.19	0
53	1860	1808.16	0	1808	1317.81	489.77	2138	2263.17	0
54	1860	1808.16	0	1808	1317.81	489.77	2138	2263.16	0
55	1860	1808.15	0	1808	1317.8	489.77	2138	2263.14	0
56	1860	1808.14	0	1808	1317.8	489.76	2138	2263.13	0
57	1850	1808.13	0	1808	1317.8	489.75	2138	2263.12	0
58	1850	1808.12	0	1808	1317.79	489.75	2138	2263.1	0
59	1850	1808.12	0	1808	1317.79	489.75	2138	2263.09	0
60	1850	1808.11	0	1808	1317.78	489.75	2138	2263.07	0
61	1850	1808.1	0	1808	1317.78	489.74	2138	2263.06	0
62	1850	1808.1	0	1808	1317.78	489.74	2138	2263.05	0
63	1850	1808.09	0	1808	1317.77	489.74	2138	2263.02	0
64	1850	1808.08	0	1808	1317.77	489.74	2138	2262.99	0
65	1840	1808.07	0	1808	1317.77	489.73	2138	2262.96	0
66	1840	1808.07	0	1808	1317.76	489.73	2138	2262.93	0
67	1840	1808.06	0	1808	1317.76	489.73	2138	2262.9	0
68	1840	1808.06	0	1808	1317.75	489.73	2138	2262.88	0
69	1840	1808.05	0	1808	1317.75	489.73	2138	2262.85	0

时段 /15min	锦一入库 流量	锦一发电 流量	锦一弃水 流量	锦二入库 流量	锦二发电 流量	锦二弃水 流量	官地入库 流量	官地发电 流量	官地弃水 流量
70	1840	1808.05	0	1808	1317.75	489.73	2138	2262.83	0
71	1840	1808.04	0	1808	1317.74	489.72	2138	2262.8	0
72	1840	1808.04	0	1808	1317.74	489.72	2138	2262.77	0
73	1840	1808.03	0	1808	1317.73	489.72	2138	2262.74	0
74	1840	1808.03	0	1808	1317.73	489.72	2138	2262.71	0
75	1840	1808.02	0	1808	1317.73	489.72	2138	2262.69	0
76	1840	1808.02	0	1808	1317.72	489.72	2138	2262.67	0
77	1830	1808.01	0	1808	1317.72	489.71	2138	2262.64	0
78	1830	1808	0	1808	1317.72	489.71	2138	2262.62	0
79	1830	1808	0	1808	1317.71	489.71	2138	2262.59	0
80	1830	1808	0	1808	1317.71	489.71	2138	2262.57	0
81	1830	1807.99	0	1808	1317.7	489.71	2138	2262.53	0
82	1830	1807.99	0	1808	1317.7	489.71	2138	2262.51	0
83	1830	1807.99	0	1808	1317.7	489.71	2138	2262.49	0
84	1830	1807.98	0	1808	1317.69	489.71	2138	2262.46	0
85	1920	1808.03	0	1808	1317.69	489.76	2138	2262.4	0
86	1920	1808.01	0	1808	1317.69	489.75	2138	2262.39	0
87	1920	1808	0	1808	1317.68	489.74	2138	2262.37	0
88	1920	1807.98	0	1808	1317.68	489.72	2138	2262.36	0
89	1910	1807.95	0	1808	1317.67	489.7	2138	2262.35	0
90	1910	1807.94	0	1808	1317.67	489.69	2138	2262.34	0
91	1910	1807.92	0	1808	1317.67	489.68	2138	2262.33	0
92	1910	1807.91	0	1808	1317.66	489.67	2138	2262.32	0
93	1910	1807.89	0	1808	1317.66	489.66	2138	2262.31	0
94	1910	1807.87	0	1808	1317.65	489.64	2138	2262.3	0
95	1910	1807.86	0	1808	1317.65	489.63	2138	2262.29	0

表 6.2.12　雅砻江下游梯级电站锦官组短期优化调度结果表（三）

项　目	水电站	峰段	平段	谷段	合计
电量/(MW·h)	锦屏一级电量	28800	28800	28800	86400
	锦屏二级电量	28800	28800	28800	86400
	官地电量	18481	18480	18512	55473
	锦官组总电量	76081	76080	76112	228273

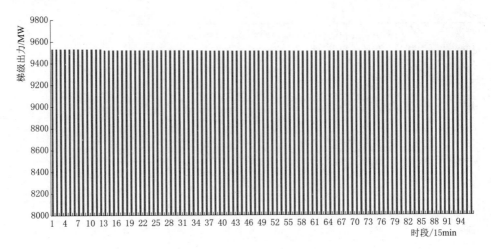

图 6.2.8 锦官组总出力过程图

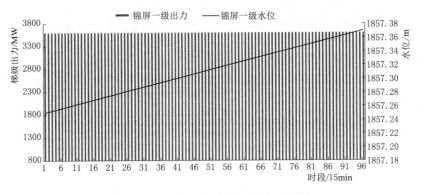

图 6.2.9 锦屏一级水位、出力过程图

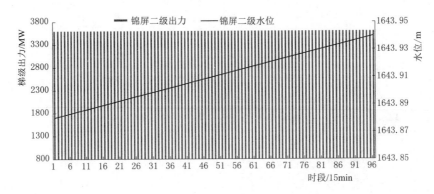

图 6.2.10 锦屏二级水位、出力过程图

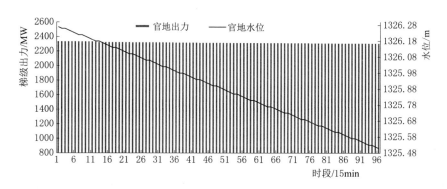

图 6.2.11　官地水位、出力过程图

（2）二桐组计算。假定二滩水库的起始水位为 1188.18m，日末水位为 1188.68m，桐子林初末水位保持 1013.5m。二滩区间来水 330m³/s，二滩—桐子林区间来水 0。

考虑到上游电站的下泄流量流达下游电站的滞时影响，选取梯级电站在优化调度开始时刻前 12h 的下泄流量，即优化日期前一天的 12：00—24：00 的下泄流量假定如下：二滩电站的发电流量在 12：00—24：00 为 1820m³/s，所有时段弃水为 0。

计算结果见表 6.2.13～表 6.2.15、图 6.2.12～图 6.2.14。

表 6.2.13　　雅砻江下游梯级电站二桐组短期优化调度结果表（一）

时段 /15min	二滩水位 /m	桐子林水位 /m	二滩出力 /MW	桐子林出力 /MW	二桐组总出力 /MW
0	1188.18	1013.5	3300	445.63	3745.63
1	1188.18	1013.5	3300	445.62	3745.62
2	1188.19	1013.5	3300	445.6	3745.6
3	1188.19	1013.5	3300	445.59	3745.59
4	1188.2	1013.5	3300	445.58	3745.58
5	1188.2	1013.5	3300	445.57	3745.57
6	1188.21	1013.5	3300	445.56	3745.56
7	1188.21	1013.5	3300	445.55	3745.55
8	1188.22	1013.5	3300	445.54	3745.54
9	1188.22	1013.5	3300	445.52	3745.52

续表

时段 /15min	二滩水位 /m	桐子林水位 /m	二滩出力 /MW	桐子林出力 /MW	二桐组总出力 /MW
10	1188.23	1013.5	3300	445.51	3745.51
11	1188.23	1013.5	3300	445.5	3745.5
12	1188.24	1013.5	3300	445.49	3745.49
13	1188.24	1013.5	3300	445.48	3745.48
14	1188.25	1013.5	3300	445.47	3745.47
15	1188.26	1013.5	3300	445.46	3745.46
16	1188.26	1013.5	3300	445.44	3745.44
17	1188.27	1013.5	3300	445.43	3745.43
18	1188.27	1013.5	3300	445.42	3745.42
19	1188.28	1013.5	3300	445.41	3745.41
20	1188.28	1013.5	3300	445.4	3745.4
21	1188.29	1013.5	3300	445.39	3745.39
22	1188.29	1013.5	3300	445.37	3745.37
23	1188.3	1013.5	3300	445.36	3745.36
24	1188.3	1013.5	3300	445.35	3745.35
25	1188.31	1013.5	3300	445.34	3745.34
26	1188.32	1013.5	3300	445.33	3745.33
27	1188.32	1013.5	3300	445.32	3745.32
28	1188.33	1013.5	3300	445.3	3745.3
29	1188.33	1013.5	3300	445.29	3745.29
30	1188.34	1013.5	3300	445.28	3745.28
31	1188.34	1013.5	3300	445.27	3745.27
32	1188.35	1013.5	3300	445.26	3745.26
33	1188.35	1013.5	3300	445.25	3745.25
34	1188.36	1013.5	3300	445.24	3745.24
35	1188.36	1013.5	3300	445.22	3745.22
36	1188.37	1013.5	3300	445.21	3745.21
37	1188.37	1013.5	3300	445.2	3745.2

续表

时段 /15min	二滩水位 /m	桐子林水位 /m	二滩出力 /MW	桐子林出力 /MW	二桐组总出力 /MW
38	1188.38	1013.5	3300	445.19	3745.19
39	1188.38	1013.5	3300	445.18	3745.18
40	1188.39	1013.5	3300	445.17	3745.17
41	1188.4	1013.5	3300	445.16	3745.16
42	1188.4	1013.5	3300	445.14	3745.14
43	1188.41	1013.5	3300	445.13	3745.13
44	1188.41	1013.5	3300	445.12	3745.12
45	1188.42	1013.5	3300	445.11	3745.11
46	1188.42	1013.5	3300	445.1	3745.1
47	1188.43	1013.5	3300	445.09	3745.09
48	1188.43	1013.5	3300	445.07	3745.07
49	1188.44	1013.5	3300	445.06	3745.06
50	1188.44	1013.5	3300	445.05	3745.05
51	1188.45	1013.5	3300	445.04	3745.04
52	1188.45	1013.5	3300	445.03	3745.03
53	1188.46	1013.5	3300	445.02	3745.02
54	1188.46	1013.5	3300	445.01	3745.01
55	1188.47	1013.5	3300	444.99	3744.99
56	1188.48	1013.5	3300	444.98	3744.98
57	1188.48	1013.5	3300	444.97	3744.97
58	1188.49	1013.5	3300	444.96	3744.96
59	1188.49	1013.5	3300	444.95	3744.95
60	1188.5	1013.5	3300	444.94	3744.94
61	1188.5	1013.5	3300	444.93	3744.93
62	1188.51	1013.5	3300	444.91	3744.91
63	1188.51	1013.5	3300	444.9	3744.9
64	1188.52	1013.5	3300	444.89	3744.89
65	1188.52	1013.5	3300	444.88	3744.88
66	1188.53	1013.5	3300	444.87	3744.87

时段 /15min	二滩水位 /m	桐子林水位 /m	二滩出力 /MW	桐子林出力 /MW	二桐组总出力 /MW
67	1188.53	1013.5	3300	444.86	3744.86
68	1188.54	1013.5	3300	444.85	3744.85
69	1188.54	1013.5	3300	444.83	3744.83
70	1188.55	1013.5	3300	444.82	3744.82
71	1188.56	1013.5	3300	444.81	3744.81
72	1188.56	1013.5	3300	444.8	3744.8
73	1188.57	1013.5	3300	444.79	3744.79
74	1188.57	1013.5	3300	444.78	3744.78
75	1188.58	1013.5	3300	444.77	3744.77
76	1188.58	1013.5	3300	444.75	3744.75
77	1188.59	1013.5	3300	444.74	3744.74
78	1188.59	1013.5	3300	444.73	3744.73
79	1188.6	1013.5	3300	444.72	3744.72
80	1188.6	1013.5	3300	444.71	3744.71
81	1188.61	1013.5	3300	444.7	3744.7
82	1188.61	1013.5	3300	444.69	3744.69
83	1188.62	1013.5	3300	444.67	3744.67
84	1188.63	1013.5	3300	444.66	3744.66
85	1188.63	1013.5	3300	444.65	3744.65
86	1188.64	1013.5	3300	444.64	3744.64
87	1188.64	1013.5	3300	444.63	3744.63
88	1188.65	1013.5	3300	444.62	3744.62
89	1188.65	1013.5	3300	444.6	3744.6
90	1188.66	1013.5	3300	444.59	3744.59
91	1188.66	1013.5	3300	444.58	3744.58
92	1188.67	1013.5	3300	444.57	3744.57
93	1188.67	1013.5	3300	444.56	3744.56
94	1188.68	1013.5	3300	444.55	3744.55
95	1188.68	1013.5	3300	444.54	3744.54

表 6.2.14　雅砻江下游梯级电站二桐组短期优化调度结果表（二）　　单位：m³/s

时段 /15min	二滩入库 流量	二滩发电 流量	二滩弃水 流量	桐子林入库 流量	桐子林发电 流量	桐子林弃水 流量
0	2595	2083.34	0	2083	2083.34	0
1	2595	2083.27	0	2083	2083.27	0
2	2595	2083.2	0	2083	2083.2	0
3	2595	2083.13	0	2083	2083.13	0
4	2595	2083.07	0	2083	2083.07	0
5	2595	2083	0	2083	2083	0
6	2595	2082.93	0	2083	2082.93	0
7	2595	2082.86	0	2083	2082.86	0
8	2595	2082.79	0	2083	2082.79	0
9	2595	2082.73	0	2083	2082.73	0
10	2595	2082.66	0	2083	2082.66	0
11	2595	2082.59	0	2083	2082.59	0
12	2609	2082.53	0	2083	2082.53	0
13	2609	2082.46	0	2082	2082.46	0
14	2609	2082.39	0	2082	2082.39	0
15	2609	2082.32	0	2082	2082.32	0
16	2609	2082.25	0	2082	2082.25	0
17	2609	2082.18	0	2082	2082.18	0
18	2609	2082.11	0	2082	2082.11	0
19	2609	2082.04	0	2082	2082.04	0
20	2609	2081.97	0	2082	2081.97	0
21	2609	2081.9	0	2082	2081.9	0
22	2609	2081.83	0	2082	2081.83	0
23	2609	2081.76	0	2082	2081.76	0
24	2597	2081.68	0	2082	2081.68	0
25	2597	2081.62	0	2082	2081.62	0
26	2597	2081.55	0	2082	2081.55	0
27	2597	2081.48	0	2081	2081.48	0
28	2597	2081.41	0	2081	2081.41	0
29	2597	2081.34	0	2081	2081.34	0
30	2597	2081.27	0	2081	2081.27	0

时段 /15min	二滩入库 流量	二滩发电 流量	二滩弃水 流量	桐子林入库 流量	桐子林发电 流量	桐子林弃水 流量
31	2597	2081.21	0	2081	2081.21	0
32	2597	2081.14	0	2081	2081.14	0
33	2597	2081.07	0	2081	2081.07	0
34	2597	2081	0	2081	2081	0
35	2597	2080.93	0	2081	2080.93	0
36	2597	2080.86	0	2081	2080.86	0
37	2597	2080.79	0	2081	2080.79	0
38	2597	2080.73	0	2081	2080.73	0
39	2597	2080.66	0	2081	2080.66	0
40	2597	2080.59	0	2081	2080.59	0
41	2597	2080.52	0	2081	2080.52	0
42	2597	2080.45	0	2080	2080.45	0
43	2597	2080.38	0	2080	2080.38	0
44	2597	2080.31	0	2080	2080.31	0
45	2597	2080.25	0	2080	2080.25	0
46	2597	2080.18	0	2080	2080.18	0
47	2594	2080.11	0	2080	2080.11	0
48	2594	2080.04	0	2080	2080.04	0
49	2594	2079.97	0	2080	2079.97	0
50	2594	2079.9	0	2080	2079.9	0
51	2594	2079.83	0	2080	2079.83	0
52	2594	2079.77	0	2080	2079.77	0
53	2594	2079.7	0	2080	2079.7	0
54	2594	2079.63	0	2080	2079.63	0
55	2594	2079.56	0	2080	2079.56	0
56	2594	2079.49	0	2079	2079.49	0
57	2594	2079.43	0	2079	2079.43	0
58	2594	2079.36	0	2079	2079.36	0
59	2594	2079.29	0	2079	2079.29	0
60	2593	2079.22	0	2079	2079.22	0
61	2593	2079.15	0	2079	2079.15	0
62	2593	2079.08	0	2079	2079.08	0

续表

时段 /15min	二滩入库 流量	二滩发电 流量	二滩弃水 流量	桐子林入库 流量	桐子林发电 流量	桐子林弃水 流量
63	2593	2079.02	0	2079	2079.02	0
64	2593	2078.95	0	2079	2078.95	0
65	2593	2078.88	0	2079	2078.88	0
66	2593	2078.81	0	2079	2078.81	0
67	2593	2078.74	0	2079	2078.74	0
68	2593	2078.68	0	2079	2078.68	0
69	2593	2078.61	0	2079	2078.61	0
70	2593	2078.54	0	2079	2078.54	0
71	2593	2078.47	0	2078	2078.47	0
72	2593	2078.4	0	2078	2078.4	0
73	2593	2078.33	0	2078	2078.33	0
74	2593	2078.27	0	2078	2078.27	0
75	2593	2078.2	0	2078	2078.2	0
76	2593	2078.13	0	2078	2078.13	0
77	2593	2078.06	0	2078	2078.06	0
78	2593	2077.99	0	2078	2077.99	0
79	2593	2077.92	0	2078	2077.92	0
80	2593	2077.86	0	2078	2077.86	0
81	2593	2077.79	0	2078	2077.79	0
82	2593	2077.72	0	2078	2077.72	0
83	2593	2077.65	0	2078	2077.65	0
84	2593	2077.58	0	2078	2077.58	0
85	2593	2077.51	0	2078	2077.51	0
86	2593	2077.45	0	2077	2077.45	0
87	2593	2077.38	0	2077	2077.38	0
88	2593	2077.31	0	2077	2077.31	0
89	2593	2077.24	0	2077	2077.24	0
90	2593	2077.17	0	2077	2077.17	0
91	2593	2077.1	0	2077	2077.1	0
92	2593	2077.03	0	2077	2077.03	0
93	2593	2076.97	0	2077	2076.97	0
94	2593	2076.9	0	2077	2076.9	0
95	2592	2076.83	0	2077	2076.83	0

表 6.2.15   雅砻江下游梯级电站二桐组短期优化调度结果表（三）

项　目	水电站	峰段	平段	谷段	合计
电量/(MW·h)	二滩电量	26400	26400	26400	79200
	桐子林电量	3560	3560	3560	10680
	二桐组总电量	29960	29960	29960	89880

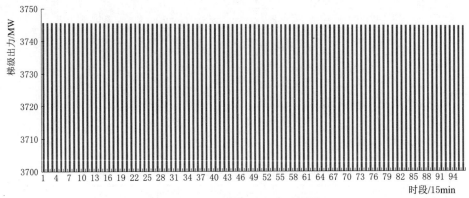

图 6.2.12   二桐组总出力过程图

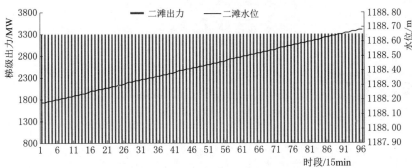

图 6.2.13   二滩水位、出力过程图

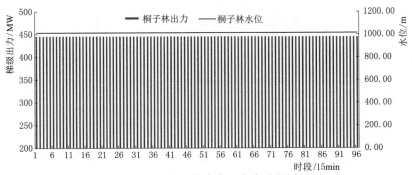

图 6.2.14   桐子林水位、出力过程图

从优化调度计算结果可知，计算结果均满足水位、出力、爬坡限制、流达时间等多种约束，各电站日末水位均满足控制要求，锦官组总电量 228273MW·h，二桐组总电量 89880MW·h。锦屏一级、锦屏二级、二滩电站在满发的情况下平稳蓄水；官地电站、桐子林电站水位和出力过程都比较平稳；总体来看，梯级各电站出力过程平稳，且整个过程未发生弃水，优化结果合理，梯级各电站能够在约束条件内尽可能地多发电。

6.3　雅砻江梯级水电站短期发电计划的负荷调整原因分析与适应性调整策略

6.3.1　雅砻江梯级水电站短期发电计划的负荷调整原因分析

6.3.1.1　问题现状

2016 年，二滩电站上级调度机构临时下令调整二滩电站负荷 630 次（表 6.3.1），次数较多。2016 年，集控中心建议桐子林水电站申请负荷调整共计 370 次（表 6.3.2），经现场向上级调度机构申请调整成功共计 290 次，其中枯期申请 362 次，成功 284 次。申请次数和失败次数较多。

表 6.3.1　　　　　　　　　　二滩负荷调整统计表

年份	月份	二　滩							
		西南网调调整	增加重庆	减少重庆	增加四川	减少四川	调度要求	断面限制	系统调试或故障
2016	1	47	7				30	10	
	2	93	27	5	24		37		
	3	108	51	12	8	2	27	5	3
	4	9		2		2	4		1
	5	17		2		1	14		
	6	65	1	3	1	1	59		
	7	56	3				47	1	
	8	1	1						
	9	55	6	11			37	1	
	10	76	4	16			56		
	11	52					52		
	12	51	3	1			47		
总计		630	103	57	33	6	410	17	4

表 6.3.2　　　　　　　　　　桐子林负荷调整统计表

年份	月份	桐　子　林								
		申请次数	成功次数	失败次数	省调下令	调整总计	重复申请获成功	弃水	自行回计划次数	回计划总数
2016	1	63	55	8	11	66	8		3	6
	2	46	30	16	32	62	16		2	4
	3	71	52	19	26	78	14		1	1
	4	39	23	16	16	39	13	2	5	5
	5	37	32	5	5	37	5	2	6	8
	6	8	6	2	18	24	2	0	3	8
	7	0	0	0	9	9	0	0	0	0
	8	0	0	0	0	0	0	0	0	0
	9	0	0	0	2	2	0	0	0	0
	10	0	0	0	9	9	0	0	0	0
	11	47	40	7	6	46	6	1	6	7
	12	59	52	7	8	60	1	0	1	7
总计		370	290	80	142	432	65	5	27	46

6.3.1.2　雅砻江梯级水电站发电计划调整业务流程

1. 二滩电站

公司集控中心每个工作日上午向西南网调协调次日（或次日至下一工作日）的二滩日电量，达成一致后，在西南智能电网调度控制系统上进行申报。西南网调根据电网需求，16：00 后下发预期计划，日电量与协商量相同或相近（96点计划出力由调度自行决定）。无特殊情况集控予以默认。网调 19：00 下发最终计划，通常最终计划与预期计划相同，偶尔略有变化。计划下发后，在计划执行前和执行过程中，调度会根据实际需要，下令具体时段计划调整安排，电站会严格执行。

2. 桐子林电站

（1）发电计划编制。每个工作日 16 时，西南网调下发二滩预期计划后，集控中心利用联合调度工具表，根据二滩水头、桐子林平均水头、区间预报流量核算二滩出力与桐子林出力比值，将比值上报给四川省调人员。省调人员根据二滩预期的 96 点计划及比值，逐点计算桐子林负荷，若不能满足电网安全要求和实际需求，会做一些调整，最终完成桐子林计划编制。通常，桐子林电站计划与二滩发电计划同步同向变化。

（2）发电计划执行。当桐子林水位临近上限或下限，桐子林电站依据集控中心的建议，向省调申请某一固定负荷，调整成功后，电站按此固定负荷持续运行，直至水位再次临近上限或下限，如此往复。因为若在临界水位回计划，水位走势不理想，想要回计划必须提前谋划，实际回计划的情况较少（不足 20%）。

当负荷调整申请未获通过时，集控中心和电站会继续申请直至调度同意。因断面受限等系统原因，调度最终未同意负荷调整的情况出现了 3 次，导致 5 月 18 日、5 月 19 日及 11 月 10 日出现了平期短时弃水。

6.3.1.3 发电计划负荷调整原因分析

1. 二滩电站

（1）市场原因。由表 6.3.1 可知，"调度要求"的情况最多，这类情况实际上是调度未告知具体原因（或二滩电站未告知集控原因）。从已列原因分析，二滩负荷调整首要原因是配合重庆用电需求临时调整，其次是配合四川用电调整。

（2）潮流原因。重庆地区电力过剩（受当地电厂、用户影响）时，川电通过普洪-洪板线送重庆的能力受到一定的抑制，洪板线发生过载。因洪板线属于西南网调调管设备，二滩电站是西南网调直接调度的唯一电站，这种情况下，网调会下令削减二滩出力，以达到降低洪板线潮流的目的。反之，则增加二滩出力。

（3）调度原因。普洪断面的直接供电端主要有月城、二滩、橄榄等。月城的供电端之一，锦官电源组，属国调调管，计划性较强；二滩电站是西南网调调管的大型水电站；其他都是省级及以下调度机构调管的小型电站，调峰能力较弱。除非重庆电网自身的调峰能力增强，否则二滩作为川渝电网的调峰电厂的特殊地位无可替代。

2. 桐子林电站

（1）成功率原因分析。从表 6.3.2 可以推算，桐子林负荷调整申请第一次通过率约 76%，第二次通过率约 93%。当首次申请失败时，经过两次或多次申请，桐子林实现负荷调整，最终成功率较高，个别情况才会发生弃水。

桐子林水库调度 2016 年未出现越上限或者下限的情况。没有成功的申请中没有不必要的申请，之所以没有成功，主要原因有二：一是集控中心按预留 0.3m 计算（考虑水位接近限额时出现 N-1 故障，现场最快操作闸门时间 30min），省调视水位未达到边界，策略性的延后调整；二是系统断面受限，无法调整。

（2）调整频繁原因分析。

1）桐子林水库、机组特性：桐子林水库水位可调变幅小，可调库容与多年入库流量均值的比值较小，意味着不加控制的情况下，桐子林水位出现越限的频率较高。同时，桐子林轴流转桨机组单机发电流量大，库水位、尾水位、水头、发电流量相互反馈敏感，增加了水位越限的风险。

2）基础数据资料存在误差：根据目前运行经验，机组发电特性曲线、尾水曲线、库容曲线等均存在不小的误差。

3）入库流量预报误差：对二滩、桐子林 2016 年 1—5 月及 11—12 月数据进行分析，比较二滩、湾滩出库流量之和与桐子林入库流量的差值序列，标准差达到 91m³/s（当入库流量与出库流量之差为 91m³/s，水位变化速度约 0.07m/h），也就是说，即使完全预知上游出库流量，桐子林入库流量预报仍会存在颇有影响的误差。

4）二滩出力频繁调整：二滩负荷临时调整频繁，加剧了桐子林入库流量的变化，从而加剧了桐子林水位的变化。

5）水位预报误差：由于基础数据、入库流量预报误差、二滩负荷调整等因素，当前技术在水位预报水平的提高上作用有限。

6）发电计划不能长期满足水位控制要求：发电计划制作和水位预报、跟踪调整，使用相同的水情数据和计算原理。后者尚不能保证 8h 的水位准确预控，发电计划制作当然更无法实现 36h 的水位准确预控。若通过实时负荷调整使次日 0 时水位到达制定负荷计划使用的水位，也可以使计划更加匹配。但实时调整效果欠佳。

居于上述种种缘由，发电计划不可能以不变应万变。从图 6.3.1 可知，桐子林日计划电量跟随二滩日计划，略有滞后但平行度较好；二滩日电量维持不变时，桐子林实际电量仍波动不定。

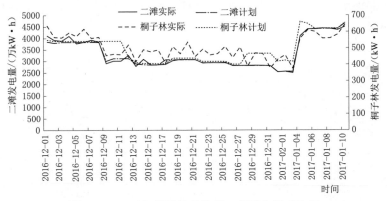

图 6.3.1　二滩-桐子林日计划、实际电量对比图

从图 6.3.2 可知，桐了林计划与二滩计划同步变化；从数据分析，省调仅有 6 个短时段小幅修改了比例系数（峰谷过渡点、单点的修改不计）。

从回计划的次数分析，2016 年因计划曲线不适造成的自发调整次数不超过 47，占总次数的比重较小。

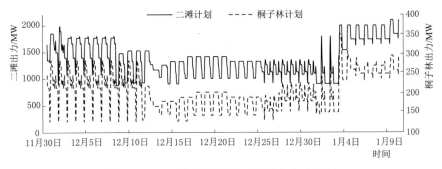

图 6.3.2　二滩-桐子林小时计划出力对比图

7）负荷调整模式不适应变化的二滩出力：在不按计划曲线发电的情况下，自发调整（排除回曲线的情况）的次数超过 215 次，与计划不适造成的自发调整次数比例超过 5:1。"计划不适"是根本矛盾，调整模式不适是主要矛盾；当根本矛盾受制于客观工程条件、调度（市场）环境而难于明显改善时，解决主要矛盾才是大幅减少调整的有效途径。

如图 6.3.3 所示，与图 6.3.2 相比，中二滩-桐子林实际出力平行度、同步性不及计划出力。

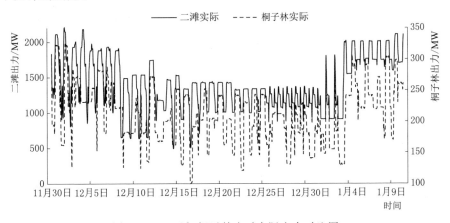

图 6.3.3　二滩-桐子林小时实际出力对比图

8）响应结果不能保证：由于负荷调整申请发出后，省调根据电网实际情况协调省内其他电厂配合，响应时间和调整幅度不确定。若响应时间偏晚，或调整幅度与申请幅度不一致，均会缩短调整后的水位安全可持续时间。

6.3.2　雅砻江梯级水电站短期发电计划适应性调整策略

6.3.2.1　开展曲线率定减小曲线误差

由于桐子林电站机组特性曲线、闸门泄流曲线和尾水水位流量关系曲线存在较大误差，桐子林电站发电计划编制、水位预控精度不高。因此，建议尽快完成桐子林电站特性曲线率定工作，为桐子林水库调度工作打下坚实基础。

6.3.2.2　丰富负荷调整模式

在原有负荷调整模式的基础上，额外设计了 3 种负荷调整模式。4 种模式各有优劣，如果都能许可，则可根据实际情况择优选取。"无期"指负荷调整时不约定结束时间，"固定"指桐子林保持固定负荷，无期固定是目前使用的模式。"偏离"指在计划序列上叠加一个修正量，"短期偏离"指即刻起短期内计划序列叠加修正量，之后恢复计划曲线。本例短期采用 8h，值班人员可视实际情况选择时长。

以 2017 年 1 月 4 日为例，桐子林发生了短时弃水。经分析，省调修改了 4 日凌晨计划出力比值，计划出力较大，不适宜回计划曲线。若 1 月 4 日 0 时省调同意桐子林调整，我们设置 4 种调整模式，各找出 3 种最优方案，对当日 24h 进行预测。比较水位走势见表 6.3.3、图 6.3.4。

表 6.3.3　　　　　　　　　4 种调整模式对比表

调整模式	幅度 /(万 kW·h)	0 时水位 /m	最高水位 /m	最低水位 /m	24 时水位 /m	变幅 /m	平均变幅 /m
无期固定	24	1013.33	1014.63	1013.33	1013.95	1.3	
	25	1013.33	1014.28	1012.36	1012.36	1.92	2.33
	26	1013.33	1013.92	1010.16	1010.16	3.76	
无期偏离	−5	1013.33	1014.4	1012.56	1014.28	1.84	
	−4	1013.33	1013.33	1012.14	1012.78	1.19	1.84
	−3	1013.33	1013.33	1010.83	1010.83	2.5	
短期固定	25	1013.33	1014.28	1013.09	1013.09	1.19	
	26	1013.33	1013.92	1012.34	1012.34	1.58	1.65
	27	1013.33	1013.61	1011.42	1011.42	2.19	
短期偏离	−9	1013.33	1014.44	1013.22	1013.44	1.22	
	−8	1013.33	1014.02	1012.57	1012.57	1.45	1.53
	−7	1013.33	1013.62	1011.71	1011.71	1.91	

本例演算结果表明，对于 1 月 4 日计划不匹配（主要是前半日不匹配，后半日较为匹配）的情况，采用短期偏离模式最优，其次是短期固定模式，再次是无期偏离模式，最末是无期固定模式。短期调整、小幅偏离的做法，犹如四两拨千斤，将原本僵硬不动的计划曲线盘活了。通常情况下，可优先考虑短期，一次申请，获得了两次调整机会，减少了工作量，而且有始有终的策略便于调度机构安排工作（比如借贷时约定还款日，利于通过）。当二滩、桐子林计划调

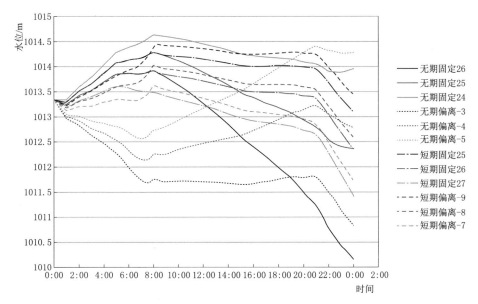

图 6.3.4　4 种调整模式水位走势图

峰幅度较小时，4 种模式效果相近。当桐子林计划曲线与二滩计划曲线近期按同比例变化，若后期比例系数适宜，则采用短期偏离模式，若后期比例系数不适宜，则采用无期偏离模式；当桐子林计划曲线与二滩计划曲线仅近期按不同比例变化，采用短期固定模式，若近期、后期均按不同比例变化，则采用无期固定模式。

6.3.2.3　确立负荷计划调整的计划性

如果负荷调整这项突发的临时性工作，纳入有计划的常规工作，有利于调度开展工作，同时改善沟通氛围。建议集控中心调度台每日 9 点、17 点、23 点视需要向电站提供本班发电计划调整的时间和幅度参考，电站提前与调度协商约定，其他时间原则上不办理发电计划调整工作。此项可避免发电计划调整工作的突发性和紧迫性，减小调整幅度，减轻工作难度和安全压力。

6.3.2.4　桐子林实时运行负荷小幅自由调整许可

建议公司、二滩电厂和集控中心联合与电网调度机构协商，为桐子林电站争取实时负荷小幅自由调整的许可权，如此桐子林电站水位控制的灵活性、安全性将大幅提升。

6.3.2.5　二滩和桐子林实时运行负荷置换

建议集控中心与调度机构合作，开展二滩和桐子林实时运行负荷置换可行性研究，通过二滩和桐子林电站负荷置换方式来解决上下游水量不平衡问题，提升桐子林电站运行安全性和发电效益。

第7章 雅砻江流域梯级水库群精细化调度高级应用软件

梯级水电站群联合优化调度系统涉及的上、下级系统及横向系统较多，因此，系统结构设计为开放式结构，提供冗余的、支持分布式处理环境的网络结构。系统满足可扩充性、安全可靠性、开放性等要求，具备强大的网络通信功能。并基于多阶层的设计理念，提供强大的可扩展性。

系统充分整合了相关信息资源，利用水情自动测报系统和洪水预报系统对流域径流的形成和洪水过程的演进进行实时监控、演算和预报，科学合理地制定水库防洪、发电等调度方案。通过对信息平台各分系统信息的集成与整合，对制定科学合理的实时水库水位动态运行方案具有指导性和可操作性。水务计算软件的投入，替代了操作人员烦琐的工作流程和人工错、漏报信息的概率，大大提高水调工作的效率和工作质量。

为保证梯级水电站群联合优化调度系统运行的可靠性和稳定性，采用双网结构和冗余配置。为了充分发挥双网结构对于提高系统的稳定性和可靠性效果，对系统的应用软件提出了更高的要求。本应用软件能够很好地支持双网结构，实现双网负载平衡和避免单点故障对系统造成的损害。

梯级水电站群联合优化调度系统系统需通过中间件实现双网结构中的双网负载平衡。应用软件采用多阶层的设计方法，所有的应用客户端都不直接与数据库相连，而是通过网络数据服务进行集中管理和服务，可有效地避免系统单点故障对系统整体可靠性造成的损害。

7.1 雅砻江流域梯级风险调度与决策支持系统

7.1.1 雅砻江流域梯级水电站群联合优化调度系统构架

7.1.1.1 系统总体设计

1. 系统框架

本项目采用分层式架构，共分为数据访问层（数据层）、业务逻辑层（应用层）、模型运算层（支撑层）、图形交互层（表示层）。

分层的程序设计目的是让层间保持松散的耦合关系，使得程序结构清晰，降低升级和维护的成本。在构建过程中，更改某一层次的具体实现，不会影响到程序的其他层，这使得对本层的设计更加专注，对提高软件质量有很大益处。

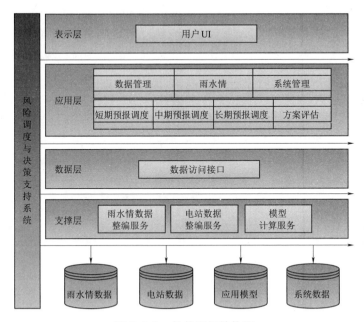

图 7.1.1　软件逻辑结构图

（1）数据层。数据层包含了对水文数据、模型数据和业务数据的封装，对程序其他层次提供数据访问接口。程序中所有的数据访问均需通过数据层提供的接口进行，其他部分都不和数据库直接交互。数据层内部和数据库的交互可以变更，但对外提供的访问接口应保证统一性和持久性。

（2）应用层。应用层包含了关于业务领域的信息，由多个内聚的业务单元构成，覆盖相关的领域对象。业务单元主要由业务操作流程、公司规程以及政策法规等构成。应用层体现系统的高级策略，不依赖于数据层或表示层等。

（3）支撑层。支撑层包含了完成业务领域中各个业务单元所需的各模型算法。包括雨水情数据整编、水电站数据整编、短期径流预报模型、中长期径流概率预报模型、防洪调度模型、发电调度模型、风险分析模型等。

（4）表示层。表示层位于架构的最外层，但是离用户最近，和用户直接交互。表示层用于显示数据和接收用户输入的数据，为用户提供一种交互式的操作界面。于系统的核心层——领域层和模型层不同，核心层很大程度上决定了程序能实现的所有功能和业务逻辑，表示层则决定了以何种方式和用户交互，怎样布局显示模型运算结果，如何体现业务逻辑等。用户界面美观整洁，功能布局细致合理，可以让用户得到更好的操作体验。

2. 运行环境

本系统中的工作站以及其他 PC 机的操作系统选用 Windows Server 2008。

Windows Server 2008 包括客户需要的、Windows Server 操作系统的全部功能，如安全性、可靠性、可用性和可伸缩性，从而实现多快好省。此外，Microsoft 已经改善和扩展了 Windows Server 操作系统，从而涵盖了 Microsoft. NET 的优点，Windows Server 2008 的 4 个主要优点如下：

（1）可靠性。Windows Server 2008 是迄今为止最快、最可靠和最安全的 Windows 服务器操作系统。Windows Server 2008 用以下方式保证可靠性。

（2）高效。Windows Server 2008 提供各种工具，帮助您简化部署、管理和使用网络结构以获得最大效率。

（3）连接性。Windows Server 2003 为快速构建解决方案提供了可扩展的平台，以便与雇员、合作伙伴、系统和客户保持连接。

（4）最经济。当同来自 Microsoft 的许多硬件、软件和渠道合作伙伴的产品和服务相结合使用时，Windows Server 2008 提供了使您的基础架构投资获取最大回报的机会。

3. 系统体系结构

（1）系统体系设计原则和思路。

1）梯级水电站群联合优化调度系统遵循以下设计原则：

a. 整个系统设计中以数据安全性、运行稳定性、服务器高并发和逻辑处理高效率为设计原则。

b. 以构建可扩展的分布式应用系统为原则，程序遵循可用性、性能高、可靠性、可扩展、易管理、成本低等原则进行服务器设计。服务器分解成一组可互补的服务。

c. 服务器设计以支持横向扩展在另一方面是添加更多的节点，在大数据集下，可能会使用第二服务器来存储部分数据集，对于计算资源来说，这意味着分割操作或跨节点加载。充分利用横向扩展思路，作为一种内在的系统架构设计原则。

d. 设计制作该系统以合理的估算和分配服务器资源，避免不必要的浪费为原则，在延迟和吞吐量上做权衡达到高性能要求为设计原则，为最坏和满负载情况做设计为原则。

2）梯级水电站群联合优化调度系统遵循以下设计思路：

a. 服务器架构设计参考分布式云存储结构。包括若干通过网络互联的服务器。将服务器逻辑模块划分多个任务单元，实现协同工作，共同完成对雅砻江流域的梯级水电站群联合优化调度。

b. 基于低耦合原则，实现多层体系架构。服务器由网络层、数据层和逻辑处理层三层结构模式构成，客户端分别由网络层、数据层、逻辑处理层和表示层四层结构构成。各层的功能单纯，系统架构灵活，不同模块之间的实现低耦合模式实现系统的可扩展性和可维护性。

c. 以数据流的高效、安全设计原则，服务器和客户端分别有自己的数据管理模块，对整个数字数据进行管理分配，达到数据的安全性和高效性与模块共享。

（2）系统体系说明。梯级水电站群联合优化调度系统遵循 C/S 架构模型，由服务器和客户端两大部分构成，由中心调度逻辑模块、Webservice 服务模块、事务服务模块和 Oracle 数据库构成分布式服务体系结构，支持横向扩展，为雅砻江流域提供数字化数据的存储，通过客户端对雅砻江流域数字化数据进行管理（查询、修改、删除），并提供业务逻辑统计和计算功能。系统体系结构图如图 7.1.2 所示。

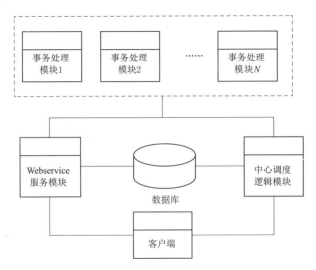

图 7.1.2　系统体系结构图

中心调度逻辑模块负责统计、查询和业务逻辑操作。Webservice 服务模块负责为客户端和系统外部提供数据库数据的访问和操作。事务处理模块负责为中心服务器提供业务逻辑运算。Oracle 数据库为中心调度逻辑模块和 Webservice 服务模块提供数字化数据的查询、添加、删除和修改的支撑。

4. 服务器之间通信模式

（1）服务器客户端通信模型。网络传输通信图如图 7.1.3 所示。

中心服务器通过 TCP 通信协议和 DB 数据库进行数据通信。Webservice 服务模块通过 TCP 通信协议和数据库进行数据通信。客户端通过 TCP 通信协议和中心服务器交互，通过 http 通信协议和 Webservice 服务模块交互。

（2）数据通信协议格式。数据通信协议包含 TCP 通信协议和 http 通信协议两个方式，两项通信协议格式如图 7.14 和图 7.1.5 所示。

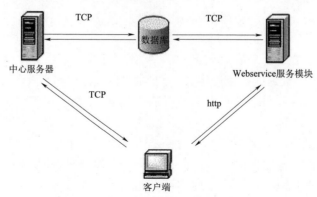

图 7.1.3 网络传输通信图

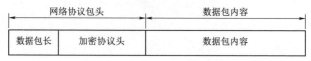

图 7.1.4 TCP 通信协议

图 7.1.5 http 通信协议

7.1.1.2 系统功能框架

1. 中心服务器功能框架

中心服务器使用 java 开发，服务器设计包含了网络模块、数据库管理模块、逻辑处理模块、Webservice 服务器模块和事务服务模块，各个模块技术功能点描述如下。

（1）网络模块。网络模块为远端客户端访问提供网络传输功能，该模块实现了采用高效网络传输的 java 框架 Netty。Netty 是一个基于 NIO 的客户服务器端编程框架，它是一个可以使用异步的、事件驱动的网络应用程序框架，实现快速开发高性能、高可靠性的网络服务器和客户端程序。Netty 的交互流程如图 7.1.6所示。

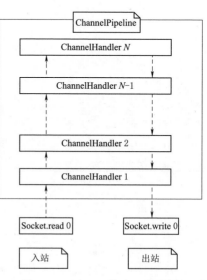

图 7.1.6 Netty 的交互流程图

208

Netty 网络数据通信交互模型如图 7.1.7 所示。

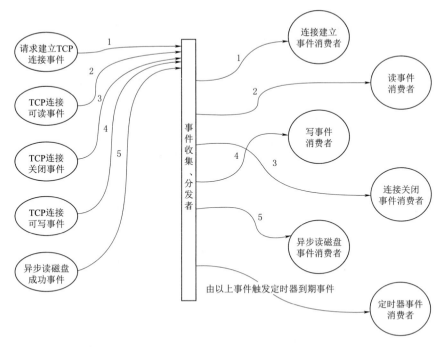

图 7.1.7　Netty 网络数据通信交互模型

网络模块还提供了一个网络数据缓存层，网络数据发送环形缓冲区和网络数据接收环形缓冲区。环形 buff 缓冲区通过环形缓冲实现网络数据包重组，将网络业务和事件处理业务分开，从而达到数据稳定和安全可靠，保证了数据包的完整性和高效性，有效地节省了系统资源开销，并且解决了网络情况较差的时候发生的粘包问题。

在通信程序中，经常使用环形缓冲区作为数据结构来存放通信中发送和接收的数据。环形缓冲区是一个先进先出的循环缓冲区，可以向通信程序提供对缓冲区的互斥访问。

环形缓冲区通常有一个读指针和一个写指针。读指针指向环形缓冲区中可读的数据，写指针指向环形缓冲区中可写的缓冲区，如图 7.1.8 所示。通过移动读指针

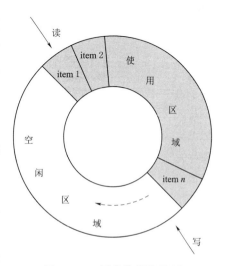

图 7.1.8　网络数据发送环

和写指针就可以实现缓冲区的数据读取和写人。在通常情况下，环形缓冲区的读用户仅仅能影响读指针，而写用户仅仅能影响写指针。如果仅仅有一个读用户和一个写用户，那么不需要添加互斥保护机制就可以保证数据的正确性。如果有多个读写用户访问环形缓冲区，那么必须添加互斥保护机制来确保多个用户互斥访问环形缓冲区。

（2）数据库管理模块。数据库管理模块是中心服务器和数据库之间的纽带，它通过 JDBC 技术访问数据库，使用了 C3P0 数据池连接模式，提供更高并发的数据库访问，并提供将查询数据储存到在内存中的缓存。

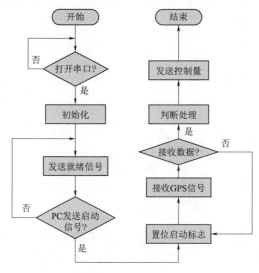

图 7.1.9　事件驱动流程图

（3）处理模块。业务处理模块包含短期水库预报调度、中期水库预报调度、长期水库预报调度和数据管理功能。该模块使用了事务线程调度机制，负责逻辑业务调度和事件投递的功能，是所有业务事件的发送中心。

表示层发送事件请求到服务器，服务器网络层接受消息投递到逻辑处理模块，逻辑处理模块对事件分析，并调度相关事务服务模块和数据库管理模块进行业务逻辑处理，最后将处理结果返回表现成。

事件驱动流程图如图 7.1.9 所示。

（4）Webservice 服务模块。Webservice 服务模块为远端提供数据服务。收到远端业务逻辑请求，并将事件投递到业务处理模块进行处理，待结果返回后再回传给远端。Webservice 交互模型如图 7.1.10 所示。

（5）服务模块。事务服务器模块主要负责给逻辑模块提供计算，事务调度功能，具体说明请参看系统集成。

2. 软件客户端功能框架

客户端以 UI 界面快速反应和后台事务计算高效性为设计原则，客户端分为 UI 界面管理模块、数据运算模块和网络通信模块。客户端网络模块负责网络输的传输，数据运算模块负责网络数据和界面信息的运算，UI 界面为用户提供水调预报功能和数据库数据的处理。

（1）界面操作模块。UI 界面采用安全线程的模式，UI 线程操作不是在主线程执行，而是保证用户界面（UI）的流畅运行。当应用程序启动时，系统会为

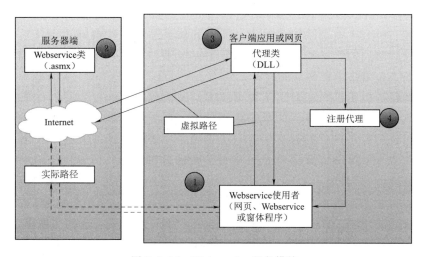

图 7.1.10 Webservice 服务模块

应用程序创建一个主线程（main）或者叫 UI 线程，它负责分发事件到不同的组件，包括绘画事件。完成应用程序与 C♯ 界面组件的交互。

（2）后台事务计算模块。后台事务完成网络模块的和 UI 界面交互所需的一切运算，改模块采用了分片线程（双 CPU 采用 4 线程，3CPU 采用 6 线程）模型，实现了对系统资源的高效利用，达到高效实时的效果。

（3）网络通信模块。客户端网络通信模式是连接服务端和客户端的桥梁。客户端网络模块采用了 select 模型。Select 模型是 Windows sockets 中最常见的 IO 模型。它利用 select 函数实现 IO 管理。通过对 select 函数的调用，判断套接字是否存在数据或者写入数据，异步模式大大提高了程序的并发性。另外效率不会随连接数的增加而线性下降，它只会对活跃的 IO 事件进行操作。

7.1.2　雅砻江流域梯级水电站群联合优化调度数据库建设

数据库是梯级水电站群联合优化调度的基础部分，由于本系统在应用扩展中的数据类型较复杂，数据量庞大，数据的一致性、实时性、可靠性要求较高，因此系统数据库的建设将是整个系统成败的关键。

7.1.2.1　Oracle 数据库

本系统使用 Oracle 数据库系统。

Oracle 公司一直致力于支持电力行业的信息化建设工作，并成为国电公司的首选数据库平台，目前，全国大部分电力公司和发电企业采用 Oracle 数据库构建管理信息系统平台。

Oracle 数据库支持从关系型数据、影像数据、空间数据、分析数据、正文数据到 WEB 的任何数据。Oracle 数据库核心支持 2GB 的字段用于存储大的二进制对象。Oracle 内核采用多线索、多进程体系结构，能很好地支持系统安全可靠、快速响应的业务要求。Oracle 数据库能够提供给系统强大的功能，可以最小的复杂度带来最优的性能。

最初的数据库系统配置是至关重要的，因为数据库的安装及构建质量会直接影响到系统的性能、日后的维护工作，以及系统的长期稳定性。高质量的系统安装可以确保系统的性能优化，安全升级，易于维护，并能获得最大的灵活性以适应未来的发展。借助 Oracle 先进的管理方法和工具可以保证这项工作的顺利完成。

Oracle 相关的技术介绍如下。

1. Oracle 数据库适应系统的技术需求

要保障系统安全、稳定、快速地运行，必须要有高可靠、高伸缩、高稳定、高性能的大型数据库作为保证。Oracle 的全能服务器以及投入市场不久的 Oracle 10 将能够处理更多的数据，容纳更多的用户。在安全性和稳定性上都是最好的。

Oracle 作为历史最为悠久的数据库厂家，其产品向来以稳定、可靠而著称，而 Oracle 10 更适合于大规模网络信息处理的特点。

Oracle 10 全能服务器技术上先进成熟，产品稳定，加上 Oracle 公司把其在关系型数据库技术中的其他成功经验融入 Oracle 10 核心中，使 Oracle 10 具有高质量、高稳定、技术先进成熟等鲜明的特点，受到全世界用户广泛的好评和首肯，也成为数据库市场上的里程碑。

对于系统来说，计算机及数据库系统应该在技术上先进成熟、在体系结构上符合实际需求，并且数据库本身高质量、高稳定、无风险，这些基本条件是该系统建设的基础，也是系统成功的重要因素。

Oracle 10 作为世界第一大数据库，自从宣布到正式在市场中供货，历经了三年的疲劳验证和软件黑白箱测试，在消灭了软件中可能出现的问题并使运行情况极其稳定后，才得以成为正式产品。同时，Oracle 10 一直走在关系数据库技术发展的最前列，在多个方面处于领先地位。无论是在关系数据库传统的联机事物处理的技术上，还是决策支持上，以及分布式处理技术、分布式的复制技术、数据库性能的可伸缩性、并行处理技术、安全性等许多方面都处于领先地位。具体的技术细节见后面的资料。

2. Oracle 10 对系统高可靠性的支持

Oracle 10 采用多线索、多进程的体系结构，多个数据库请求可以由一个服务进程处理。同时，系统根据当前的负载情况动态分派服务进程的数量和使用。从而充分利用多用户操作系统"多用户多任务"的工作方式，并有效地减少系统的资源消耗，达到最大的处理速度及吞吐量。

Oracle 10 的联机备份设施使管理员能够在数据库正在运行时实施备份操作，而不中断事务处理，甚至在大量的 OLTP 使用当中。如果包含用户数据的一个设备出了故障，丢失的数据文件可以被恢复到另一个设备上，此时 Oracle 10 将继续处理针对数据库中其他部分的查询请求。Oracle 10 可以使用多个进程并行地对数据库进行恢复，这使联机恢复的速度大幅度提高。

3. Oracle 10 对于系统大用户量的支持

Oracle 10 对大规模数据库的支持有成熟的技术。现在 Oracle 10 可以支持上万个并发用户，支持最大为 512Petabytes（1 Petabytes＝1000TB＝1000000GB）的数据库。

Oracle 10 和 Oracle Net9 有效地利用了操作系统和网络资源，使成千上万的并发用户可以通过多种网络协议彼此互连。连接池（connection pooling）临时将空闲用户的物理连接断开（在需要时，透明地重建连接），这将大大增加可以支持的用户数。连接管理程序（connection manager）将同一个网络连接上的多个用户会话以多工方式（multiplex）处理，尤其在多层应用结构时能够大大降低资源的需求。

4. Oracle 10 对于数据仓储和数据采掘的支持

由于数据仓库应用中需要针对大量的数据进行复杂的，特殊目的的查询，所以它需要的技术和 OLTP 应用不同。为了满足这些特定的需求，Oracle 10 提供了丰富的查询处理技术，包括可以选择最有效的数据访问路径的高级查询优化技术，以及可以充分利用所有并行硬件配置的一个可伸缩的体系结构。

星形查询广泛地应用于数据仓库。当一个或多个大表与多个小表相关时，就会用到星形查询或星形模式，其中，大表经常被称为事实表，小表被称作尺寸表，Oracle8 已经引入了星形查询这一优化功能来改进这种类型的查询，然而 Oracle 10 对此进行了更显著的改进。

5. 数据复制技术的方式和种类

当几个数据库服务器中的数据分布结构为数据交集非空时，Oracle 10 会自动利用表复制功能保护数据的一致性不受破坏。表复制是指一个数据源可在网络上有多个拷贝，并且这些拷贝可以通过某种方式（实时、定时、或存储转发）自动保持数据一致性。

Oracle 正是在大型网络环境中充分显示了其优势。这种逻辑统一的管理方式，可以实现系统的数据共享和综合管理。极大方便了业务系统的开发及维护。并且，这种逻辑统一的模式，加之 Oracle 的管理和监控多 Server 的专用管理工具，极大地方便了在网络上对数据库的管理。

6. 数据备份和恢复功能

Oracle 10 服务器管理的备份和恢复提供了 Oracle Server 内部的高级备份和恢复功能。Oracle 10 负责维护一些详细的信息，例如，何时进行备份，数据库的具体哪一部分需要备份，这些需备份的文件存在何处等。是否需要实施数据恢复措施，Oracle 10 对数据库的状态进行分析并决定修复数据库需要实施哪些操作。然后，Oracle 10 自动实施这些操作，这将极大简化管理员需要做的恢复工作，同时也降低了人为错误的可能性。

7. Oracle 10 安全性控制

Oracle 10 的安全保密措施，在 C2 级操作系统中，已经通过了 NCSC 组织 C2 级标准的测试；在 B1 级操作系统中，也已经通过了 NCSC 组织 B1 级标准的测试。所有这些功能，都为系统的成功建成提供了保障。

7.1.2.2　数据要求

数据种类包括水情及气象数据、机组电网数据、闸门数据、静态资料数据、计算结果以及文件类数据等，详细说明见表 7.1.1。

表 7.1.1　　　　　　　　　　　　数 据 种 类 表

序号	数据类别	说　　　明
1	水情及气象数据	包括实时、历史的水位、雨量、流量、风速、风向、气压、湿度、蒸发、气温等数据类型
2	机组、电网数据	包括实时、历史的有功、无功、状态等数据类型
3	闸门数据	包括实时、历史的开度、状态等数据
4	静态资料数据	水库调度图、水位-流量、水位-库容、NHQ、闸门泄流关系等静态资料数据
5	计算结果	入库流量、出库流量、发电流量、洪水预报、调度计划、发电计划等
6	文件类数据	

7.1.2.3　数据库管理

水库调度数据类型繁多，一方面要求系统存储管理很长时间的历史数据；另一方面又要求能提供实时系统的性能和可靠性。系统中存储着重要的历史数据，和大量其他系统间存在数据交换关系，因此数据库管理应分为历史数据库和实时数据库。历史数据库用于历史数据、整编数据的存储和高级应用的支持，以及其他系统的访问服务；实时数据库用于支持数据的快速访问，支持各种实时应用。两种数据库均采用统一的数据库管理系统，建立统一的数据字典，支持冗余双服务器的热备用机制，并保证数据的一致性和完整性。

数据库管理模块是中心服务器和数据库之间的纽带，它通过 JDBC 技术访问数据库，使用了 C3P0 数据池连接模式，提供更高并发的数据库访问，并提供将查询数据储存到在内存中的缓存，如图 7.1.11 所示。

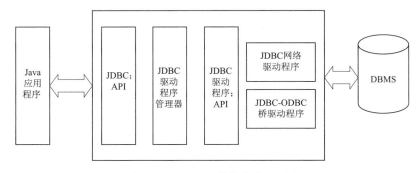

图 7.1.11　JDBC 数据库交互过程

7.1.3　雅砻江流域梯级水电站群联合优化调度系统建设

　　雅砻江流域梯级水电站群联合优化调度系统主要包括以下模块，WebGIS 实时监测预警模块，梯级调度数据管理模块，梯级调度短期预报模块，梯级调度中期预报模块，梯级调度长期预报模块，预报评估模块和用户管理模块。各个模块的功能为实现雅砻江流域水电工程数字化管理提供数据基础与功能支持。各个模块功能强大，响应速度快，界面友好，功能整合完善，实际操作简便。

7.1.3.1　WebGIS 实时监测预警模块

　　点击实时监测预警模块，底图显示参数分区以及河网图层，右下方会弹出水位报警信息。实时监测预警模块包括：实时雨水情、大坝监视图、大坝防洪图、实时监视图、综合水情图、水电厂水库运行监视表。其界面如图 7.1.12 所示。

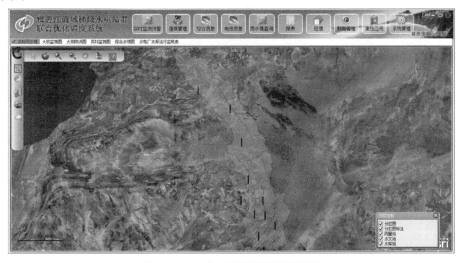

图 7.1.12　实时监测预警模块界面

1. 工具栏

可对地图进行操作以更好地查看地图，工具栏位于地图左上角，横向的工具栏具备的功能包括：恢复默认、全图、放大、缩小、平移、图例及图层控制、底图切换选择。纵向的工具栏具备的功能包括：绘制等值线等值面、流域面雨量、实时雨水情、查询、清除渲染图层。工具栏如图 7.1.13 所示。

（1）恢复默认状态：点击 ⛬ 图标，可将鼠标指针恢复为默认操作的状态。

（2）全图：点击 ⬤ 图标，可将地图恢复为显示整个雅砻江的状态。

（3）放大、缩小：点击 🔍 或 🔍 图标后，用鼠标在地图上画矩形，即可实现地图的放大或缩小操作，依据矩形的大小来调整缩放的比例。

（4）平移：点击 ✋ 图标，在地图上按住鼠标左键并移动鼠标，可实现对地图的平移操作。

（5）图例及图层控制：点击 🗂 图标，显示"图层控制"对话框，对话框中勾选项目以显示或隐藏相关图层，图层包括分区图、分区图标注、雨量站、水文站、水库站，如图 7.1.14 所示。

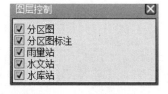

图 7.1.13　工具栏　　　　　　图 7.1.14　图层控制窗口

（6）底图切换选择：点击 🖼 图标，可将底图进行切换，底图包括行政图、卫星图、地形图。

（7）绘制等值线等值面：点击 🌐 图标，弹出"等值线、等值面生成"对话框，设置查询的开始时间和结束时间，点击"开始渲染"按钮，可将监测区域的雨量站点等值线和等值面绘制出并显示"图例"对话框。点击"清除渲染"按钮，可返回地图的原始状态并关闭"图例"对话框。在对话框的图层控制中，勾选项目以显示或隐藏相关图层，图层包括等值线、标注、等值面，如图 7.1.15所示。

点击"雨量等级设置"下拉按钮，选择不同的等级设置，可以查看不同等级设置下的等值线和等值面。

（8）流域面雨量：点击图标，弹出"流域面雨量分布"对话框（图 7.1.16），设置查询起始时段和结束时段的时间，点击"开始渲染"按钮，可将监测区域按照雨量大小分颜色渲染，便于更好地观察。点击"清除渲染"按钮，可返回地图的原始状态。

（9）实时雨水情：点击图标，显示"实时雨水情"对话框（图 7.1.17），可查询实时的雨量数据，对话框包含雨情数据、河道水情、水库水情 3 个标签页。

2. 雨情数据

点击柱状图列内的图标，弹出"统计图"对话框，以柱状图的形式显示该测点的降雨量。点击定位列内的图标，可在地图的中心位置显示该测站。

图 7.1.15 降雨等值线、等值面图

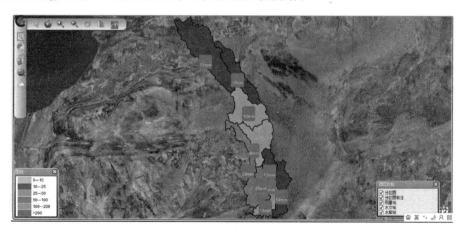

图 7.1.16 流域面雨量分布

3. 河道水情

显示了河道测站一个时间点上的水位、流量。

过程线：点击过程线列里的图标，显示该站点的过程线统计图，设定查

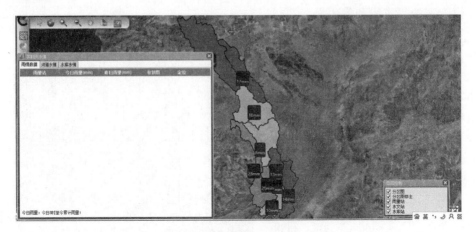

图 7.1.17　实时雨水情

询时间后，点击"查询"按钮，即可显示该时段内的水位和流量过程线。点击
定位列内的 ▶ 图标，可在地图的中心位置显示该测站。

4. 水库水情

显示了水库测点某一时间点的水位、入库流量、出库流量、蓄水量。

过程线：点击过程线列里的 ▱ 图标，显示该站点的过程线统计图，设定查
询时间后，点击"查询"按钮，即可显示该时段内的水位、入库和出库流量过
程线。点击定位列内的 ▶ 图标，可在地图的中心位置显示该测站。

查询：点击 ◉ 图标，显示"查询"对话框，输入测站代码中含有的数字，
点击"开始查询"，可以进行模糊查询，并弹出"查询结果"对话框，显示所查
询出的测站的代码，名称及类型。点击查询结果中的任意一个测站名称，可在
地图的中心位置显示该测站，并弹出该测站的详细信息。

清除渲染图层：点击 ▱ 图标，可将图上渲染的图层清除。

7.1.3.2　梯级调度数据管理模块

1. 功能概述

该模块分为 5 个部分：雨水情查询、水库实时运行信息查询、水库水情信
息查询、水库电情信息查询、静态曲线信息查询。

其中，雨水情查询模块的功能如下：

（1）从公司数据中心实时获取雨水情信息。

（2）对实时雨水情数据按不同时段进行数据处理。

（3）对获取的实时数据及处理数据进行管理与查询。

水库实时运行信息查询模块的功能如下：

（1）从公司数据中心实时获取雨水情与水库运行信息；

（2）对获取的实时数据及处理数据进行查询。

水库水情信息查询模块的功能为：对水库水位、流量、雨量等信息按不同时段进行数据处理。

水库电情信息查询模块的功能为：对水库出力、机组运行状态等信息按不同时段进行数据处理。

静态曲线信息查询为：对水库的库容水位曲线、尾水位流量曲线、NHQ 曲线进行查询和管理。

图 7.1.18　数据管理模块功能划分

2. 功能界面

数据管理模块功能的划分及其分别的操作界面如图 7.1.18～图 7.1.21 所示。

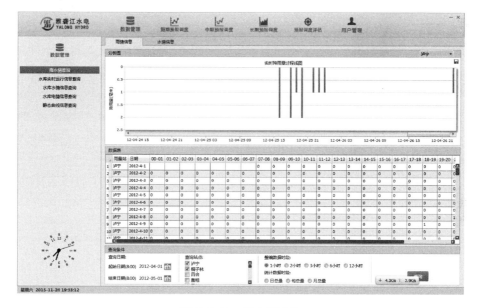

图 7.1.19　雨水情查询

7.1.3.3　梯级调度短期预报模块

1. 功能概述

本模块可以实现梯级水库联合调度中的短期预报与优化调度的功能，从功能划分上看，各个子模块的功能及其之间的关系如下。

可以实现自动预报调度设定功能，系统自动生成预报方案信息及调度方案信息，对各方案基本参数进行设定后点击计算，系统自动完成预报及调度计算；同时可设定系统自动预报调度时间及周期，系统根据初始设定参数在设置时间

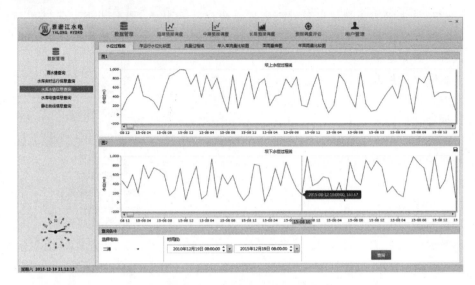

图 7.1.20　水库水情信息查询

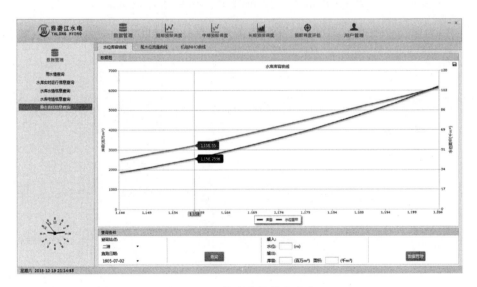

图 7.1.21　静态曲线信息查询

点完成预报调度方案建立及计算。

　　可以实现短期径流预报的方案计算和方案管理功能，实现对预报方案进行新建、修改、查看与删除等操作；新建方案时需进行预报对象选择、预报周期选择等操作；计算完成后可以对选定预报方案的计算结果进行图表展示。短期径流预报主要是对梯级各水库坝址及区间径流预报结果进行展示，并具备人工修正功能；同时可以对选定预报方案的计算结果进行图表展示。计算之后的径流预报功能可以直接在管理界面中进行查询，浏览并调用。

可以实现短期调度的方案计算与方案管理功能，对调度方案进行新建、修改、查看与删除等操作；新建方案时需进行调度周期与时段选择、调度对象选择、预报径流设定、调度类型（发电调度、防洪调度）与边界输入等操作；方案管理按调度类型分发电调度方案、防洪调度方案两类进行管理。查看方案信息、输入数据及模型参数等信息，调用短期常规调度模型接口进行调度计算。

点击方案选择，来选择制订好的调度方案，选择计划之后点击预报可以重新预报水库入库，借此实现方案的调用功能。同时可以将不同方案情景进行对比。

2. 功能界面

短期预报调度分为水库短期预报和水库短期调度两部分，如图 7.1.22 所示。

图 7.1.22　短期预报调度模块功能划分

（1）短期预报模型计算。选择时间段和技术时间步长，点击"保存并计算"，会弹出计算进度条，执行预报计算，出现如图 7.1.23 所示的计算执行界面。

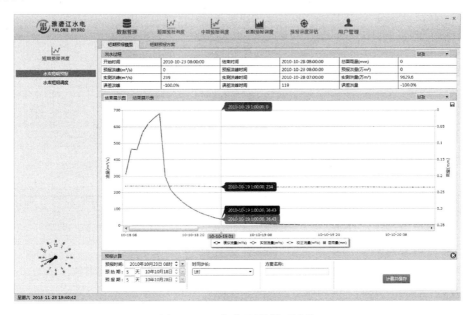

图 7.1.23　短期预报模型计算

（2）短期预报方案管理。计算得到的结果保存在后台，用户可以通过数据查询时间范围，管理所有计算方案，如图 7.1.24 所示。

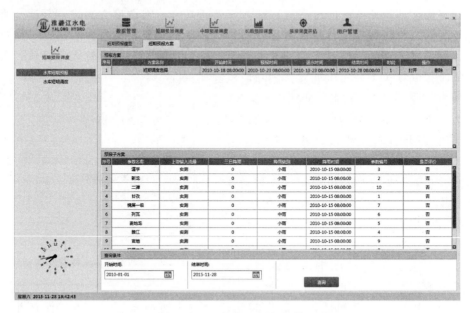

图 7.1.24　短期预报方案管理

（3）短期调度模型计算。选择时间段和技术时间步长，并且设置相关的参数后，点击"保存并计算"，执行调度计算，出现如图 7.1.25 所示的计算执行界面。

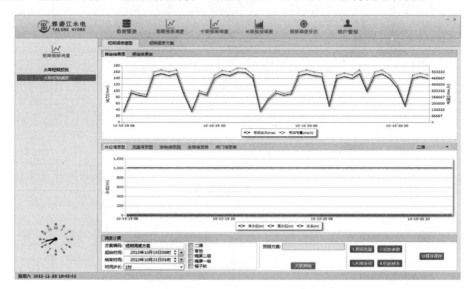

图 7.1.25　短期调度模型计算

用户可以选择参与计算的水库名称，以及关联的预报方案，如图 7.1.25 所示。

（4）短期调度方案管理。用户可以通过选择时间段，查询全部的调度方案，并且可以选取任意几个方案，进行对比，如图 7.1.26 所示。

图 7.1.26　短期调度方案管理

7.1.3.4　梯级调度中期预报模块

1. 功能概述

该模块针对中期预报调度方法，进行调度方案的计算与管理，可以实现自动预报调度设定功能，系统自动生成预报方案信息及调度方案信息，对各方案基本参数进行设定后点击计算，系统自动完成预报及调度计算。可设定系统自动预报调度时间及周期，系统根据初始设定参数在设置时间点完成预报调度方案建立及计算。

可以实现预报方案的管理计算以及结果显示，中期径流预报主要是对梯级各水库坝址及区间径流进行预报。包括对预报方案进行新建、修改、查看与删除等操作。新建方案时需进行预报对象选择、预报周期选择、预报模型选择（集合预报或概率预报）与边界输入等操作。可以做单值预报和基于概率意义的集合预报，在做集合预报方案时，系统会自动生成基于集合预报生成的确定性预报方案。可以查看方案信息、输入数据及模型参数等信息，并调用模型接口进行预报模型计算。同时，能够对选定预报方案的计算结果进行图表展示。

可以实现调度方案的管理计算以及结果显示，可以对调度方案进行新建、修改、查看与删除等操作。新建方案时需进行调度周期与时段选择、调度对象选择、预报径流设定、调度模式（常规调度或风险调度）、边界输入等操作。方案管理按调度类型分发电调度方案、防洪调度方案及综合调度方案三类进行管理。预报径流设定可直接选择某一预报方案预报结果、历史同期径流或前期径流作为预报径流输入。可以查看方案信息、输入数据及模型参数等信息，调用中期常规调度模型与中期风险调度模型接口进行调度计算。该部分能对选定调度方案的计算结果进行图表展示。同时，提供了多个风险调度方案对比功能，辅助决策者进行科学合理的决策，对最终选定的决策方案结果及方案综合评价结果进行展示。

2. 功能界面

（1）中期预报模型计算。中期预报分为单值预报和集合预报两种，用户可以选择预报类型以及时间段，点击"保存并计算"。以单值预报为例进行演示，如图 7.1.27 所示。

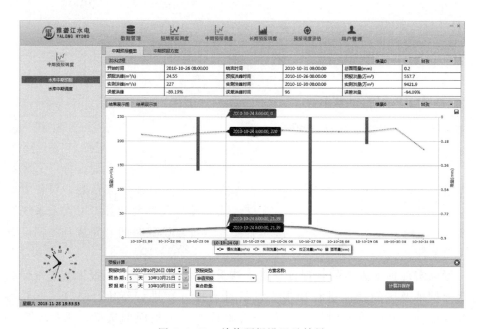

图 7.1.27　单值预报设置及结果

（2）中期预报方案管理。中期预报计算完成后，会自动入库保存，用户可以通过输入时间范围查询全部方案，进行管理和预览，如图 7.1.28 所示。

（3）中期调度模型运算。用户通过时间段选取，关联预报方案，输入方案名称，点击保存并计算，得到计算结果，如图 7.1.29 所示。

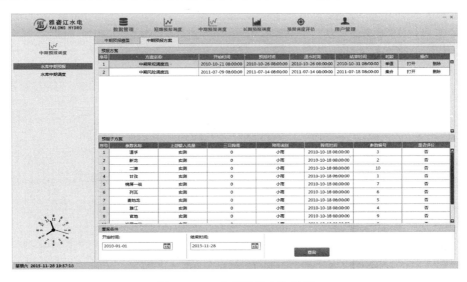

图 7.1.28　中期预报方案管理

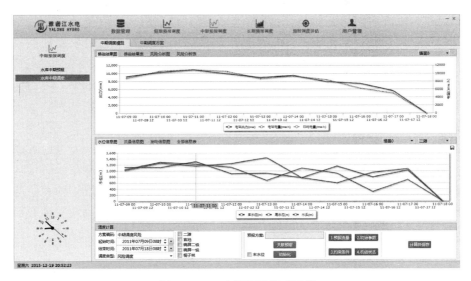

图 7.1.29　中期调度模型运算

（4）中期调度方案管理。用户可以通过查询调度方案结果进行不同方案间的对比分析，如图 7.1.30 所示。

7.1.3.5　梯级调度长期预报模块

1. 功能概述

梯级调度长期预报模块，主要针对长期预报调度的算法，提供长期预报方

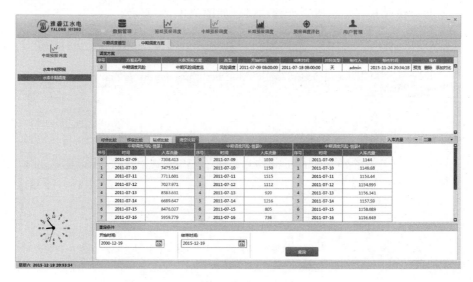

图 7.1.30　中期调度方案管理

案的计算与管理，长期调度方案的计算与管理。可以实现系统自动生成预报方案信息及调度方案信息，对各方案基本参数进行设定后点击计算，系统自动完成预报及调度计算；可设定系统自动预报调度时间及周期，系统根据初始设定参数在设置时间点完成预报调度方案建立及计算。

可以实现预报方案的管理计算以及结果显示，对预报方案进行新建、修改、查看与删除等操作；新建方案时需进行预报对象选择、预报周期选择、预报模型选择（年总径流分级预报和概率预报）与边界输入等操作；年总径流分级预报方案中可衍生出年径流的典型预报过程；年、月径流概率预报方案中可衍生集合预报方案，系统会自动从随机模拟径流集合中选取满足概率预报置信区间的径流情景组成集合预报。查看方案信息、输入数据及模型参数等信息，并调用模型接口进行预报模型计算。同时能够对选定预报方案的计算结果进行图表展示。长期径流预报主要是对梯级各水库坝址及区间径流预报结果进行展示。可进入长期水库调度界面在该预报径流基础上进行调度方案计算。

可以实现调度方案的管理计算以及结果显示，支持对调度方案进行新建、修改、查看与删除等操作；新建方案时需进行调度周期与时段选择、调度对象选择、预报径流设定、调度模式（常规调度或风险调度）、滚动嵌套勾选与边界输入等操作；预报径流设定可直接选择某一预报方案预报结果、历史同期径流或前期径流作为预报径流输入。查看方案信息、输入数据及模型参数等信息，调用长期常规发电调度模型与中期发电风险调度模型接口进行调度计算。同时支持对选定调度方案的计算结果进行图表展示；提供多个风险调度方案对比功

能，辅助决策者进行科学合理的决策并能够
对最终选定的决策方案结果及方案综合评价
结果进行展示。

2. 功能界面

梯级调度长期预报共分为三种类型，如
图 7.1.31 所示。

选择常规预报和年总径流分级预报类型

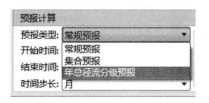

图 7.1.31　梯级调度长期预报类型

后，直接输入方案名称计算。选择集合预报后，需要设置置信区间，如图 7.1.32
所示。点击"保存"，保存参数设置。然后，点击"计算并保存"按钮，进行预
报计算，如图 7.1.33 所示。

图 7.1.32　预报方案选择及设置

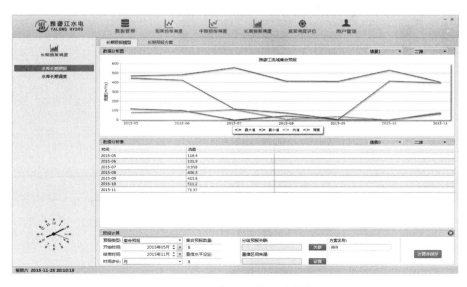

图 7.1.33　长期预报模型计算结果

227

（1）长期预报方案管理。用户通过输入时间范围查询方案结果，并打开预览，如图 7.1.34 所示。

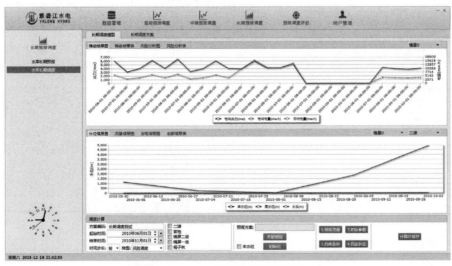

图 7.1.34　长期预报方案管理

（2）长期调度模型计算，计算结果如图 7.1.35 所示。

图 7.1.35　长期调度模型计算

（3）长期调度方案管理。用户可以通过输入时间段，查询不同方案，进行管理对比，如图 7.1.36 所示。

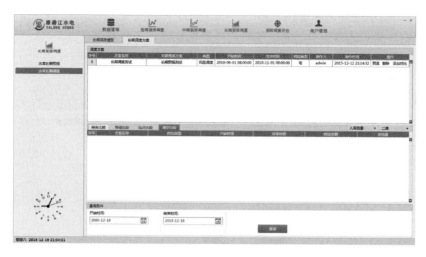

图 7.1.36　长期调度方案管理

7.1.3.6　梯级调度短期预报调度评估

1. 功能概述

梯级调度短期预报调度评估可以根据已有的预报与调度方案，选择特定的时间区间内的方案，方案类型从而对流量准确性，发电量情况进行评估，确定方案的准确性，提供误差的图形展示与定量化的数据输出。

2. 功能界面

通过输入不同时间段以及方案的类型，即短期、中期、长期，进行评估对比，确定方案的计算准确性，如图 7.1.37 所示。

图 7.1.37　梯级调度短期预报调度评估

7.1.3.7　梯级调度用户管理

主要功能包括添加、删除、编辑用户的信息，以及控制用户权限，如图7.1.38所示。

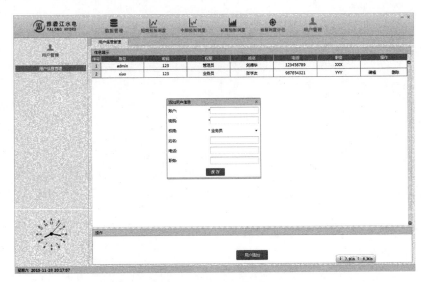

图7.1.38　用户管理

7.2　雅砻江流域公共安全信息管理与决策支持系统

7.2.1　总体集成设计

系统完成数据库的建设和应用功能模块的开发后需要设可视化的集成平台，实现模型的集成。系统总体集成设计如图7.2.1所示。

如图7.2.1所示，系统集成分三层实现，其中数据层依据应用层业务需求，主要完成数据库的搭建和数据中心的建设，应用层则采用DLL链接编程方法实现各功能模块的串接与封装，同时完成数据的传输与调用，表示层则通过界面开发的方式实现各功能模块的可视化，最终建设成B/S模式的计算机应用系统。

7.2.2　功能模块集成

公共安全信息管理与决策支持系统其功能建设主要分为两大部分：公共安全相关信息维护模块和泄洪及警示方案决策模块，其中公共安全相关信息维护模块围绕泄洪及警示方案决策模块实现泄洪预警部分基本输入信息以及重点保护区域等信息的维护和管理。系统主要功能模块及各部分功能见图7.2.2。

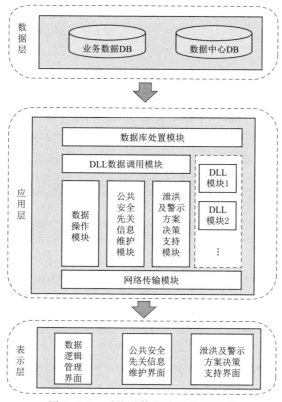

图 7.2.1　系统总体集成设计框架图

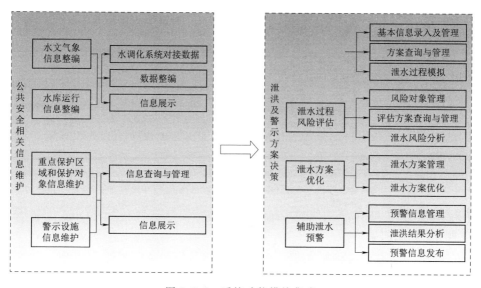

图 7.2.2　系统功能模块集成

　　如图 7.2.2 所示，公共安全先关信息模块分为四个子模块，其中水文气象信息整编与水库运行信息整编子模块都开发有水调化数据对接、数据整编以及信息展示功能，重点保护区域和保护对象信息维护与警示设施信息维护模块都开发有信息查询和信息展示功能。泄洪及警示方案决策模块也分为 4 个子模块，其中泄水过程模拟模块开发有基本信息录入与管理、方案查询与管理、泄水过程模拟功能；泄水过程风险评估模块开发有风险对象管理、评估方案查询与管理和泄水风险分析功能；泄水方案优化模块开发有泄水方案管理和泄水方案优化功能；辅助泄水预警开发有预警信息管理、泄洪结果分析和预警信息发布功能。

　　各部分模块间独立开发，同时各模块之间设计有数据传输与共享接口，部分模块之间留有调用接口，模块之间建立数据共享与功能调用关系。

7.2.3　数据集成

　　公共安全信息管理与决策支持系统涉及的数据主要有：基本数据信息包括雨水情、水库运行信息，河道数据信息，重点保护区域保护对象信息，警示设施信息，空间影像图片信息；模型计算数据信息包括泄水过程模拟结果数据，泄水过程风险评估数据，泄水过程方案优化数据以及辅助预警管理数据。各部分数据设计成数据库集成，统一按数据库进行管理，系统如图 7.2.3 所示。

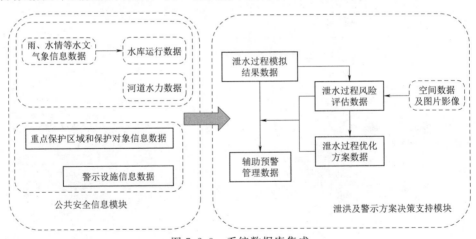

图 7.2.3　系统数据库集成

7.2.4　系统平台建设

7.2.4.1　系统部署

　　本系统属于数据库、服务器、客户端三层架构，本次测试环境基于局域网环境，包含数据库服务器、流域公共安全系统逻辑服务器以及客户端 3 个部分，见表 7.2.1 和表 7.2.2。平台登录界面如图 7.2.4 所示。

表 7.2.1　　　　　　　　　　　系 统 基 础 设 施 部 署

数据库服务器配置			
机器名（IP）	CPU	内存	软件环境（操作系统、应用软件）
10.185.36.7	16 核	32G	Windows Server 2008，Oracle 数据库 11g
应用服务器配置			
机器名（IP）	CPU	内存	软件环境（操作系统、应用软件）
10.185.36.6	16 核	32G	Windows Server 2008，jdk 1.6
客户端配置			
客户端	CPU	内存	软件环境（操作系统、应用软件）
普通局域网电脑	2 核	4G	Windows 8，流域公共安全系统客户端
普通局域网电脑	2 核	4G	Windwos 7，流域公共安全系统客户端
普通局域网电脑	2 核	4G	Windows Server 2008，流域公共安全系统客户端

表 7.2.2　　　　　　　　　　　软 件 部 署

功能	基 本 要 求	测试情况	测试通过	
			是	否
部署 Oracle 数据库	Windows Server 2008 系统下安装 Oracle 数据库 11g（版本号：11.2.0.1.0）。 创建流域公共安全 Oracle 数据库用户。 使用 Oracle 的 exp 工具导入流域公共安全数据库。 使用公共安全用户连接并查询数据库数据能返回对应结果	功能实现	☒	☐
部署服务器	Windows Server 2008 系统下安装 jdk1.6 版本。 Windows Server 2008 系统下配置流域公共安全系统服务器。 启动服务器，并能看到服务器提示 server start，begin work... 内容表示服务器启动成功	功能实现（如下图）	☒	☐

图 7.2.4　平台登录界面

7.2.4.2 公共安全信息管理

公共安全信息管理对象包括重点保护对象信息、泄洪警示信息等，见表 7.2.3 和图 7.2.5。

表 7.2.3　　　　　　　　　公共安全信息管理测试表

功　能	基　本　要　求	测　试　情　况	测试通过	
			是	否
重点保护对象信息管理	具备对重点保护对象有增删改查的功能	能够查看重点保护对象列表； 能够添加中重点保护对象； 能够修改重点保护对象信息； 能够删除重点点保护对象	☒	☐
重点保护对象照片管理	具备对重点保护对象图片信息的增删改查功能	能够查看重点保护对象的图片信息； 能够添加重点保护对象的图片信息； 能够删除重点保护对象的图片信息	☒	☐
警示牌信息管理	具备对警示牌信息有增删改查的功能	能够查看安全警告设施列表； 能够添加安全警告设施； 能够修改安全警告设施信息； 能够删除安全警告设施	☒	☐
警示牌对象照片管理	具备对警示牌图片信息的增删改查功能	能够查看安全警告设施图片信息； 能够添加安全警告设施图片信息； 能够删除安全警告设施图片信息	☒	☐

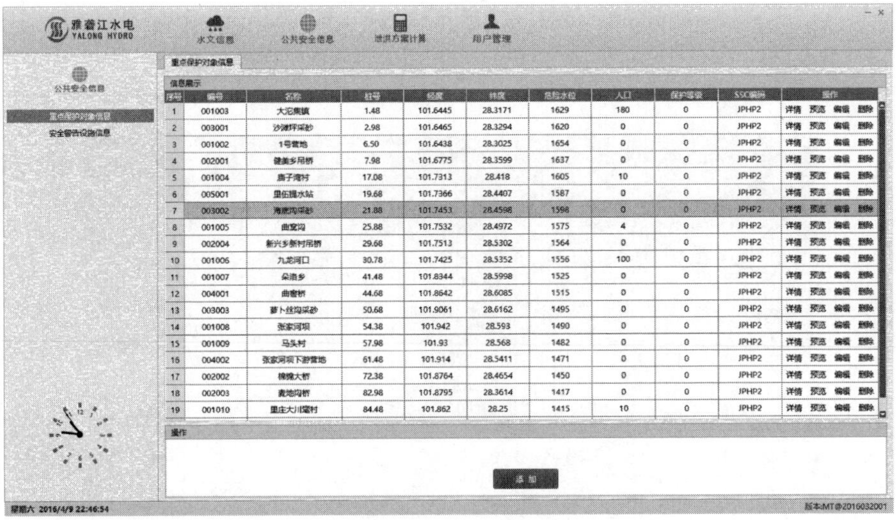

图 7.2.5　公共安全信息管理维护界面

7.2.4.3　泄水方案计算

对于泄水方案的维护与测试见表 7.2.4 和图 7.2.6、图 7.2.7。

表 7.2.4　　　　　　　　　　泄水方案计算测试结果

功能	基本要求	测 试 情 况	测试通过	
			是	否
边界条件创建	能够创建边界条件	能够通过数据库导入、本地导入和建议设置三种模式生成边界条件的泄水流量过程数据 输入边界条件名称，开始时间，结束时间，设置泄水流量过程，直流流量和下游水位后点击创建按钮创建边界条件	☒	☐
边界条件管理	能够查看、修改、预览和删除边界条件	输入查询的时间范围查询出边界条件并以列表的形式显示 点击列表中操作栏位的预览能够显示边界条件的泄水流量过程线和数据表 点击列表中操作栏位的删除能够删除边界条件 点击列表中操作栏位的编辑能够对边界条件进行修改	☒	☐
泄水过程参数设置	能够查看和设置泄水计算参数	点击泄水过程界面中右下角参数设置按钮，能够弹出泄水参数设置界面 在弹出的泄水参数设置界面能看查和修改水文站设置，下游水深设置，计算参数设置，糙率设置和输出位置设置	☒	☐
泄水过程模拟	能够关联边界条件并计算泄水方案，计算王成后能够查看对比结果	点击泄水界面右下角边界按钮，能弹出边界条件关联界面 输入时间范围后查询出边界条件列表，并在操作栏位上能够选择需要关联的泄水方案 在边界条件绑定之后点击计算能够进行泄水过程模拟计算 边界条件计算完成后能够通过点击对比分析按钮对结果进行对比分析 计算完成后点击保存按钮能够弹出方案优选界面，并且能够在优选界面能选择要保存的泄水方案并输入名称后保存	☒	☐
泄水过程模拟方案管理	能够查看，删除和预览泄水方案	输入时间之后点击查询按钮能够查询出泄水方案列表 点击查询出的泄水方案列表中操作栏位上的预览能够预览边界条件 点击查询出的泄水方案列表中的操作栏位上的删除能够删除边界条件	☒	☐

图 7.2.6　泄水方案设置　　　　　　　　图 7.2.7　泄水方案管理与维护

7.2.4.4　用户管理

系统用户管理功能测试结果和用户编辑界面见表 7.2.5 和图 7.2.8。

表 7.2.5　　　　　　　　　　系统用户管理功能测试结果

功　能	基　本　要　求	测试情况	测试通过	
			是	否
查看用户列表	在具有管理员权限的用户能够查看用户列表	功能实现	☒	☐
添加用户，删除，修改用户	管理员权限的用户可以添加用户 管理员权限用户可以删除用户 管理员权限用户可以修改用户信息	功能实现	☒	☐

图 7.2.8　用户编辑界面

第8章 总　　结

8.1 主 要 创 新 点

1. 首次研发了西南复杂条件下雅砻江流域高精度水雨情预报技术

建立空天地水雨情一体化自动测报体系，填补了过去在空间和时间上的监测盲区；构建西南复杂环境下高精度降水预报模式，精准刻画了西南复杂地形和环流过程对于雅砻江流域局部天气系统的影响；发展基于多因素立体搜索算法的中长期径流预报模型，以及针对上游高寒缺资料地区和中下游梯级开发影响的短期径流预报模型，形成了全流域多尺度高精度水雨情预报方案。

2. 提出了雅砻江流域洪水风险评估与预警技术

采用了多源数据融合技术构建了河道洪水数值模拟模型，提出了针对分级洪水的模型率定与模拟技术，实现了泄水过程的危险性计算、重点保护对象及保护区域的风险评估权重计算以及风险损失评估，建立了大河湾分级洪水风险预警机制。

3. 提出了基于双协同策略的雅砻江水库群联合电调度技术

提出了融合模糊聚类与 Copula 函数技术年径流丰枯转换关系分析方法，研发了基于年径流丰枯转移概率的末蓄能组合期望效益量化方法，建立基于双协同策略的梯级水库群中长期发电调度技术，从而对风险进行有效的控制，增强雅砻江水库群发电调度的抗风险能力。

4. 提出了雅砻江梯级水电站短期精细化发电调度技术

系统分析了雅砻江梯级水电站送电电网负荷特性及负荷需求，提出了基于负荷自动分配策略的梯级水电站短期精细化发电计划编制方法和雅砻江梯级水电站短期发电计划的适应性调整策略，实际支撑了雅砻江流域梯级水电站的发电计划编制的日常业务。

5. 研发了雅砻江流域梯级水库群精细化调度平台

依托雅砻江公司已有流域水调自动化系统和计算机监控系统，并集成以上技术成果，建立了梯级风险调度与决策支持系统与公共安全信息管理与决策支持系统。实现了预报方案与调度方案自适应联动，建立了长、中、短期"长-短"嵌套的调度方案自适应矫正模式；构建辅助泄水预警管理模块，实现了泄洪过程中重点监控范围与时间点的实时监控。

8.2　主　要　成　果

本项目针对复杂变化条件下雅砻江流域水库群经济与安全运行所涉及的科学问题与关键技术，在多项重大项目的支持下，经过十年来的研究和应用推广，取得了一批创新性成果。研究工作以气候异常、电网建设、市场改革以及电站运行要求变化等变化条件下雅砻江流域水库群联合调度与风险管理的实际需求为切入点，以"径流预报-洪水预警-水库调度-实时调控-系统平台"为主线的雅砻江流域水库群精细化联合调度成套技术体系为核心，形成了高精度径流预报技术、洪水风险评估与预警技术、水库群联合调度风险管控技术和多级嵌套的实时厂内经济运行等先进技术成果在国内外权威期刊发表了大量高水平论文，研发的雅砻江流域梯级风险调度与公共安全决策支持系统平台取得较好的应用效果，产生了显著的经济和社会环境效益，推动了相关理论的发展和行业科技进步。主要创新成果如下：

8.2.1　西南复杂条件下雅砻江流域高精度水雨情预报技术

雅砻江流域受高空西风大气环流及西南季风的影响，加之地形高差与南北纬度变化大，气候和气象条件在平面和垂直维度上均呈现出非常复杂的变化特征，致使水雨情预报始终存在精度不高和预见期不足等问题，制约了流域水库群的精细化和科学化联合调度。为此，本成果建立了覆盖全流域的空天地水雨情一体化自动测报体系，构建西南复杂环境下月-旬-日降水数值预报模式，发展基于多因素立体搜索算法的中长期径流预报模型，以及考虑高寒缺资料和梯级开发影响的短期径流预报模型，形成了全流域多尺度高精度水雨情预报方案。

1. 雅砻江流域空天地水雨情一体化自动测报体系及高精度降水产品

受气候、地形等因素影响，雅砻江流域水雨情监测始终存在覆盖面不全、信息量不足等问题，是制约流域水雨情精准预报的关键短板。本成果通过建立气象雷达、地面气象观测站、水情自动测报站等设施，引入气象卫星等新技术，形成了覆盖雅砻江全流域的空天地水雨情一体化测报体系。首先，利用风云FY2E等第三代气象卫星覆盖上中游高寒地区，通过红外云图等产品判断主要天气系统的发展形势及可能影响的范围；在全流域共建设地面气象观测站 328 个，开展最小时间尺度为 5 分钟的降水等要素监测；在甘孜、西昌和攀枝花三个关键片区，建设多普勒雷达 3 个，开展流域的短时临近预报；流域中下游（甘孜至桐子林水文站之间）建设水情遥测站 149 个，控制集水面积达 10.3 万 km²。在此基础上，研发了基于贝叶斯及变分分析的多源异构降雨数据的融合方法，充分发挥多源数据各自的优势，弥补资料之间的不足，形成了覆盖范围广、时空分辨率高的流域高精度降水产品，全面、精准地掌握了流域实时水雨情信息，填补了过去在空间和时间上的监测盲区。

2. 西南复杂环境下雅砻江流域月-旬-日降水数值预报模式

雅砻江流域地形极为复杂，谷岭高差悬殊，地势西北高东南低，加之中下游地区人口稠密，降水预报一直存在分辨率较粗和精度较低的问题。本成果从环流结构、局部天气动力过程、下垫面等方面识别影响雅砻江流域气象系统的关键要素，构建了基于 WRF-CFS 多层嵌套的数值降水预报模式，既反映了西伯利亚高压、副热带高压西缘和孟加拉湾暖湿气流等主要气象系统，又考虑了梅雨区西南部、西南涡影响中国西南的主要天气系统和青藏高原、黄土高原大地形的作用。在此基础上，研发了适用于雅砻江地区的参数化方案动态优化技术，利用高精度地形等资料，精准刻画了西南地区复杂地形和不同尺度气候系统对于雅砻江流域局部天气系统的影响，使得模式空间分辨率达到 3km×3km。同时，建立了降水预报业务化运行模式，实现了雅砻江全流域月-旬-日多尺度降水信息滚动预报。

3. 基于多因素立体搜索算法的流域中长期径流预报模型和方案

中长期尺度是雅砻江流域径流预报的难点，本成果建立了包括环流形势、能量来源、下垫面、水文气象四大类共 100 余项的中长期水文预报因子库，开发了基于数据挖掘技术的多因素立体搜索算法，发现了东太平洋副高强度指数、太平洋副高脊线等一系列对流域中长期径流情势起到主要影响作用的关键因子。在此基础上，根据预报时间和预见期等不同，建立了多预报因子自适应动态调整机制，形成了上、中、下游中长期径流预报方案，预报相对误差在 15% 以内。

4. 雅砻江流域中长期和短期径流预报模型与方案

雅砻江流域上游属西南高寒地区，测站稀疏、水文资料系列不足，造成短期径流模拟精度不高、动力机制不明等问题。本成果研发了基于综合相似法的水文模型参数移植技术，将常用于此地区的集总式模型改进为分辨率 3~5km 的分布式水文模型，反映了流域上游不同地区的产汇流动力过程的空间差异性。在此基础上，研发了考虑融雪机制的水热耦合模块，从而形成了一套适用于西南高寒缺资料地区的分布式径流预报方法，使得雅砻江上游关键断面的预报精度提高了约 10%。

雅砻江中下游短期径流预报的难点在于已建和在建电站显著改变了天然河道径流演进与传播方式。为此，本成果提出了分布式水文模型与水库调度模型自适应耦合模式，建立了锦屏—泸宁等十大区间的径流预报方案，结合五座水库实时水量调度信息，提出包括 35 个常规断面和 11 个关键水库入库断面的全流域径流预报方案，近四年平均预报准确率均在 93% 以上。

8.2.2　雅砻江流域洪水风险评估与预警技术

构建了集水动力计算与风险评估为一体的大河湾精细化泄水模拟模型；提出了实现遥感影像、水尺观测以及现场勘测等多源地形数据融合技术，克服了该地区河道实地作业困难、无法获取河道断面地形的问题，保证了数字地形的可靠性；根据大河湾泄水规律，对泄水流量进行分级参数率定，保证模型精度的同时可避免模型在应用过程中动态调整参数的烦琐工作。在分级参数率定基础上绘制了大河湾的洪水传播时间曲线图，有利于大河湾泄水过程的快速预警。

1. 构建了多源地形数据融合的泄水过程数值模拟模型

大河湾地处高山峡谷区，河道水浅且河岸陡直，河道地形资料对数值模拟精度影响较大。该地区地形观测实地作业实现困难，沿河经常性落实也决定了多数河段不允许实地作业，很难直接获取完整的地形等信息。本项目采用多源数据融合技术，通过相互校正与叠加等方法，整合了无人机、卫星遥感，人工调查，以及沿岸水尺等观测资料，利用锦屏二级水文观测点高程信息进行核对分析，确定了包括风险评估点在内的 25 个关键大断面的河道地形信息。在关键断面信息精准获取的基础上按照 100m 的空间步长对局部危险断面（如桥梁等）进行精细化插值，构建了大河湾高精度一维河道水力学计算模型，实现计算步长细化至 1min 和 100m，流量误差控制在 1‰ 以内，水位误差在 1m 以内，流量峰值时间在 30min 内，为公共安全风险评估和预警提供了支撑。

2. 提出了大河湾洪水分级率定与模拟技术

锦屏二级泄水闸泄水过程流量量级差异较大，不同流量淹没水深不同，导致河滩与河槽糙率系数存在较大差异，影响模拟效果。为了保障模拟精度，本项目提出了针对分级洪水的模型参数动态修正技术。根据实际泄水工况，将二级闸泄水分为 $0 \sim 500 \mathrm{m}^3/\mathrm{s}$、$500 \sim 1000 \mathrm{m}^3/\mathrm{s}$、$1000 \sim 2000 \mathrm{m}^3/\mathrm{s}$、$2000 \mathrm{m}^3/\mathrm{s}$ 以上 4 个等级，针对每一等级分别对参数进行率定，从而确定洪水量级与断面糙率的对应关系。模型在开展水位和流量模拟时，根据当前径流量级动态调整河道糙率，提高了模型模拟精度，结果表明利用该方法洪峰到达时间误差在 30min 内、峰值水位误差在 1m 内。

3. 提出了基于泄水过程模拟信息的风险评估与模糊决策技术

泄水风险主要源于泄水时间、泄水过程、减水河段活动人群以及活动作业等的不确定性，研究提出的风险评估技术，实现了泄水过程的危险性计算、重点保护对象及保护区域的风险评估权重计算以及风险损失评估。其中危险性计算主要根据模拟的洪水信息确定不同保护区域的危险水深和威胁情况；而风险评估权重则根据现场调研等确定保护区的重要程度，然后由保护区类别和人类活动情况计算出所有保护区域的相对权重；而风险损失评估则根据洪水淹没水深确定模糊损失百分比，然后结合损失权重和危险性系数计算出归一化（0～1取值）的风险损失值。由最终确定的风险损失值进行泄水方案的比选与决策。基于该方法对减水河段 25 处风险断面建立了预警机制。通过模糊风险评估确定的泄水方案可最大限度的保证每次泄水决策都对下游大河湾公共安全产生最小的影响，保障下游减水河段的生命财产安全。

8.2.3 基于双协同策略的雅砻江水库群联合电调度技术

在雅砻江水库群实际调度工作中，年、月及旬调度计划的制定是核心工作之一。而随着调度期的延长，调度决策过程中的可靠信息量减少，径流不确定性、设备检修等突发事件可能性以及主观因素不确定性均逐渐增大，使得中长期调度计划编制与执行过程中的风险逐步累积。因此年调度计划的编制与执行面临的风险问题最为突出。本成果提出了基于年径流丰枯转换分析的末蓄能组合期望效益量化方法，建立基于双协同策略的梯级水库群中长期发电调度技术，从而对风险进行有效的控制，增强雅砻江水库群发电调度的抗风险能力。

1. 雅砻江流域年径流丰枯转换关系分析

研究首先解决的是近期-远期效益协同的问题，其核心是在考虑当前及未来一年来水不确定性条件下如何进行锦西-二滩联合调蓄下末库容组合控制的问题。由于年尺度径流的变化具有较强的不确定性及模糊性，年径流丰枯特性的判断及其转换关系的研究对当前效益与远期效益协同研究具有重要意义。因此，研究首先采用模糊聚类方法分析了历史年径流序列丰枯判别存在的模糊信息，在此基础上将年径流丰枯程度分为特丰、丰、平、枯、特枯五级；然后以历史年径流过程丰枯程度等级判别的结果为输入，采用 Copula 函数提取年径流丰枯转移概率曲面，提出了年径流丰枯转移概率的理论估计方法，从而量化了来年径流丰枯等级发生的概率。

2. 锦西-二滩两级联合调蓄下末蓄能组合期望效益分析

水库群联合调蓄下末库容组合控制的另一个关键问题是末蓄能组合期望效益的量化。目前雅砻江干流已建水库中具有调节能力的水库有锦屏一级与二滩水库，其中锦屏一级为年调节水库，二滩为季调节水库。项目以锦屏一级余留库容 s_{jx} 与二滩水库余留库容 s_{et} 组合控制为研究对象。采用考虑发电调度单调性与互补性的逐次改进动态规划算法构建水库群发电调度长时序调度模型，构造雅砻江梯级水库群长时序发电优化调度数据集。针对锦西-二滩两级联合调蓄年末库容组合情景 $S_{i,j}$ 分别进行末蓄能效益分析。首先采用通用鞅模型构建反应雅砻江径流预报不确定性的径流序列 1000 组径作为末蓄能组合余留效益分析的输入。然后采用逐次改进动态规划算法对每一组末蓄能组合情境下的每组径流场景进行优化调度计算，总计进行 10 万次模型计算，耗时 3 天。从而给出末蓄能组合条件下余留期望效益数据集，在此基础上构建了锦西-二滩末库容组合控制余留效益响应曲面，定量识别了末库容组合与余留效益的响应关系。进一步拟合了余留效益与梯级末蓄能的线性关系，证明了随着锦西及二滩库容的提高，发电效益期望呈线性增长的趋势。

3. 基于双协同策略的水库群发电调度与风险分析

基于年径流丰枯转移概率曲面以及锦西-二滩末库容组合控制余留期望效益响应曲面，可以实现锦西-二滩不同末库容组合下的来年余留期望效益评价，从而提出了近期与远期效益协同策略。另外，通过引入径流集合预报信息，构建年内发电调度情境样本集，并采用最大熵估计获得发电调度效益样本的理论概率密度函数，从而评价年内来水不确定性影响下的发电期望效益与风险，同时考虑设备、线路、市场以及水位控制等不确定性的风险损失，提出风险与效益协同策略。最后构建了基于双协同策略的中长期发电调度优化模型。通过方案对比分析可以发现，在 95% 置信水平下，与传统调度方案相比推荐方案发电期望效益增加了 7 亿 kW·h，同时年末蓄水位也有所提高，并且能够给出 95% 置信水平下的出力区间。

4. 雅砻江梯级水库群中长期发电调度计划编制

采用双协同策略模型计算得到 2017 年发电调度期望效益为 709 亿 kW·h，优于传统调度方式。在 2018 年发电量预测中，采用风险与效益协同策略，同时考虑来水、设备、线路、市场以及水位控制等不确定性的风险损失，预测发电量约为 710 亿 kW·h。而在采用双协同策略情况下，考虑锦西-二滩组合末库容控制，能够给出不同协同状态下的年发电效益。

8.2.4 雅砻江流域梯级水电站短期精细化发电调度与适应性调整技术

雅砻江梯级水库群数目纵多，电力外送涉及四川、重庆、华东等多个省级和区域电网以及多条特高压直流外送通道，流域梯级水电站间存在复杂的水力和电力联系，加之径流和电网负荷需求的不确定性扰动以及电力市场对水电运行的影响，使得雅砻江梯级水电站发电计划编制既要考虑复杂电力外送方式下的多电网负荷需求、电网负荷频繁调整等问题，又要兼顾梯级水电站发电的经济效益以及保证中长期的水位控制目标。为满足雅砻江梯级水电站短期发电计划编制以及发电计划负荷调整的实际工程需求，项目从送电电网负荷特性及负荷需求、短期发电计划编制方法以及适应性调整策略 3 个方面开展研究，取得了以下 3 个方面的成果。

1. 系统分析了雅砻江梯级水电站送电电网负荷特性及负荷需求

雅砻江梯级水电站电力外送方式复杂，既可通过西南电网 500kV 主网架送四川、重庆，又可通过±800kV高压直流锦苏线送往华东地区，未来还将规划雅中—江西±800kV高压直流送往江西，系统分析雅砻江梯级水电站送点电网的负荷特性及负荷需求，是开展雅砻江梯级水电站短期调度的前提。雅砻江电力外送的四川电网负荷曲线的峰谷差逐年加大、日最小负荷率及日平均负荷率呈下降的趋势、水电装机比重大、汛期弃电严重；雅砻江电力外送的重庆和华东电网火电装机比重大，调峰能力有限，电网调峰非常困难，同时电力资源紧缺，需向外购置大量电力满足负荷增长需求。分析可知四川、重庆、华东电网因其自身电源结构和负荷特性对雅砻江梯级水电站的调峰需求极为迫切，如何充分发挥雅砻江梯级水电站的调峰能力，为电网提供充足的调峰容量、备用容量和切机容量，是雅砻江梯级水电站短期优化调度的关键。

2. 基于负荷自动分配策略的梯级水电站短期精细化发电计划编制方法

为满足雅砻江电力外送电网的负荷需求，同时兼顾梯级水电站的经济效益，创新性地提出了基于负荷自动分配策略的梯级水电站短期精细化发电计划编制方法。首先，针对传统的水电站短期发电计划编制方法存在的出力计算不精细、对电网和机组安全运行考虑不充分以及需满足多个电网调峰需求等问题，提出了一种可有效规避振动区、满足电网切机需求且同时兼顾经济性的机组负荷自动分配策略，在自动分配策略中，还提出了一种反映水电站负荷经济优化程度的均匀效益系数以描述机组负荷分配的经济性；进而，提出了水电站面向多电网调峰需求的目标函数解析形式，构建了均衡多电网调峰需求且兼顾水电站经济运行的短期发电计划编制模型。运用所提技术编制的短期发电计划执行情况较好，在满足电网负荷需求的同时，保证了电站自身经济运行目标。据统计2017年枯期锦屏一级平均水位控制误差为0.03m，官地电站平均水位控制误差为0.06m。

3. 雅砻江梯级水电站短期发电计划的适应性调整策略

针对以往雅砻江梯级水电站"锦官"机组和"二滩-桐子林"机组的负荷调整模式存在水电站水位变幅较大、经济性较差等问题，提出了"短期偏离""短期固定""无期偏离"和"无期固定"四种负荷调整模式，并针对不同的负荷调整场景适配最适宜的负荷调整模式：通常情况下，可优先考虑"短期固定"调整模式；当桐子林计划曲线与二滩计划曲线近期按同比例变化，若后期比例系数适宜，则采用短期偏离模式，若后期比例系数不适宜，则采用无期偏离模式；当桐子林计划曲线与二滩计划曲线仅近期按不同比例变化，采用短期固定模式，若近期、后期均按不同比例变化，则采用无期固定模式。针对2017年1月4日的负荷调整问题，考虑梯级负荷主要前半日不匹配、后半日较为匹配的情况，采用短期偏离模式取得最优的调整效果。在此项创新性成果的基础上，编制了《若水电站水库实时调度方案（试行）》，以二滩、桐子林电站为例，2016年针对可能导致桐子林运行越界的 370 条电网调度指令，集控中心按照所提方法编制的桐子林电站负荷调整方案申请第一次通过率约 76%，第二次通过率约 93%，极大地保障了桐子林电站的安全经济运行。

8.2.5 雅砻江流域梯级水库群精细化调度平台

依托雅砻江流域水调自动化系统以及雅砻江流域三维可视化展示与会商平台，集成项目研究成果，开发了雅砻江流域梯级水库群精细化调度高级应用软件，包含梯级风险调度与决策支持系统、公共安全信息管理与决策支持系统以及三维可视化展示平台 3 个子系统。

1. 梯级风险调度与决策支持系统

依托雅砻江公司已有流域水调自动化系统和计算机监控系统，建立基础信息实时同步与管理子系统，实现水文气象信息和水库运行信息获取与整编，并对实时信息进行动态展示，图表分析及统计报表界面实现子系统的交互。集成高精度分布式水文预报模型与短期水库群联合调度模型，建立了短期预报调度子系统，实现了预报方案与调度方案自适应联动，以及每日早 8：00 联动方案的自动计算，为短期优化调度智能决策提供支撑。集成中长期集合预报技术与水库群风险调度技术，建立了中期、长期预报调度子系统，实现了雅砻江流域年径流丰枯分级预测以及中长期集合预报，以及实现了融合集合预报以及末蓄能动态控制的中长期风险调度方案计算。建立了长、中、短期"长—短"嵌套的调度方案自适应矫正模式，以余留期为决策期重新进行优化调度决策，形成原调度计划的修订计划。

2. 公共安全信息管理与决策支持系统

建立公共安全信息维护与管理子系统，对重点保护区域和保护对象信息进行维护与管理，并为大河湾流域警示设施提供警示信息和管理维护方案。系统实现对公共安全信息的在线输入，查询，输出，通过输入输出，图表分析及统计报表界面实现子系统的交互。建立以泄水过程水动力数值模拟模型为基础的泄洪及预警方案决策支持子系统，实现泄水过程的预测模拟，在模拟结果分析基础上进一步实现泄水过程风险评估和泄水泄洪方案优化。系统构建辅助泄水预警管理模块，利用泄水方案及模拟结果，自动生成预警信息和决策报表文档，实现泄洪过程中重点监控范围与时间点的实时监控。实现公共安全信息管理模块与泄洪预警信息模块的集成，建设公共安全信息管理与决策支持系统集成的操作软件平台与交互界面。

3. 三维可视化展示平台

在雅砻江流域三维可视化展示与会商平台基础上开展二次开发，实现了梯级水库群预报调度方案以及洪水预警方案信息的三维展示。

参 考 文 献

［1］ Mannan M A，Chowdhury M，Karmakars. Application of NWP model in prediction of heavy rainfall in Bangladesh ［J］. Procedia Engineering，2013，56：667－675.

［2］ Nutter P，Manobianco J，et al. Evaluation of the 29－km Eta model. Part Ⅰ：Objective verification at three selected stations ［J］. Weather and Forecasting 1999，14（1）：5－17.

［3］ Chou S C，Marengo J A，Dereczynski C P，et al. Comparison of CPTEC GCM and Eta model results with observational data from the Rondonia LBA reference site，Brazil ［J］. Journal of the Meteorological Society of Japan，2007，85A：25－42.

［4］ Grell G A，Dudhia J，Stauffer D R，A description of the fifth－generation Penn State/ NCAR mesoscale model （MM5） ［R］. NCAR Technical Note，NCAR/TN. 398＋ STR，1994.

［5］ Akter N，Islam，M N. Use of MM5 model for weather forecasting over Bangladesh region ［J］. BRAC Umiversity Journal. 2007，5（1）：75－79.

［6］ Chen F，Dudhia J. Coupling an advanced land surface/hydrology model withthe Penn State/NCAR MM5 modeling system. Part Ⅰ：model description andimplementation. Monthly Weather Review. 2001，129：569－585.

［7］ Medvigy D，Moorcroft P R，Avissar R，et al. Mass conservation and atmospheric dynamics in the regional atmospheric modeling system （RAMS） ［J］. Environmental Fluid Mechanics，2005，5（1－2）：109－134.

［8］ Oseph B，Klemp. Weather research and forecasting model：a technical overview ［C］. 84th AMS Annual Meeting，Seattle，2004：10－15.

［9］ Aligo E A，Gallus Jr W A，Segal M. On the impact of WRF model vertical grid resolution on Midwest summer rainfall forecasts ［J］. Weather and Forecasting，2009，24（2）：575－594.

［10］ Skamarock W，Klemp J，Dudhia J，et al. 2005：A description of the advanced research-WRF version 2 ［R］. NCAR Tech Note NCAR/TN. 4681STR，2005.

［11］ Shafer C M，Mercer A E，Doswell C A，et al. Evaluation of WRF forecasts of tornadic and nontornadic out break soccurring in the spring and fall when initialized with synoptic. scale input ［C］. 24th Conference on Severe Local Storms，2008.

［12］ Weisman M L，Davis C，Wei W，et al. Experiences with 0－36 h Explicit convective forecasts with the WRF ARW model ［J］. Weather and Forecast，2008，23（3）：407－437.

［13］ Done J，Davis C A，Weisman M. The next generation of NWP：explicit forecasts of convection using the weather research and forecasting （WRF） model ［J］. Atmospheric Science Letters，2004，5（6）：110－117.

［14］ 刘宁微，王奉安. WRF 和 MM5 模式对辽宁暴雨模拟的对比分析 ［J］. 气象科技，2006，34（4）：365－370.

［15］ William A，Gallus J R，Bresch F J. Comparison of impacts of WRF dynamic core，physics package，and initial conditions on warm season rainfall forecasts ［J］. American Meteorological Society，2006，134 （9）：2632 – 2641.

［16］ Bukovsky M S，Karoly D J. Precipitation simulation using WRF as a nested regional climate model ［J］. American Meteorological Society，2009，48 （10）：2152 – 2159.

［17］ Hong S Y，Lee J W. Assessment of the WRF model in reproducing a flash – flood heavy rainfall event over Korea ［J］. Atmospheric Research，2009，93 （4）：818 – 831.

［18］ Pennelly C，Reuter G，Flesch T，et al. Verification of the WRF model for simulating heavy precipitation in Alberta ［J］. Atmospheric Research，2014，135 – 136 （1）：172 – 192.

［19］ Flesch T K，Reuter G W. WRF Model Simulation of Two Alberta Flooding Events and the Impact of Topography ［J］. American Meteorological Society，2012，13 （2）：695 – 709.

［20］ Madala S，Satyanarayana A，Rao T N. Performance evaluation of PBL and cumulus parameterization schemes of WRF ARW model in simulating severe thunderstorm events over Gadanki MST radar facility：Case study ［J］. Atmospheric Research，2014，139：1 – 17.

［21］ Jankov I，Gallus W A，Segal M，et al，The impact of different WRF model physical parameterizations and their interactions on warm season MCS rainfall ［J］. Weather & Forecasting，2005，20 （6）：1048 – 1060.

［22］ 史金丽. WRF 模式不同参数化方案对内蒙古不同性质降水模拟分析 ［D］. 南京：南京信息工程大学大气科学学院，2013.

［23］ 朱庆亮. WRF 模式物理过程参数化方案对黑河流域降水模拟的影响 ［J］. 干旱区研究，2013，30 （3）：462 – 469.

［24］ 钟兰颀，朱克云，张杰，等. WRF 模式中不同积云对流参数方案在四川地区试验研究 ［J］. 成度信息工程学院学报，2014 （增刊 1）：71 – 81.

［25］ Giorgi F. Regional climate modeling：Status and perspectives ［J］. Journal de Physque Ⅳ，2006，139：101 – 118.

［26］ Collischonn W，Haas R，Andereolli I，et al. Forecasting River Uruguay flow using rainfall forecasts from a regional weather – prediciotn model ［J］. Journal of Hydrology，2005，305 （1）：87 – 98.

［27］ Goswami M，Connor K. Real – time flow forecasting in the absence of quantitative precipitation forecasts：a multi – model approach ［J］. Journal of Hydrology，2006，334 （1）：125 – 140.

［28］ Wu J，Lu G，Wu Z. Flood forecasts based on multi – model ensemble precipitation forecasting using a coupled atmospheric – hydrological modeling system ［J］. Nat Hazards，2014，74 （2）：325 – 340.

［29］ Vincendon B，Ducrocq V，Dierer S，et al. Flash flood forecasting within the PREVIEW project：value of high – resolution hydrometeorological coupled forecast ［J］. Meteorology and Atmospheric Physics，2009，103 （1 – 4）：115 – 125.

［30］ Ferguson C R，Wood E F，Vinukollu R K. A global intercomparison of modeled and observed land – atmosphere coupling ［J］. Journal of Hydrometeorology，2012，13 （3）：749 – 784.

［31］ Verbunt M，Zappa M，Gurtz J，et al. Verification of a coupled hydrometeorological modelling approach for alphine tributaries in the Rhine basin [J]. Journal of Hydrology, 2006, 324 (1-4): 224-238.

[32] Smiatek G, Kunstmann H, Werhahn J. Implementation and performance analysis of a high resolution coupled numerical weather and river runoff prediction model system for an Alpine catchment [J]. Environmental Modelling & Software, 2012, 38: 231-243.

[33] Zheng Z Y, Zhang W C, Xu J W, et al. Numerical simulation and evaluation of a new hydrological model coupled with GRAPES [J]. Acta Meteorologica Sinica, 2012, 26 (5): 653-663.

[34] Lu G H, Wu Z Y, Wen L, et al. Real-time flood forecast and flood alert map over the Huaihe River Basin in China using a coupled hydro-meteorological modeling system [J]. Sience in China Series E: Technological Science, 2008, 51 (7): 1059-1063.

[35] YU Z B, Lakhtakia M, Yamal B, et al. Simulation the river basin response to atmospheric forcing by linking a mesocale meteorological and hydrologic model system [J]. Journal of Hydrology, 1999, 218: 72-91.

[36] Anderson M L, Chen Z Q, Kawas M L, et al. Coupling HEC-HMS with atmospheric models for predction of watershed runoff [J]. Journal of Hydrologic Engineering, 2002, 7 (4): 312-318.

[37] Jasper K, Gurtz J, Lang H. Advanced flood forecasting in Alpine watersheds by coupling meteorological observations and forecasts with a distributed hydrological model [J]. Journal of Hydrology, 2002, 267 (1): 40-52.

[38] 郝春沣, 贾仰文, 王浩. 气象水文模型耦合研究及其在渭河流域的应用 [J]. 水利学报, 2012, 43 (9): 1042-1049.

[39] 高冰. 长江流域的陆气耦合模拟及径流变化分析 [D]. 北京: 清华大学, 2012.

[40] Tang C L, Robin L, Dennis. How reliable is the offline linkage of Weather Research & Forecasting Model (WRF) and Variable Infiltration Capacity (VIC) model [J]. Global and Planetary Change, 2014, 116: 1-9.

[41] Monteiro C, Ramirez-Rosado I J, Fernandez-Jimenez L A. Short-term forecasting model for electric power production of small-hydro power plants [J]. Renewable Energy, 2013, 50: 387-394.

[42] Shih D S, Chen C H, Yeh G T. Improving our understanding of flood forecasting using earlier hydro-meteorological intelligence [J]. Journal of Hydrology, 2014, 512: 470-481.

[43] 张俊. 中长期水文预报及调度技术研究与应用 [D]. 大连: 大连理工大学, 2009.

[44] 汤成友, 官学文, 张世明. 现代中长期水文预报方法及应用 [M]. 北京: 中国水利水电出版社, 2008.

[45] Piechota T C, Chiew F, Dracup J A, et al. Seasonal streamflow forecasting in eastern Australia and the Ei Nino Southern Oscillation [J]. Water Resources Research, 1998, 34 (11): 3035-3044.

[46] 范新岗. 长江中、下游暴雨与下垫面加热场的关系 [J]. 高原气象, 1993, 12 (3): 322-327.

[47] 刘清仁. 松花江流域水旱灾害发生规律及长期预报研究 [J]. 水科学进展, 1994, 5 (4): 319-327.

[48] 王富强，许士国. 东北区旱涝灾害特征分析及趋势预测 [J]. 大连理工大学学报，2007，47（5）：735－739.

[49] 王本德. 水文中长期预报模糊数学方法 [M]. 大连：大连理工大学出版社，1993.

[50] 杨旭，奕继虹，冯国章. 中长期水文预报研究评述与展望 [J]. 西北农业大学学报，2000，28（6）：203－207.

[51] 夏学文. 半参数预报方法在水位预报中的应用闭 [J]. 控制理论与应用，1993，10（3）：335－339.

[52] 许士国，王富强，李红段，等. 挑儿河镇西站径流长期预报研究闭 [J]. 水文，2007，27（5）：86－89.

[53] 孟明星，王金文，黄真. 季节性 AR 模型在葛洲坝月径流预报中的应用闭 [J]. 吉林水利，2005，269（1）：26－30.

[54] 纪昌明，周念来. 基于模式识别的水文预报模型 [J]. 统计与决策，2007，239（6）：146－147.

[55] 陈守煜. 模糊水文学 [J]. 大连理工大学学报，1988（3）：93－97.

[56] 陈守煜. 模糊水文学与水资源系统模糊优化原理 [M]. 大连：大连理工大学出版社，1990.

[57] Hsu K, Gupta H V, Sorroshian S. Artificial neural network modelling of the ralnfall － runoff proeess [J]. Water Resource Research，1995，31（10）：2517－2530.

[58] 丁晶，邓育仁，安雪松. 人工神经前馈（BP）网络模型用作过渡期径流预测的探索 [J]. 水电站设计，1997，13（2）：69－74.

[59] 冯平，杨鹏，李润苗. 枯水期径流量的中长期预报模式 [J]. 水利水电技术，1992（2）：6－9.

[60] 陈意平，李小牛. 灰色系统理论在水利中的应用及前景 [J]. 人民珠江，1996（1）：25－27.

[61] Jayawardena A W, Feizhou L. Chaos in hydrological time series [J]. IAHS Publ，1993（213）：59－66.

[62] Jayawardena A W, Feizhou L. Analysis and prediction of chaos in rainfall and stream flow time series [J]. Joumal of Hydrology，1994，153（1－4）：23－52.

[63] 丁涛，周惠成. 混沌时间序列局域预测模型及其应用 [J]. 大连理工大学学报，2004，44（3）：45－48.

[64] 丁涛，周惠成，黄健辉. 混沌水文时间序列区间预测研究 [J]. 水利学报，2004（12）：15－20.

[65] 丁涛，周惠成. 混沌时间序列局域预测方法 [J]. 系统工程与电子技术，2004，26（3）：338－340.

[66] Dong S H, Zhou H C, Xu H J. A forecast model of hydrologic single element medium and long. Period based on rough set theory [J]. Water resources management，2004，18（5）：483－495.

[67] 林剑艺，程春田. 支持向量机在中长期径流预报中的应用 [J]. 水利学报，2006，37（6）：681－686.

[68] Singh V P, Woolhiser D A. Mathematical modeling of watershed hydrology [J]. Journal of Hydrologic Engineering，2002，7（4）：270－292.

[69] 王浩，严登华. 现代水文水资源学科体系及研究前沿和热点问题 [J]. 水科学进展，

2010，21（4）：479－489.

[70] 胡和平，田富强. 物理性流域水文模型研究新进展 [J]. 水利学报，2007，38（5）：511－517.

[71] Gao G，Huang C Y. Climate change and its impact on water resources in North China [J]. Advances in Sciences，2001，18（5），718－732.

[72] Crawford N H，Linsley R K. The synthesis of continuous streamflow hydrographs on a digital computer [R]. Palo Alto，Calif ornia：Stanford University，1962.

[73] Sugawara M. The flood forecasting by a series storage type model [C] //Symposium Floods andtheir Computation，1967.

[74] Burnash R J C，Ferral R L，McGuire R A. A generalized streamfiow simulation system：conceptual models for digital computers [R]. Sacramento California：Joint Fed 2State River Forecast Center，1973.

[75] 赵人俊. 流域水文模拟：新安江模型和陕北模型 [M]. 北京：水利电力出版社，1984.

[76] Fodini E. The ARNO rainfall－runoff model [J]. Journal of Hydrology，1996，175（1－4）：339－382.

[77] 胡和平，汤秋鸿，雷志栋，等. 干旱区平原绿洲散耗型水文模型 I 模型结构 [J]. 水科学进展，2004，15（2）：140－145.

[78] Singh R，Subramanian K. Hydrological modeling of a small watershed using MIKE SHE for irrigation planning [J]. Agricultural Water Management，1999，41（3）：103－109.

[79] Neitsch S L，Arnold J G，Kiniry J R，et al. Soil and water assessment tool theoretical documentation [J]. Computer Speech and Language，2011.

[80] Beven K J，Kirkby M J. A physically based variable contributing area model of basin [J]. Hydrological Science Bulletin，1979，24（1）：43－69.

[81] Ciarpiea L，Todini E. TOPKAP1：a model for the representation of the rainfall. runoff process at different scales [J]. Hydrological Processes，2002，16（2）：207－229.

[82] Feldman A D. Hydrologic modeling system HEC－HMS technical reference Manual [M]，2000.

[83] SivaDalan M K，Takeuchi S W，Franks，et al. IAHS decade of Prediction in ungauged basins（PUB），2003－2012：Shaping an existing future for the hydrological sciences [J]. Hydrological sciences journal，2003，48（6）：857－879.

[84] Aronica G T，Hankin B G，Beven K J. Uncertainty and equifinality in calibrating distributed roughnesscoefficients in a flood propagation model with limited data [J]. Advance in Water Resources，1998，22（4）：349－365.

[85] Beven K，Feyen J. The future of distributed modeling [J]. Hydrological Process，2002，16（2）：169－172.

[86] 赵昕，张晓元，赵明登，等. 水力学 [M]. 北京：中国电力出版社，2009.

[87] Chow V T. Open－channel hydraulics [J]. McGraw－Hill civil engineering series，1959.

[88] Lamoen J. Tides and current velocities in a sea－level canal [J]. Engineering，1949：1－3.

[89] 张挺. 长河道洪水演进计算 [D]. 成都：四川大学，2001.

[90] 陈守煜. 河渠不恒定流计算的瞬态法解 [J]. 水利学报，1962（5）：48－51.

[91] 黄国如，芮孝芳. 扩散波洪水演算研究进展 [J]. 水利水电技术，2000，31（8）：31－35.

[92] 俞月阳，陈冬云. 蒙特卡罗方法在河网计算中的应用 [J]. 浙江水利水电专科学校学

报，2002，14（4）：8-10.

[93] Toro E F. Shock - capturing methods for free - surface shallow flows [M]. UK：Wiley - Blackwell，2001.

[94] 张大伟. 南水北调中线干线水质水量联合调控关键技术研究 [D]. 上海：东华大学，2014.

[95] Dooge J C I，Kundzewicz Z W，Napirkówski J J. On backwater effects in linear diffusion flood routing [J]. Hydrological Sciences Journal，1983，28（3）：391-402.

[96] 程伟平. 流域洪水演进建模方法与河网糙率反分析研究 [D]. 杭州：浙江大学，2004.

[97] 王船海，李光炽. 实用河网水流计算 [M]. 南京：河海大学出版社，2015.

[98] Zhang Y. Simulation of open channel network flows using finite element approach [J]. Communications in Nonlinear Science and Numerical Simulation，2005，10（5）：467-478.

[99] 向小华，吴晓玲，牛帅，等. 通量差分裂方法在一维河网模型中的应用 [J]. 水科学进展，2013，24（6）：894-900.

[100] Latt J. Hydrodynamic limit of lattice Boltzmann equations [D]. Geneva：University of Geneva，2007.

[101] 谭振宏. 平底棱柱体水库溃坝波分析 [J]. 水利学报，1992（4）：39-47.

[102] 林秉南，龚振瀛，王连祥. 突泄坝址过程线简化分析 [J]. 清华大学学报（自然科学版），1980，20（1）：17-31.

[103] Patankar S V，Spalding D B. A calculation procedure for heat，mass and momentum transfer in three - dimensional parabolic flows [J]. International journal of heat and mass transfer，1972，15（10）：1787-1806.

[104] 王船海，程文辉. 河道二维非恒定流场计算方法的研究 [J]. 水利学报，1991（1）：10-18.

[105] 李大鸣. 河道洪水演进的二维水流数学模型 [J]. 天津大学学报，1998，31（4）：439-446.

[106] 李大鸣，管永宽，李玲玲，等. 蓄滞洪区洪水演进数学模型研究及应用 [J]. 水利水运工程学报，2011（3）：27-35.

[107] 槐文信，赵振武，童汉毅，等. 渭河下游河道及洪泛区洪水演进的数值仿真（I）：数学模型及其验证 [J]. 武汉大学学报：工学版，2003，36（4）：10-14.

[108] 张莉. 河道二维非恒定流场的一种计算方法 [J]. 广西轻工业，2007，23（2）：65-66.

[109] 何用，李义天，要威，等. 淮河中游行蓄洪区洪水调度水动力学模型研究 [J]. 水动力学研究与进展（A辑），2005，20（3）：386-392.

[110] 李光炽，王船海. 流域洪水演进模型通用算法研究 [J]. 河海大学学报（自然科学版），2006，33（6）：624-628.

[111] Richards B D. 洪水的估算与控制 [M]. 北京：水利电力出版社，1958.

[112] Bowers N L. 风险理论 [M]. 上海：上海科学技术出版社，1995.

[113] 孙桂华. 洪水风险分析制图实用指南 [M]. 北京：水利电力出版社，1992.

[114] 刘树坤，周魁一，富曾慈，等. 全民防洪减灾手册 [M]. 沈阳：辽宁人民出版社，1993.

[115] 周毅. 编制城镇洪水风险图减轻洪水灾害损失 [J]. 防汛与抗旱，1996（2）：3-10.

[116] Haruyama S，Ohokura H，Simking T，et al. Geomorphological zoning for flood inundation using satellite data [J]. Geo Journal，1996，38（3）：273-278.

[117] 孙桂华，王善序，王金銮，等. 洪水风险分析制图实用指南 [M]. 北京：水利电力出

版社，1992.

[118] 黄诗峰. 洪水灾害风险分析的理论与方法研究 [D]. 北京：中国科学院地理研究所，1999.

[119] 黄诗峰，徐美，陈德清. GIS支持下的河网密度提取及其在洪水危险性分析中的应用 [J]. 自然灾害学报，2001，10（4）：129－132.

[120] 水利部长江水利委员会. 长江流域水旱灾害 [M]. 北京：中国水利水电出版社，2002.

[121] 李伯年. 洪涝灾害评价的威布尔模型 [J]. 自然灾害学报，2005，14（6）：32－36.

[122] Mukhopadhyay B, Comelius J, Zehner W. Application of kinematic wave theory for predicting flash flood hazards on coupled alluvial fan – piedmont plain landforms [J]. Hydrological Process，2003，17：839－868.

[123] Levy J K. Multiple criteria decision making and decision support systems for flood risk management [J]. Stock Environ Res Risk Assess，2005，19（6）：438－447.

[124] 邢大韦，粟晓玲，张玉芳. 渭河下游"二华夹槽"洪灾风险模拟 [J]. 西北水资源与水工程，1997，8（1）：1－6.

[125] 李义天，邓金运，孙昭华，等. 河流水沙灾害及其防治 [M]. 武汉：武汉大学出版社，2004.

[126] 谭维炎，胡四一，王银堂，等. 长江中游洞庭湖防洪系统水流模拟：Ⅰ. 建模思路和基本方法 [J]. 水科学进展，1996，7（4）：336－344.

[127] 欧阳晓红. 永定河泛区洪水演进模拟 [J]. 水利水电工程设计，1996（4）：27－29.

[128] 毛德华，何梓霖，贺新光，等. 洪灾风险分析的国内外研究现状与展望 [J]. 自然灾害学报，2009，18（1）：142－143.

[129] 姜彤，许朋柱. 自然灾害研究中的社会易损性评价 [J]. 中国科学院院刊，1996（3）：186－191.

[130] 姜彤，许朋柱，许刚，等. 洪灾易损性概念模式 [J]. 中国减灾，1997，7（2）：24－29.

[131] 蒋勇军，况明生，匡鸿海，等. 区域易损性分析、评估及易损度区划：以重庆市为例 [J]. 灾害学，2001，16（3）：60－65.

[132] 樊运晓. 区域减灾的承灾体脆弱性综合评价研究 [D]. 北京：中国地质大学，2000.

[133] 刘国庆. 基于GIS和模糊数学的重庆市洪水灾害风险评价研究 [D]. 重庆：西南大学，2010.

[134] Little J D C. The use of storage water in a hydroelectric system [J]. Operations Research，1955，3（2）：187－197.

[135] Simonovic S P. Reservoir systems analysis closing gap between theory and practice [J]. Journal of Water Resources Planning and Management，1992，118（3）：262－280.

[136] Loucks D P, Stedinger J R, Haith D A. Water resources systems planning and analysis [M]. Prentice – Hall，1981.

[137] Becker L, Yeh W G. Optimization of real time operation of multiple – reservoir system [J]. Water Resources Research，1974，10（6）：1107－1112.

[138] Hiew K L, Labadie J W, Scott J F. Optimal operational analysis of the Colorado – Big Thompson project [C] //Computerized decision support systems for water managers. ASCE，1989：632－646.

［139］ Loucks D P. Computer models for reservoir regulations ［J］. Journal of the Sanitary Engineering Division，1968，94（4）：657－669.

［140］ Houck M H，Cohon J L. Sequential explicitly stochastic linear programming models：a proposed method for design and management of multi－purpose reservoir system ［J］. Water Resources Research，1978，14（2）：161－168.

［141］ Crawley P，Dandy G. Optimal operation of multiple reservoir system ［J］. Journal of Water Resources Planning and Management，1993，119（1）：1－17.

［142］ 刘铁宏. 水电站水库优化调度研究现状与发展趋势 ［J］. 吉林水利，2006（10）：34－36.

［143］ Peng C S，Buras N. Practical estimation of inflows into multireservoir system ［J］. Journal of Water Resources Planning and Management，2000，126（5）：331－334.

［144］ Tu M Y，Hsu N S，Tsai T C，et al. Optimization of hedging rules for reservoir operations ［J］. Journal of Water Resources Planning and Management，2008，134（1）：3－13.

［145］ 李寿声，张展羽，徐国郎，等. 综合利用水资源工程的一种管理模型 ［J］. 河海大学学报 1989，17（1）：13－22.

［146］ 樊尔兰，李怀恩，沈冰. PAPOA 法在综合利用水库优化调度中的应用 ［J］. 系统工程理论与实践，1996（7）：76－81.

［147］ Young G K. Finding reservoir operating rules ［J］. Journal of the Hydraulics Division，1967，93（6）：297－322.

［148］ Hall W A，Shephard R W. Optimum operation for planning of a complex water resources system ［D］. Los Angeles：University of California，1967.

［149］ Rossman L. Reliability－constrained dynamic programming and randomized release rules in reservoir management ［J］. Water Resources Research，1977，13（2）：247－255.

［150］ 梅亚东. 梯级水库优化调度的有后效性动态规划模型及应用 ［J］. 水科学进展，2000，11（2）：194－198.

［151］ 梅亚东. 梯级水库防洪优化调度的动态规划模型及解法 ［J］. 武汉水利电力大学学报，1999，32（5）：10－12.

［152］ 纪昌明，冯尚友. 混联式水电站群动能指标和长期调度最优化 ［J］. 武汉水利电力学院学报，1984（3）：87－95.

［153］ 秦旭宝，董增川，费如君，等. 基于逐步优化算法的水库防洪优化调度模型研究 ［J］. 水电能源科学，2008，26（4）：60－62.

［154］ 陈洋波，王先甲，冯尚友. 考虑发电量与保证出力的水库调度多目标优化方法 ［J］. 系统工程理论与实践，1998（4）：95－101.

［155］ Chandramouli V，Raman H. Multireservoir modeling with dynamic programming and neural networks ［J］. Journal of Water Resources Planning and Management，2001，127（2）：89－98.

［156］ Kumar D N，Reddy M J. Ant colony optimization for multi－purpose reservoir operation ［J］. Water Resources Management，2006，20（6）：879－898.

［157］ 谢维，纪昌明，吴月秋，等. 基于文化粒子群算法的水库防洪优化调度 ［J］. 水力学报，2010，41（4）：452－457.

［158］ 王森，武新宇，程春田，等. 自适应混合粒子群算法在梯级水电站群优化调度中的应用 ［J］. 水力发电学报，2012，31（1）：38－44.

[159] 万芳，黄强，原文林，等. 基于协同进化遗传算法的水库群供水优化调度研究 [J]. 西安理工大学学报，2011，27（2）：139-144.

[160] 李英海，莫莉，左建. 基于混合差分进化算法的梯级水电站调度研究 [J]. 计算机工程与应用，2012，48（4）：228-231.

[161] Escudero L F，Garcia C. Hydropower generation management under uncertainty via scenario analysis and parallel computation [J]. Power Systems，1996，11（2）：683-689.

[162] 解建仓，赵季中，田峰巍，等. 基于粗粒度的并行神经网络方法在水电系统负荷分配中的应用 [J]. 水利学报，1998（增刊1）：112-116.

[163] 毛睿，黄刘生，徐大杰，等. 淮河中上游群库联合优化调度算法及并行实现 [J]. 小型微型计算机系统，2000（6）：603-607.

[164] 陈立华，梅亚东，麻荣永. 并行遗传算法在雅砻江梯级水库群优化调度中的应用 [J]. 水力发电学报，2010（6）：66-70.

[165] Chen L，Mei Y，Yang N. Parallel particle swarm optimization algorithm and its application in the optimal operation of cascade reservoirs in Yalong River [C] //2009 Second International Conference on Intelligent Computation Technology and Automation. IEEE，2009.

[166] 程春田，郜晓亚，武新宇，等. 梯级水电站长期优化调度的细粒度并行离散微分动态规划方法 [J]. 中国电机丁稈学报，2011（10）：26-32.

[167] 万新宇，王光谦. 基于并行动态规划的水库发电优化 [J]. 水力发电学报，2011（6）：166-170.

[168] 李想，魏加华，傅旭东. 粗粒度并行遗传算法在水库调度问题中的应用 [J]. 水力发电学报，2012（4）：28-33.

[169] Chen L. A study of optimizing the rule curve of reservoir using object oriented genetic algorithms [D]. Taipei：National Taiwan University，1995.

[170] Oliveira R，Locks D P. Operating rules formultireservoir systems [J]. Water Resoures Researeh，1997，33（4）：839-852.

[171] Chang F J，Li C. Real-coded genetic algorithm for rule-based flood control reservoir management [J]. Water Resources Management，1998，12（3）：185-198.

[172] Ilich N，Simonovic S P，Amron M. The benefits of computerized real. timer river basin management in the Malahayu reservoir system [J]. Canadian Journal of Civil Engineering，2000，27（1）：55-64.

[173] Chang F J，Chen L，Chang L C. Optimizing the reservoir operating rule curves by genetic algorithms [J]. Hydrological Processes，2005（19）：2277-2289.

[174] Chen L，Mcphee J，Yeh W W G. A diversified multiobjeetive GA for optimizing reservoir curves [J]. Advances in Water Resources，2007，30（5）：1082-1093.

[175] Kim T，Heo J H，Bae D H，et al. Single-reservoir operating rules for a year using multiobjective genetic algorithm [J]. Journal of Hydroinformaties，2008，10（2）：163-179.

[176] Consoli S，Mtarazzo B，Pappalardo N. Operating rules of an irrigation purposes reservoir using multi-objective optimization [J]. Water Resources Management，2008，22（5）：551-564.

[177] 张铭，王丽萍，安有贵，等. 水库调度图优化研究 [J]. 武汉大学学报，2004，

37 (3)：5-7.

[178] 尹正杰，胡铁松，吴运卿，等. 基于多目标遗传算法的综合利用水库优化调度图求解 [J]. 武汉大学学报，2005，38 (6)：40-44.

[179] 邵琳，王丽萍，黄海涛，等. 梯级水电站调度图优化的混合模拟退火遗传算法 [J]. 人民长江，2010，41 (3)：34-37.

[180] 王旭，庞金城，雷晓辉，等. 水库调度图优化方法研究评述 [J]. 南水北调与水利科技，2010，8 (5)：71-75.

[181] 王旭，雷晓辉，蒋云钟，等. 基于可行空间搜索遗传算法的水库调度图优化 [J]. 水利学报，2013，44 (1)：26-34.

[182] Tu M Y, Hsu N S, Yeh W W G. Optimization of reservoir management and operation with hedging rule [J]. Journal of Water Resource sPlanning and Management，2003，129 (2)：86-97.

[183] Paredes A J, Solera S A, Andreu A J. Operation rules for multi-reservior systems combining heuristic methods and flow networks [J]. Ingenieria Hidraulica Mexieo，2008，23 (3)：151-164.

[184] Tu M Y, Hsu N S, Tsai F T C, et al. Optimization of hedging rules for reservoir operations [J]. Journal of Water Resources Planning and Management，2008，134 (1)：3-13.

[185] 李智录，施丽贞，孙世金，等. 用逐步计算法编制以灌溉为主水库群的常规调度图 [J]. 水利学报，1993 (5)：44-47.

[186] 黄强，张洪波，原文林，等. 基于模拟差分演化算法的梯级水库优化调度图研究 [J]. 水力发电学报，2008，27 (6)：13-17.

[187] 张双虎，黄强，黄文政，等. 基于模拟遗传混合算法的梯级水库优化调度图制定 [J]. 西安理工大学学报，2006，22 (3)：229-233.

[188] 刘心愿，郭生练，刘攀，等. 基于总出力调度图与出力分配模型的梯级水电站优化调度规则研究 [J]. 水力发电学报，2009，6 (3)：26-31.

[189] 邵琳，王丽萍，黄海涛，等. 水电站水库调度图的优化方法与应用：基于混合模拟退火遗传算法 [J]. 电力系统保护与控制，2010，38 (12)：40-43.

[190] 王旭. 复杂水资源系统优化调控技术与应用研究 [D]. 北京：中国水利水电科学研究院，2011.

[191] 万俊，于馨华，张开平. 综合利用小水库群优化调度研究 [J]. 水利学报，1992 (10)：84-89.

[192] 马细霞，贺北方，马竹青，等. 综合利用水库最优调度函数研究 [J]. 郑州工学院学报，1995，16 (3)：17-21.

[193] 卢华友，郭元裕. 利用多层递阶回归分析制定水库优化调度函数的研究 [J]. 水利学报，1998 (12)：71-76.

[194] 胡铁松，万永华，冯尚友. 水库群优化调度函数的人工神经网络方法研究 [J]. 水科学进展，1995，6 (1)：53-60.

[195] 赵基花，付永锋，沈冰，等. 建立水库优化调度函数的人工神经网络方法研究 [J]. 水电能源科学，2005，23 (2)：28-31.

[196] Wang Y M, Chang J X, Huang Q. Simulation with RBF neural network model for res-

ervoir operation rules [J]. Hydrological Processes, 2010 (24): 2597-2610.

[197] Karamouz M, Ahmadi A, Moridi A. Probabilistic reservoir operation using Bayesian stochastic model and support vector machine [J]. Advances in Water Resources, 2009 (32): 1588-1600.

[198] Mehta R, Jain S K. Optimal operation of a multi-purpose reservoir using neuro-fuzzy technique [J]. Water Resources Management, 2009 (23): 509-529.

[199] 裴杏莲, 汪同庆, 戴国瑞. 调度函数与分区控制规则相结合的优化调度模式研究 [J]. 武汉水利电力大学学报, 1994, 27 (4): 382-387.

[200] 雷晓云, 陈惠源, 荣航义, 等. 水库群多级保证率优化调度函数的研究及应用 [J]. 灌溉排水, 1996, 15 (2): 14-18.

[201] Lee H L, Mays L W. Hydraulic uncertainties in flood levee capacity [J]. Journal of Hydraulic Engineering, 1986, 112 (10): 928-934.

[202] Levin O. Optimal control of a storage reservoir during a flood season [J]. Automatic. 1969, 5 (1): 27-34.

[203] Hall W A, Howell D T. The optimization of single-purpose reservoirdesign with the application of dynamic programming to synthetic hydrologysamples [J]. Journal of Hydrology, 1963, 1 (4): 355-363.

[204] Tavares L V. Firm outflow from multiannual reservoirs with skew andautocorrelated inflows [J]. Journal of Hydrology, 1978, 38 (1-2): 93-112.

[205] Tavares L V, Kelman J. A method to optimize the flood retention capacity for amulti. purpose reservoir in terms of the accepted risk [J]. Journal of Hydrology, 1985, 81 (1-2): 127-135.

[206] 胡振鹏, 冯尚友. 综合利用水库防洪与兴利矛盾的多目标风险分析 [J]. 武汉水利电力学院学报, 1989, 22 (1): 71-79.

[207] 李万绪. 水电站水库运用的风险调度方法 [J]. 水利水电技术, 1997, 28 (3): 34-38, 46.

[208] 徐向阳, 戴国荣. 大中型水库洪水风险分析与制图 [J]. 水利管理技术, 1998, 18 (1): 7-10.

[209] 姜树海. 随机微分方程在泄洪风险分析中的应用 [J]. 水利学报, 1994 (3): 1-9.

[210] 冯平, 卢永兰. 水库联合调度下超汛限蓄水的风险效益分析 [J]. 水力发电学报, 1995, 2 (2): 8-16.

[211] 王才君, 郭生练, 刘攀, 等. 三峡水库动态汛限水位洪水调度风险指标及综合评价模型研究 [J]. 水科学进展, 2004, 15 (3): 376-381.

[212] 范子武, 姜树海. 水库汛限水位动态控制的风险评估 [J]. 水利水运工程学报, 2009, (3): 21-28.

[213] 王本德, 蒋云钟. 考虑降雨预报误差的防洪风险研究 [J]. 水文科技信息, 1996, 13 (3): 23-27.

[214] 谢崇宝, 袁宏源. 水库防洪全面风险率模型研究 [J]. 武汉水利电力大学学报, 1997, 30 (2): 71-74.

[215] 张建敏, 黄朝迎, 吴金栋. 气候变化对三峡水库运行风险的影响 [J]. 地理学报, 2000, 55 (B11): 26-33.

[216] 彭杨，李义天，张红武. 三峡水库汛末不同时间蓄水对防洪的影响 [J]. 安全与环境学报，2003，3 (4)：22 - 26.

[217] 付湘，王丽萍. 防洪减灾中的多目标风险决策优化模型 [J]. 水电能源科学，2001，19 (1)：36 - 39.

[218] 张国栋，李雷，彭雪辉. 基于大坝安全鉴定和专家经验的病险程度评价技术 [J]. 中国安全科学学报，2008，18 (9)：158 - 166.

[219] 黄强，倪维. 梯级水库防洪标准研究 [J]. 人民黄河，2005，27 (1)：10 - 11.

[220] 刘治理，马光文，杨道，等. 大型水库运行方式的模糊层次分析研究 [J]. 水利学报，2008，39 (8)：1017 - 1021.

[221] 李英海，周建中，张勇传，等. 水库防洪优化调度风险决策模型及应用 [J]. 水力发电，2009 (4)：19 - 21，37.

[222] 夏忠，杨文娟，刘涵，等. 水库优化调度方案的风险因素识别方法研究 [J]. 干旱区资源与环境，2006，20 (4)：143 - 146.

[223] 刘红岭. 电力市场环境下水电系统的优化调度及风险管理研究 [D]. 上海：上海交通大学，2009.

[224] Benjamin J R. Risk and decision analyses applied to dams and levees [J]. Structural Safety, 1982, 1 (4): 257 - 268.

[225] Dubler J R, Grigg N S. Dam safety policy for spillway design floods [J]. Journal of Professional Issues in Engineering Education and Practice, 1996, 122 (4): 163 - 169.

[226] Olsen J R, Lambert J H, Haimes Y Y. Risk of extreme events under nonstationary conditions [J]. Risk Analysis, 1998, 18 (4): 497 - 510.

[227] Gamboa M, Santos M A. GIS for Dam and valley safety management [C] //. Proceedings of International NATO Workshop on Dams Safety Management at Downstream Valleys. A A Balkema, 1997: 173 - 178.

[228] Wood E F. An analysis of flood levee reliability [J]. Water Resource Research, 1977, 13 (3): 665 - 671.

[229] Tung Y K, Mays L W. Risk models for flood levee design [J]. Water Resource Research, 1981, 17 (4): 833 - 841.

[230] 宋恩来. 大坝超标准运行与风险分析 [J]. 大坝与安全，1998，12 (2)：8 - 12.

[231] 李君纯，李雷. 水库大坝安全评判的研究 [J]. 水利水运科学研究，1999 (1)：77 - 83.

[232] 傅湘，纪昌明. 水库汛期调度的最大洪灾风险率研究 [J]. 水电能源科学，1998，16 (2)：26 - 29.

[233] 周惠成，董四辉，邓成林，等. 基于随机水文过程的防洪调度风险分析 [J]. 水利学报，2006，37 (2)：227 - 232.

[234] 朱元牲. 风险分析实践的感悟 [J]. 水文，2006，26 (6) 1 - 5，67.

[235] 程晓陶. 我国推进洪水风险图编制工作基本思路的探讨 [J]. 中国水利，2005 (17)：11 - 13，37.

[236] 李继清，张玉山，王丽萍，等. 市场环境下水电站发电风险调度问题研究 [J]. 水力发电学报，2005，24 (5)：1 - 4.

[237] 顾文权，邵东国，黄显峰，等. 基于自优化模拟技术的水库供水风险分析方法及应用 [J]. 水利学报，2009，39 (7)：788 - 793.

[238] 许新发，梅亚东，叶琰. 万安水库调度的蓄水风险和发电风险计算 [J]. 武汉大学学报（工学版），2005，38（6）：35-39.

[239] 李景波，董增川，王海潮，等. 城市供水风险分析与风险管理研究 [J]. 河海大学学报（自然科学版），2008，36（1）：35-39.

[240] 王栋，朱元牲. 风险分析在水系统中的应用研究进展及其展望 [J]. 河海大学学报，2002，30（2）：71-77.

[241] 黄强，苗隆德，王增发. 水库调度中的风险分析及决策方法 [J]. 西安理工大学学报，1999，15（4）：6-10.

[242] 田峰巍，黄强，解建仓. 水库实施调度及风险决策 [J]. 水利学报，1998（3）：57-62.

[243] 张验科. 防洪工程洪水调度风险分析及计算方法研究 [D]. 北京：华北电力大学，2009.

[244] 于尔铿，周京阳. 能量管理系统（EMS）第7讲发电计划（2）：水电计划和交换计划 [J]. 电力系统自动化，1997（7）：83-85.

[245] 王雁凌，张粒子，鲍海，等. 用优化排序法进行日发电计划的计算 [J]. 电力系统及其自动化学报，2000，12（5）：32-36.

[246] 蔡建章，蔡保锐，蔡华祥，等. 过渡期电力市场条件下日发电计划编制研究 [J]. 云南电力技术，2003，31（3）：4-6.

[247] 杨俊杰，周建中，刘大鹏. 电力系统日发电计划的启发式遗传算法 [J]. 水力发电，2004，30（1）：7-11.

[248] 蒋东荣，刘学军，李群湛. 电力市场环境下电网日发电计划的电量经济分配策略 [J]. 中国电机工程学报，2004，24（7）：90-94.

[249] 黄春雷，赵永龙，过夏明. 基于日典型负荷的水电站群日计划方式 [J]. 水电与抽水蓄能，2005，29（4）：45-47.

[250] 黄春雷. 基于径流随机特性的水电站逐日电量计划制定方法 [J]. 水电与抽水蓄能，2006，30（06）：8-11.

[251] 梁志飞，夏清. 精细化日发电计划模型与方法 [J]. 电力系统自动化，2008，32（17）：26-29.

[252] 姚跃庭，鲍正风，李鹏，等. 葛洲坝水电站日发电计划制作方法探讨 [C] //水电站梯级调度及自动控制技术研讨会论文集，2008.

[253] 蔡治国，张艾东，张娟. 葛洲坝电站非汛期日优化发电计划编制方法初步研究 [J]. 应用基础与工程科学学报，2010，18（3）：419-427.

[254] 文庭秋. 水电站厂内经济运行实时控制系统 [J]. 计算技术与自动化，1984（1）：23-31，53.

[255] 肖翘云，莫秀英. 西津水电站开展水库优化调度和厂内经济运行效果显著 [J]. 水力发电，1986（8）：42-44.

[256] 梅亚东，左园忠，朱教新. 一类含有0-1变量的厂内经济运行模型及解法 [J]. 水电能源科学，1999，17（3）：27-30.

[257] 马跃先. 小型水电站厂内经济运行新模式 [J]. 小水电，1999（6）：9-10.

[258] 路志宏，魏守平，罗元胜. 基于开关控制策略的厂内经济运行模型及应用 [J]. 水电与抽水蓄能，2003，27（1）：11-13.

[259] 徐晨光，黄强，赵麦换. 中小型水电站厂内经济运行准实时系统的设计与实现 [J].

水力发电学报，2003，（01）：15-20.

[260] 张祖鹏，陈森林.葛洲坝水电站厂内经济运行二层模型研究 [J].水电能源科学，2010（4）：124-126.

[261] Chang S C，Chen C H，Fong I K，et al. Hydroelectric generation scheduling with an effective differential dynamic programming algorithm [J]. Power Systems IEEE Transactions on，1990，5（3）：737-743.

[262] 刘胡，高仕春.东江水电站厂内经济运行动态规划算法 [J].水电能源科学，2000，18（4）：14-15.

[263] 权先璋.动态规化原理在水电站厂内经济运行中的应用 [J].水电能源科学，1983（1）：97-106.

[264] 姚齐国，张士军.动态规划法在水电站厂内经济运行中的应用 [J].水电能源科学，1999，17（1）：46-49.

[265] 田峰巍，颜竹丘，刘恩锡.大系统优化理论在水电站厂内经济运行中的应用 [J].水力发电学报，1988（2）：12-22.

[266] 张勇传.水电站经济运行原理 [M].北京：中国水利水电出版社，1998.

[267] 万俊.厂内经济运行的POA算法研究 [J].武汉大学学报（工学版），1992（4）：34-39.

[268] 田峰巍，黄强，刘恩锡.非线性规划在水电站厂内经济运行中的应用 [J].西安理工大学学报，1987（3）：71-76.

[269] 姜铁兵，游大海.水电站厂内经济运行基因遗传算法模型 [J].华中科技大学学报，1995（7）：78-81.

[270] 李崇浩，纪昌明，李文武.微粒群算法在水电站厂内经济运行中的应用研究 [J].水利水电技术，2006，37（1）：88-91.

[271] 李刚，程春田，唐子田，等.结合禁忌搜索思想的粒子群算法在乌江渡水电站厂内经济运行中的应用研究 [J].水力发电学报，2009，28（2）：128-132.

[272] 申建建，程春田，张俊，等.蜜蜂进化算法在水电站厂内经济运行中的应用 [J].水电能源科学，2008，26（3）：137-140.

[273] 王黎，马光文.基于遗传算法的水电站厂内经济运行新算法 [J].中国电机工程学报，1998（1）：64-66.

[274] 徐晨光，赵麦换，黄强.基于自组织进化规划的径流式水电站厂内经济运行算法 [J].水利水电技术，2005，36（3）：55-57.

[275] 杨鸿锋，张志刚，黄伟军.差分进化算法及其在水电站厂内经济运行中的应用 [J].中国农村水利水电，2009（7）：113-115.

[276] 袁晓辉，张双全，王金文，等.拟梯度遗传算法在水电厂厂内经济运行中的应用研究 [J].电网技术，2000，24（12）：66-69.

[277] 张智晟，龚文杰，段晓燕，等.类电磁机制算法在水电站厂内经济运行中的应用研究 [J].电工电能新技术，2011，30（4）：17-20，45.

[278] 赵雪花，黄强，吴建华.蚁群算法在水电站厂内经济运行中的应用 [J].水力发电学报，2009，28（2）：139-142.

[279] 王定一.水电厂计算机监视与控制 [M].北京：中国电力出版社，2001.

[280] 蒋传文，权先璋，张勇传.水电站厂内经济运行中的一种混沌优化算法 [J].华中理工大学学报，1999，（12）：39-40.